JN256767

量子ドットの基礎と応用

筑波大学名誉教授

理学博士

舛 本 泰 章 著

裳 華 房

QUANTUM DOTS

— FUNDAMENTALS AND APPLICATIONS —

by

Yasuaki MASUMOTO, DR. SC.

SHOKABO

TOKYO

ま え が き

量子ドットの研究が始まったのは西暦1980年代の初頭である．初期の研究では，化学的に成長させたコロイド状の量子ドットとガラス中に埋め込まれた量子ドットに対して分光学的研究が行われた．その後，結晶基板上に作成する自己形成量子ドット，電場により形成された量子ドットについて，膨大な量のさまざまな研究が進展した．西暦2000年以降，ダイアモンド中のNV中心や半導体中の不純物中心も量子ドットに類似した系として活発な研究が展開されている．

量子ドットの特徴として，量子サイズ効果，エネルギー離散化，表面・界面の影響，外界との相互作用，特異な小数電子・正孔系，高い光非線形性，細い線幅の光スペクトルと電子状態の長いコヒーレンス，長い電子スピン寿命，単光子発生などがある．

量子ドットは，多方面への応用が早くから期待され，この期待が活発な研究の原動力となってきた．本書で紹介するレーザー素子，生物学的標識，光スイッチ素子，メモリー，スピンメモリー，量子計算素子，量子通信素子，太陽電池，発光ダイオードなどである．

本書では，多岐にわたる量子ドットの光学的性質を主に解説し，あわせて量子ドットの応用についても現状までの進展を紹介した．本書は，これから量子ドットの研究を始める大学院学生や研究者，技術者を対象に，30余年にわたる量子ドットの研究の膨大な蓄積により生み出された，多岐にわたる量子ドットの光学的性質とその応用に関する知見を速やかに理解されて，迅速に研究の前線に参加できるようになっていただけることを願って書いた．しかし，量子ドットの研究は，物理，化学，情報，工学，生物学の基礎と応用にまたがる広範な分野で現在急激に進展しているので，また数年後には，本書に新しい内容を追加する必要性が出るような大きな発展があると考える．本書の読者が新しく量子ドットの研究を進展させてくださることを期待する．

なお，本書の読者対象が量子ドットの初学者であることから，多くの図を用いることによって，理解の深化を図った．その際には，いくつかの図においては許可を得て利用させていただいた．そのようなものには，図説に出典元を明示することで謝意を示した．また，そのままではなく，筆者が図の作製の際に参考とさせていただいたものもある．このようなものには，章末に記した参考文献の該当する番号を，図説の上つき文字として明示することで謝意を示した．読者の方には，原論文を読まれる際の参考にしていただければ幸いである．

最後になるが，内容の関係上，今回の刊行に際しては，2002 年に共立出版株式会社から刊行された『現代物理最前線 6』の“人工原子，量子ドットとは何か”（pp.129 – 204；舛本泰章 執筆）から，表現を変えて収録した箇所が多くある．快くご許可下さった同社には感謝申し上げる．

2015 年 11 月

舛 本 泰 章

目　　次

第１章　人工原子，量子ドットとは何か

原子から結晶へ，そして人工原子
— 量子ドット — へ ・・・1
参考文献 ・・・・・・・・・・・・・4

第２章　量子ドットの形成

2.1　自己形成量子ドット・・・・・6
2.2　化学成長量子ドット ・・・・11
2.3　ガラスや結晶中に成長した量子ドット・・・・・・・・・・・18
2.4　外場効果量子ドット ・・・・20
2.5　量子ドットのサイズの測定 ・25
参考文献・・・・・・・・・・・・・30

第３章　量子サイズ効果

3.1　半導体のエネルギーバンド ・33
3.2　電子・正孔・励起子の閉じ込め ・・・・・・・・・34
3.3　光で見る量子ドット ・・・・41
3.3.1　最も低いエネルギーの光学遷移 ・・・・・・・・・41
3.3.2　高いエネルギーの光学遷移 ・・・・・・・・・・・44
3.4　電気伝導 — トンネル分光 — で見る量子ドット ・・・・・49
参考文献・・・・・・・・・・・・・53

第４章　エネルギー離散化と反転分布 — レーザーへ —

4.1　半導体レーザー ・・・・・・55
4.1.1　原子・分子・イオンのレーザー ・・・・・・56
4.1.2　半導体レーザー ・・・・58
4.2　次元に依存する状態密度，電子分布と反転分布 ・・・・・62

4.2.1 量子ドットレーザー ・・62
4.2.2 青色領域の発光ダイオードとレーザー ・・・・・68
4.2.3 量子ドットのレーザー発振機構 ・・・・・・・・70
4.3 光の閉じ込めと電子の閉じ込め ・・・・・・・・・・・79
4.4 エネルギー離散化とエネルギー緩和 ・・・・・・・・・・88
参考文献・・・・・・・・・・・・・・93

第5章 表面を通じた化学結合 — 蛍光イメージプローブへ —

5.1 蛍光イメージプローブとしての量子ドット ・・・・・・・96
5.2 量子ドットの蛍光イメージプローブへの応用・・・・100
5.2.1 試験管やシャーレ内での蛍光イメージプローブとしての量子ドット・・100
5.2.2 生体内での蛍光イメージプローブとしての量子ドット・・・・・・・・101
参考文献 ・・・・・・・・・・・・103

第6章 外界との相互作用 — 光多重メモリーへ —

6.1 永続的ホールバーニング・・104
6.2 光多重メモリー・・・・・・110
6.3 永続的ホールバーニングのサイト選択分光としての応用 ・・・・・・・・・・・・・113
6.4 単一量子ドット分光・・・・116
6.5 間欠的発光現象とスペクトル拡散・・・・・・・・・・・124
参考文献 ・・・・・・・・・・・・128

第7章 量子ドットの光非線形 — 光スイッチ，高効率太陽電池へ —

7.1 量子ドットの光非線形性・・132
7.2 少数電子・正孔系の相互作用 — 励起子分子と多励起子状態 — ・・・137
7.3 オージェ再結合と多励起子生成・・・・・・・・・・・147
参考文献 ・・・・・・・・・・・・153

第8章　電子状態のコヒーレンスとコヒーレント制御 ― 量子計算へ ―

8.1　電子状態のコヒーレンス・・156
8.1.1　量子ドットの均一幅のスペクトル領域での測定・・・・・・・・・157
8.1.2　量子ドットの均一幅の時間領域での測定・・・・159
8.2　量子ドットのコヒーレント制御 ― 量子計算へ ―　・・・・・176
8.2.1　量子計算とコヒーレンス・・・・・・・・・・・176
8.2.2　量子ドットのコヒーレント制御　・・・・・・・178
8.2.3　ラビ振動・・・・・・・181
8.2.4　量子ドットのラビ振動・183
8.2.5　量子ドットを用いた制御回路ゲート動作・・・187
参考文献　・・・・・・・・・・・・189

第9章　スピンに依存したエネルギー微細構造とスピン緩和時間

9.1　量子ドットの偏光光学遷移選択則・・・・・・・・・・・・192
9.2　励起子とトリオンのスピンに依存した微細構造・・・・194
9.3　スピンに依存したエネルギー微細構造の観測・・・・・200
9.3.1　量子ドット中の励起子のスピンに依存したエネルギー微細構造・・・・201
9.3.2　電子を含む量子ドットのスピンに依存したエネルギー微細構造・・・・207
9.3.3　電子スピンと核スピンの相互作用・・・・・・209
9.4　スピン緩和時間・・・・・・213
9.4.1　局在電子スピンのスピン緩和とコヒーレンスの理論・・・・・・・・215
9.4.2　量子ドット中の電子スピン緩和とコヒーレンスの観測・・・・・・・・221
9.4.3　Ⅱ-Ⅵ族半導体中の局在電子スピンの長時間コヒーレンスの観測・・・・・226
参考文献　・・・・・・・・・・・・・232

第 10 章　量子力学の応用 — 量子計算と量子通信 —

10.1　量子計算へ・・・・・・・・235
10.1.1　単一スピンの初期化・235
10.1.2　単一電子スピンの初期化，回転，読み出し・・243
10.1.3　単一正孔スピンの初期化と読み出し・・・・・249
10.2　量子通信へ・・・・・・・・250
10.2.1　ヤングの干渉実験・・252
10.2.2　量子的な光・・・・・254
10.2.3　光の強度相関・・・・259
10.2.4　単光子発生・・・・・263
10.2.5　もつれ合い光子対発生・・・・・・・・・・269
参考文献・・・・・・・・・・・・276

第 11 章　量子ドットの太陽電池と発光ダイオードへの応用

11.1　太陽電池へ・・・・・・・・279
11.1.1　太陽電池の効率・・・279
11.1.2　量子ドット太陽電池の構造・・・・・・・・・・282
11.1.3　量子ドット太陽電池の特性・・・・・・・・・・287
11.2　発光ダイオードへ・・・・296
参考文献・・・・・・・・・・・・301

事項索引・・・・・・・・・・・・・・・・・・・・・・・・・・・・・・303
欧文索引・・・・・・・・・・・・・・・・・・・・・・・・・・・・・・311
略語索引・・・・・・・・・・・・・・・・・・・・・・・・・・・・・・312

第 1 章

人工原子, 量子ドットとは何か

人工原子 — 量子ドット — の特徴について概説し，量子ドットを解説する参考図書を紹介する．

原子から結晶へ, そして人工原子 — 量子ドット — へ

固体物理学において，結晶とは 1 cm^3 当り 10^{23}～10^{24} 個程度の原子が周期的に並んだ構造と規定され，3 次元方向に単位格子ベクトルの整数倍の並進操作に対して不変の並進対称性がある．原子配置に並進対称性があると，電子に対するポテンシャルエネルギーも並進対称性をもつから，このポテンシャルエネルギー中における電子のシュレディンガー方程式を満足する電子の波動関数に，並進対称性をもたせるブロッホの定理が成立し，この結果，エネルギーバンドとエネルギーバンドギャップが生じる．低いエネルギーバンドから順番に電子を詰めていって，ちょうどエネルギーバンドギャップで隔てられた低いエネルギーバンドがいっぱいになると半導体となる．半導体では，エネルギーバンドギャップを越えるエネルギーの光により低いエネルギーの価電子帯から高いエネルギーの伝導帯に電子が励起され，電子と正孔が形成され，電子・正孔間にはたらくクーロンエネルギーより低い熱エネルギーをもつ低温では，安定に励起子が存在し光スペクトルを支配する．

図 1.1 に示すように，数 nm サイズ（1 nm ＝ 10^{-9} m）の半導体ナノ結晶（微粒子）は 10^3～10^6 個程度の原子から構成されており，周期境界条件が成

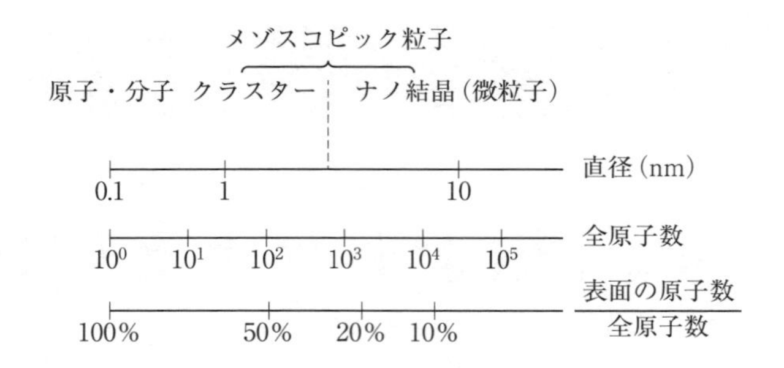

図 1.1　微粒子のサイズ，全原子数および表面の原子数と全原子数の比の関係．（田沼静一，家泰弘 共編：「実験物理科学シリーズ 4 メゾスコピック伝導」（共立出版，1999 年）より許可を得て転載）

り立ち，端の影響が無視できるバルク結晶と，分子・クラスターとの中間にある．ナノ結晶中で電子・正孔や励起子が 3 次元方向に閉じこめられると，それらのエネルギー状態は離散的となり，サイズに依存して高エネルギーシフトする（量子サイズ効果）ため，ナノ結晶は量子ドットともよばれる．量子ドットの離散的なエネルギー状態が原子のエネルギー準位のように見え，量子ドットに電子を入れていくと原子に見られるような殻構造を示すことから，人工原子とよばれることもある．量子ドットは IV 族，III－V 族，II－VI 族，I－VII 族のあらゆる材料を用いてさまざまな方法で作成されており，その光学的性質は広い観点から研究されている[1]－[13]．

量子ドットの作成法を分類すると，ひずみを利用して結晶基板上に自己形成させるエピタキシー成長法[5]－[7]，場所を指定して選択エピタキシー成長させる方法，量子井戸中で局所的に 1 原子層の厚みだけ厚い部分を利用する方法，ひずみや電場を導入する方法，原子やイオンを固体中に凝集させて微結晶を析出させる方法[3],[4]，コロイドとして溶液中に結晶成長させる方法[9],[12]，バルク結晶から陽極化成により作成する方法[10]，低いガス圧の希ガスの下で原料を加熱して蒸発させる方法（ガス中蒸発法）などがある．

バルク結晶とは異なり，量子ドット中の電子・正孔や励起子の数は自然数となる．狭い空間に閉じ込められた電子と正孔は，バルク結晶中に比べてはるかに強くクーロン相互作用するから，電子と正孔の数が変わればエネルギーが異なり高い光非線形性をもつことになる．狭い空間に閉じ込められた電子と正孔は，量子ドット特有の多励起子状態も形成する．狭い空間に閉じ込められた電子と正孔は，バルク結晶中では起こりにくいオージェ再結合のような非放射再結合やインパクトイオン化のような現象も高効率に起こる．また，単一の量子ドットからは励起子は1光子を発して消滅し，同時に2光子を発することがない．量子ドットに閉じ込められた電子・正孔や励起子は，十分局在しているからコヒーレンス時間が長くなり，光スペクトルの線幅が極めて細くなる．また，量子ドットに閉じ込められた電子と正孔のスピンもコヒーレンス時間が長くなる．

図1.1に示すように，量子ドットの表面や界面を構成する原子数は，量子ドット全体の数〜数十％にも達するため，そのドット中の電子状態は，界面や周囲の状況に極めて敏感に影響される．例えば，量子ドットでは表面状態に依存して敏感に発光効率が変わる他，光を吸収して量子ドットのエネルギーが変わることにより，吸収スペクトルが移動する現象，間欠的に（一定の時間ごとに）発光する現象が観測されている．前者は，永続的ホールバーニングとして吸収スペクトル中に穴が開く状態が長時間保持される現象として，後者は発光がランダムにオンとオフになるテレグラムノイズのような振舞として現れる．固体中に埋めこまれた分子の分光において知られてきた上記のような現象が量子ドットでも起こることは，図1.2の模式図に示すように，量子ドットが分子と同様に極めて外界の影響を受けやすく，単一量子ドットのエネルギーは量子ドットと外界（母体）を一体の系と考えることで初めて議論できるということを端的に示している[8]．また，量子ドットの表面の大きな寄与を生かして，表面を修飾して生体分子やナノ粒子に化学結合することもできる．

これらの特徴から，量子ドットは半導体レーザー，発光素子，生体中の蛍

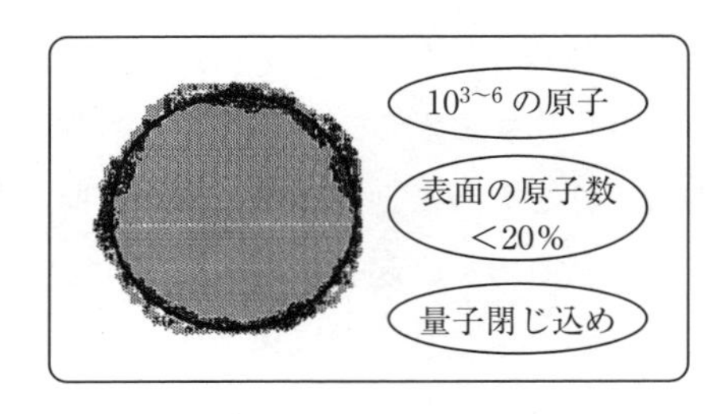

図 1.2　単一量子ドットは単純に見えるが複雑な存在である．キャリヤの量子閉じ込めと表面の寄与により，単一量子ドットのエネルギーは量子ドットと外界（母体）と一体の系として，初めて議論できる．

光イメージプローブ，光非線形スイッチ，メモリー，量子メモリー，単光子発生素子，量子コンピューター素子，太陽電池，発光ダイオードなどへの応用が考えられている．本書では量子ドットを基礎と応用にわたって解説する．

参 考 文 献

[1]　A.D. Yoffe：Adv. Phys. **42** (1993) 173, Adv. Phys. **50** (2001) 1, Adv. Phys. **51** (2002) 799. [ナノ結晶の光学的性質の総説]

[2]　L. Bányai and S.W. Koch：“*Semiconductor Quantum Dots*” (World Scientific, 1993). [ナノ結晶の非線形光学]

[3]　U. Woggon：“*Optical Properties of Semiconductor Quantum Dots*” (Springer-Verlag, 1997). [ナノ結晶の光学的性質，非線形光学]

[4]　S.V. Gaponenko：“*Optical Properties of Semiconductor Nanocrystals*” (Cambridge Univ. Press, 1998). [ナノ結晶の光学的性質，非線形光学]

[5]　D. Bimberg, M. Grundmann and N.N. Ledentsov：“*Quantum Dot Heterostructures*” (John Wiley & Sons, 1999). [自己形成量子ドットの成長，光学的性質とその応用]

[6]　“*Self-Assembled InGaAs/GaAs Quantum Dots*” Semiconductors and Semimetals vol.60 ed. by M. Sugawara (Academic Press, 1999). [自己形成量子ドットの成長，光学的性質とその応用]

[7] "*Semiconductor Quantum Dots - Physics, Spectroscopy and Applications*" ed. by Y. Masumoto and T. Takagahara (Springer - Verlag, 2002). [自己形成量子ドットの成長，光学的性質とその応用]

[8] 大槻義彦 編：「現代物理最前線 6」(共立出版，2002 年) "人工原子，量子ドットとは何か" (舛本泰章 執筆) [ナノ結晶の成長，光学的性質とその応用]

[9] "*Semiconductor and Metal Nanocrystals : Synthesis and Electronic and Optical Properties*" ed. by V.I Klimov (Marcel Dekker, 2004). [化学的手法によるナノ結晶の成長，光学的性質とその応用]

[10] "*Light Emissions in Silicon : From Physics to Devices*" Semiconductors and Semimetals vol.49 ed. by D. Lockwood (Academic Press, 1997). [IV 族ナノ結晶の成長，光学的性質とその応用]

[11] "*Single Quantum Dots : Fundamentals, Applications, and New Concepts*" ed. by P. Michler (Springer, 2003). [単一量子ドットの光学的性質とその応用]

[12] "*Semiconductor Nanocrystal Quantum Dots - Synthesis, Assembly, Spectroscopy and Applications*" ed. by A.L. Rogach (Springer - Verlag, 2008). [化学的手法によるナノ結晶の成長，光学的性質とその応用]

[13] "*Quantum Dots : Optics, Electron Transport and Future Applications*" ed. by A. Tartakovskii (Cambridge Univ. Press, 2012). [量子ドットの光学，電気伝導とその応用]

第 2 章

量子ドットの形成

半導体量子ドットはさまざまな方法で作製される．分類すると，(a) 結晶基板上に格子ひずみを利用して自己形成させるエピタキシー成長法，(b) 場所を指定して選択エピタキシー成長させる方法，(c) 固体中に原子やイオンを凝集させて微結晶を析出させる方法，(d) コロイドとして溶液中で化学的に合成して結晶成長させる方法，(e) 低いガス圧の希ガスの下で原料を加熱して蒸発させるガス中蒸発法，(f) 量子井戸の厚みのゆらぎ，電場やひずみ場により量子井戸の面内で電子・正孔を閉じ込める方法などがある．

量子ドットとは電子，正孔や励起子がそれらのド・ブロイ波長程度のサイズに3次元的に閉じ込められた系である．逆に，電子，正孔や励起子がそれらのド・ブロイ波長程度のサイズに3次元的に閉じ込められた系を，広い意味の量子ドットと見なす考え方もある．バルク半導体の中の不純物センター，欠陥やそれらの複合体，分子，ナノサイズの金属，超伝導体や強磁性体，グラフェンのような2次元系をさらに外場で3次元的に閉じ込められた系なども，こうした範疇に入れることができる．

ここでは，狭義の量子ドットの形成に話を絞り，上記の (a)，(c)，(d)，(f) について紹介する．

2.1 自己形成量子ドット

結晶面を隔てて異なる物質の結晶を成長させる方法を，ヘテロエピタキシーとよぶ．ヘテロエピタキシーには，図2.1に示すように3つの成長モードが存在する[1]．1つ目はフランク－ファン・デル・メルベ（FvdM：Frank－van der Merwe）成長とよばれるもので，下地となる結晶基板の格子定数

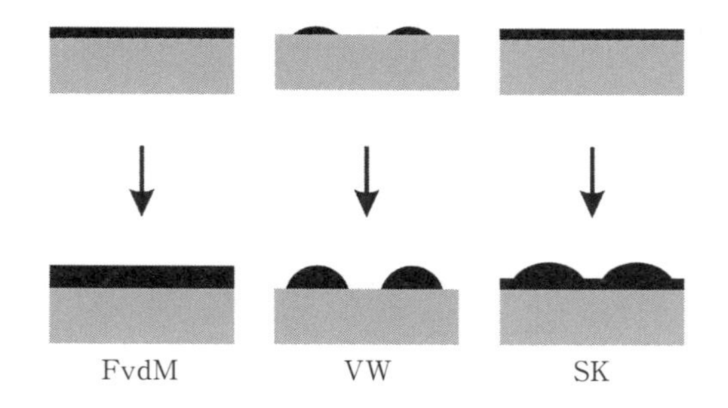

図 2.1　結晶の3つのヘテロエピタキシー成長モード．スムーズな層状成長が維持されるフランク－ファン・デル・メルベ（FvdM）成長，島状成長が起こるボルマー－ウェーバー（VW）成長とぬれ層とよばれるエピタキシャル層の上に島状の量子ドットが成長するストランスキ－クラスタノフ（SK）成長．（大槻義彦 編：「現代物理最前線 6」（共立出版，2002 年）の"人工原子，量子ドットとは何か"より許可を得て転載）

とその上に成長する結晶がほぼ同じ格子定数をもち，基板の上に結晶が成長するときスムーズな層状成長が維持される．格子定数がほぼ一致し，かつ上に堆積する結晶が結晶基板を"ぬらす"場合，すなわち，エピタキシャル層（堆積層）の表面エネルギーと層間の界面エネルギーの和が結晶基板の表面エネルギーより小さい場合に，この成長が起こる．結晶基板と堆積層の格子定数がよく一致している例は GaAs－AlAs の系である．この場合は，GaAs も AlAs も同じ閃亜鉛鉱型の結晶構造をもっており，格子定数の不一致はわずか 0.1％ほどである．もし，上に堆積する結晶が結晶基板から"はじかれる"場合，すなわち，エピタキシャル層の表面エネルギーと層間の界面エネルギーの和が結晶基板の表面エネルギーより大きい場合には，2つ目のボルマー－ウェーバー（VW：Volmer－Weber）成長とよばれる島状成長が起こる．

一方，結晶基板上に結晶基板の格子定数より大きな格子定数をもつ結晶が成長する場合はどうなるだろうか．上に薄く成長する結晶の初期段階には，この結晶の格子が下地の結晶格子面内に合わせてひずみ，スムーズな層状成長が起こるが，エピタキシャル層が厚くなるとひずみエネルギーが大きくなり，層が島状に断裂した方がひずみエネルギーを軽減することができる．この成長は図 2.1 に示す3つ目のストランスキ－クラスタノフ（SK：Stranski

－Krastanow）成長とよばれており，結晶基板上のぬれ層ともよばれるエピタキシャル層の上に島状の量子ドットが成長するものである．この場合の代表例が InAs－GaAs の系で，InAs の格子定数は GaAs の格子定数に比べて 7.2％大きい．

半導体のエピタキシャル成長は，分子線エピタキシー法や有機金属気相成

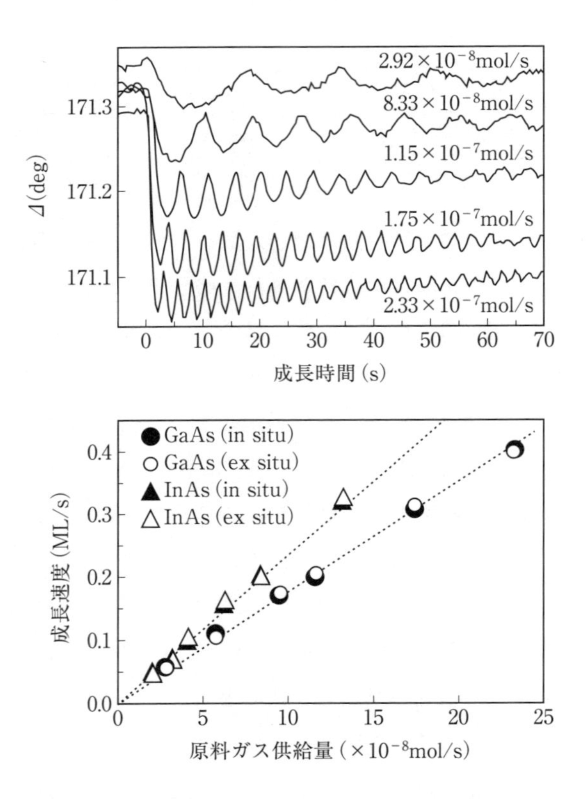

図 2.2　有機金属気相成長法による GaAs エピタキシャル成長時に，光プローブとしたエリプソメトリーにより表面のその場観測を行った例．1 原子層の成長ごとにエリプソメトリー信号の振動が観測される（上図）．GaAs および InAs エピタキシャル成長速度の供給ガス量依存性（下図）．その場観測（in situ）の成長速度はエリプソメトリー信号の振動の数から求め，成長後の成長速度の導出（ex situ）は X 線回折による膜厚測定から求められている．（（上）J.-S. Lee, S. Sugou and Y. Masumoto：Jpn. J. Appl. Phys. **38**（1999）L614 および（下）J.-S. Lee, S. Sugou and Y. Masumoto：J. Appl. Phys. **88**（2000）196 からそれぞれ許可を得て転載）

長法が使われる．前者は高真空下での成長のため，反射型高エネルギー電子線回折による表面の“その場観測”がよいモニターとなる．後者は真空中の成長ではないので，光をプローブとしたエリプソメトリーによる表面の“その場観測”（成長途中で結晶表面を解析するために偏光を用いる測定技術）がよいモニターとなる．いずれの場合も，図 2.2 に示すように 1 原子層の成長ごとに信号の振動が観測され，ぬれ層の成長から島状成長に転移する過程もその場観測することができる[2]－[4]．

ストランスキ－クラスタノフ成長で形成された自己形成量子ドットの面密度が増加すると，2 次元の面内で周期的に配列され成長することがある．これは，量子ドットの面密度が増加すると量子ドット間の弾性的相互作用が大きくなり，弾性エネルギーを最小化する周期的な構造が有利になるためである．面密度が増加すると量子ドット同士の結合が起こる場合もあるので，量子ドットの 2 次元面内での周期的配列制御を目指したさまざまな試みもある．高指数面の結晶基板の利用も代表的な手法である．GaAs の（311）面上で正方格子を組んだ InGaAs 量子ドットを高密度に成長させたり，量子ドットの 1 次元列を GaAs の（n11）面上の巨大ステップの位置に配置制御させて成長することも可能である．

このように，自己形成量子ドットのストランスキ－クラスタノフ成長での配列制御は，高指数面の結晶基板を利用することが有効であり，高密度での空間的な配列・配置制御を目指したさまざまな試みが行われている[5]．

ストランスキ－クラスタノフ成長での自己形成量子ドットはひずみによって形成されるが，逆に，量子ドットの周囲には大きなひずみが分布をもって存在する．この自己形成量子ドットを埋め込んで，さらにその上に自己形成量子ドットを成長させると，ひずみの大きな自己形成量子ドットの真上に自己形成量子ドットが成長する．GaAs 結晶上に InAs 自己形成量子ドットを成長させる場合を例にとり，この成長の仕組みを次に詳しく説明する．

GaAs 結晶上に図 2.3（1）に示すように InAs 量子ドットが 1 層成長され

ると，量子ドットの周囲にひずみ場が形成される．InAs 量子ドットを埋め込むため，さらにこの上に GaAs が堆積されるとき，ひずみ場と表面の局所的曲率が新たに堆積される Ga 原子の表面化学ポテンシャルを増加させ，新たに堆積される Ga 原子がまず表面化学ポテンシャルの低い自己形成量子ドットのない平坦な表面に移動し，GaAs 層は InAs 量子ドットの周囲の表面に堆積していく（図 2.3 (2)）．次に，もう一度 InAs 層を堆積させ始めると，In 原子の表面化学ポテンシャルは，GaAs 層の上にぬれ層を形成したほうが InAs 層の上に層を形成するよりもエネルギーが低く，また，GaAs 層の上にぬれ層を形成する In 原子の表面化学ポテンシャルは，大きいひずみをもつ InAs 量子ドットの頂点付近にある In 原子の表面化学ポテンシャルに比べて低いため，InAs 量子ドットの頂点付近の再蒸発や，GaAs 層の上にぬれ層としての堆積が同時に進行する（図 2.3 (3)）．

この過程が十分に進行すると，InAs 量子ドットの上部は平坦となり，面全体が GaAs ぬれ層で覆われることになる．続いて InAs 分子が供給されると，InAs 分子は下部の InAs 量子ドットにより平面方向に拡げられた格子

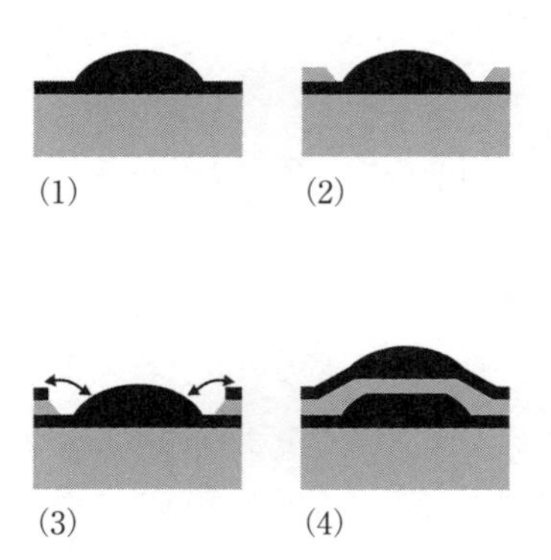

図 2.3　GaAs 結晶上で InAs 自己形成量子ドットの真上に InAs 自己形成量子ドットが成長する機構．GaAs 層を灰色で InAs 層を黒色で表す．（大槻義彦 編：「現代物理最前線 6」（共立出版，2002 年）の“人工原子，量子ドットとは何か”より許可を得て転載）

をもつ GaAs 層の上に堆積し，2 層目の InAs 量子ドット層を形成する（図 2.3（4））．こうして，上下方向に作成された InAs 量子ドット間の距離が近いと電子的な結合が起こるため，新たな光電子素子（光エネルギーを電気エネルギーに変換する素子）としての可能性が考えられる．

2.2　化学成長量子ドット

化合物半導体量子ドットの化学成長では，反応の場としての溶媒中で，化合物半導体を構成する元素を含む 2 種類の溶質の化学反応を伴って進行す

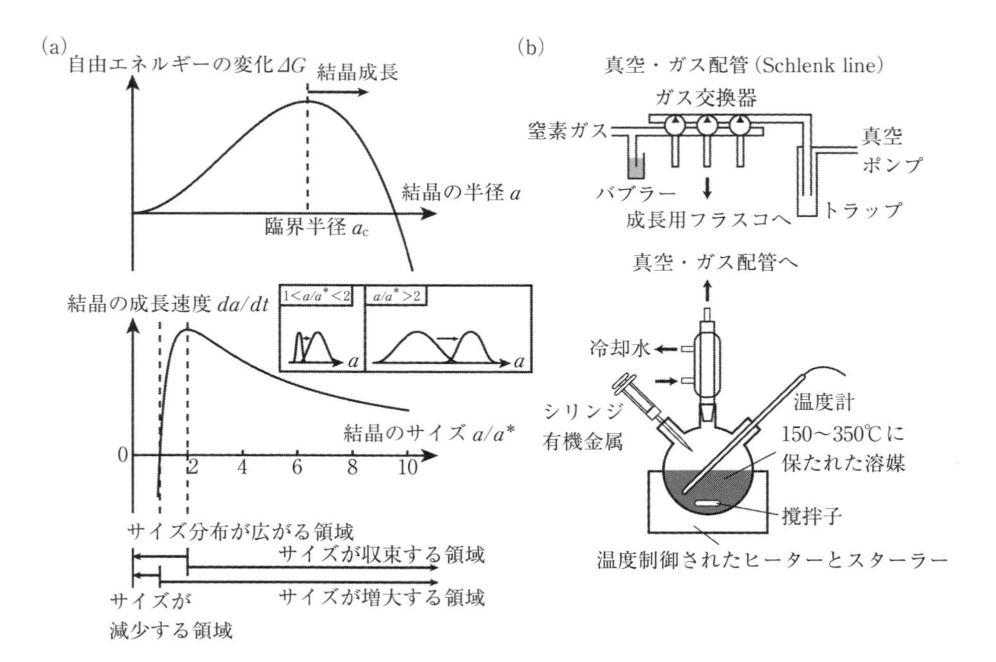

図 2.4　(a) 溶媒中で，溶質の化学反応を伴って進行する量子ドットの成長の機構を表す模式図．(b) 化学成長量子ドットの成長装置．

る[6]-[9]．量子ドットの成長の機構を表す模式図を図2.4（a）に，成長装置を図2.4（b）に示す．図2.4（b）の成長装置では，溶質，溶媒を入れた3口フラスコを温度コントローラつきのヒーターおよびスターラー（液体を攪拌する装置）にセットし，攪拌子を入れる．3口のうち1口はゴム栓で密封しつつ，液体の温度を測るために温度センサーを貫通させておき，もう1口もゴム栓で密封しておき，注射器（シリンジ）を用いた反応試薬の注入（インジェクション）の際に使用する．最後の1口は真空引き，窒素やアルゴン置換，密封をコックで選択できるようになった真空・ガス配管シュレンクライン（Schlenk line）に接続する．熱力学によれば，溶液中の化学反応は温度に強く依存した平衡定数により支配される．溶質間の化学反応速度は反応する溶質の濃度の積に比例する．無酸素雰囲気（酸素がない環境）は，溶質や量子ドットの酸化を防ぐために必要である．したがって，雰囲気管理，温度管理と溶質の濃度が化学反応による量子ドットの成長では特に重要である．

第1段階の成長としては，2種類の溶質間の化学反応による化合物半導体の核形成と核形成に続く小さな量子ドットの成長である．溶液内で，量子ドットの原料となる反応前駆体が，熱分解や化学反応を起こして溶媒中に単量体（モノマー）として溶け出して，モノマーの濃度が局所的に上昇し，あるしきい値を超えると結晶核が形成される．これを核形成とよぶ．形成された小さな結晶核は，溶媒中で濃度が局所的に不均一になるにもかかわらず，熱力学的に安定で原子やイオンに分解することがない．反応の場としての溶媒としては，反応温度を多様に変えることができる有機溶媒が用いられる．核形成は，熱力学的ポテンシャルの障壁を超えるということによって理解される．なお，原子が結晶に結合している状態を結晶相，溶媒中に分散している状態を液相とする．

等温等圧下で核形成を促す力は2つの相のギブスの自由エネルギー（熱力学的ポテンシャル）の差であり，自由エネルギーは主に化学ポテンシャルと表面エネルギーの和である．化学ポテンシャルは結晶核が形成されることにより，その結合分のエネルギーが自由になることに対するエネルギーであり，表面エネルギーは2つの相の境界面の面積を変えるために必要な仕事で，単位表面積当りの表面エネルギーが表面張力となる．原子 n 個で球状の結晶が形成されたときの系の自由エネルギーの変化は，

$$\Delta G = n(\mu_c - \mu_s) + 4\pi a^2 \sigma \tag{2.1}$$

となる[7]．ここで，μ_c と μ_s はそれぞれ結晶相と液相のときの化学ポテンシャル，a は結晶核の半径，σ は表面張力である．バルクの物体では第1項の体積による効果が支配的で表面張力は無視できるが，小さな結晶核の場合は表面による項も考慮に入れる必要がある．

また，このモデルでは球形で等方的な結晶核を考え，結晶面に依存する表面張力 σ が一定であると仮定する (2.1) 中の原子数 n は，結晶核の原子数密度 d_m と a を用いて書くことができ，

$$\Delta G = \frac{4\pi d_m}{3} a^3 (\mu_c - \mu_s) + 4\pi a^2 \sigma \tag{2.2}$$

となる．図 2.3 (a) に (2.2) の概形を示す．ここで，$\mu_c > \mu_s$ のとき，ΔG は $a > 0$ で単調増加であり，原子は液相 ($a = 0$) でいるときが一番安定なので，結晶核は形成されない．一方，$\mu_c < \mu_s$ のときには，ΔG は臨界半径 $a_c = 2\sigma/[d_m(\mu_s - \mu_c)] > 0$ で極大点をとる．これは，a が小さいときは表面張力が支配的で a が増加するほど不安定になるが，ある程度 a が大きくなると今度は化学ポテンシャルの項が効いてきて，a が大きくなるほど安定化することを意味する．この兼ね合いから，結晶核はある大きさを超えたときに結晶が成長する方向に促されるということであり，原理的には無限の大きさまで結晶が成長する．

核形成後，反応前駆体が核に衝突，あるいは小さなナノ粒子同士が衝突することで粒子のサイズが大きくなって小さな量子ドットが成長する．核形成速度と粒子成長速度は，反応温度を調整することで変えることができる．

次に，オストワルド熟成（Ostwald ripening）とよばれる第2段階の成長が重要である．この過程では，小さな量子ドットはより表面エネルギーが高いので溶媒に溶け出し，これが大きな量子ドットに再び蓄積されていき，量子ドットの平均サイズは量子ドット数の減少と共に増加していく．こうした結晶核形成後の量子ドットの成長は，次式により定量的に記述できる[8]．

$$\frac{da}{dt} = \frac{2\sigma DC_\infty}{d_\mathrm{m}^2 kT}\frac{1}{a}\left(\frac{1}{a^*} - \frac{1}{a}\right) \tag{2.3}$$

図2.3（a）に（2.3）の概形を示す．ここで，a は量子ドットの半径，溶液と量子ドット間の原子移動がつり合って，量子ドットの成長が止まるドットの半径を a^*，D は溶液中でのモノマーの拡散係数である．また，C_∞ と σ は結晶が平らであるときの蒸気圧と表面張力である．a^* は溶液中の主にモノマーの濃度に依存し，反応温度 T や表面張力 σ にも依存する．反応が進むにつれ，モノマーの濃度は減少し a^* は大きくなる．

（2.3）が意味するのは，すべての量子ドットの半径 a が $2a^*$ より大きい場合（$a > 2a^*$），大きくなるに従って成長速度が減少するので，時間経過によりサイズの分布が狭くなるということであり，この領域はサイズが収束する領域（size‑focussing regime）とよばれる．一方，量子ドットの半径が $a^* < a < 2a^*$ のときには，半径が大きくなると成長速度も増加し時間経過でサイズ分布が広くなるので，サイズ分布が広がる領域（broadening regime）とよばれる．また，$a < a^*$ の量子ドットが存在するときには，小さなドットの成長速度は負となりモノマーに分解され，そのモノマーが大きなドットに結合し，系全体でのナノ結晶の濃度が小さくなる．この領域はオストワルド熟成領域（Ostwald ripening regime）とよばれる．また，溶液中のモノマー濃度が減少すると a^* は大きくなる．そのため，合成直後でモノマーの数が多い場合には，a^* が十分に小さいのでサイズが収束する領域（size‑focussing regime）から始まり，成長が進みモノマーの数が減ると a^* が大きくなり，サイズ分布が広がる領域（broadening regime），オスト

ワルド熟成領域（Ostwald ripening regime）へと進む．

成長した量子ドットのサイズのばらつきは標準偏差にして10〜15%くらいであるが，その後サイズ選択の過程を経て5%以下に狭めることができる．温度と溶質の濃度に依存する反応速度をコントロールすることで，量子ドットサイズの調整が可能となる．溶媒としては，アルキルホスフィン（R_3P：alkylphosphine），アルキルホスフィンオキシド（R_3PD（R = butyl または octyl）：alkylphosphine oxide），アルキルアミン（alkylamine），アルキルリン酸エステル（alkylphosphate），アルキル亜リン酸エステル（alkylphosphite），アルキルホスホン酸（alkylphosphonic acid），アルキルホスホラミド（alkylphosphoramide），アルキルチオール（alkylthiol），脂肪酸（fatty acid）などの混合液が利用され，フラスコの中で溶質と激しく攪拌され150〜350℃に保たれて反応場として利用される．II－VI族半導体量子ドットの成長には，II族の元素の供給に金属アルキル（metal alkyl），ジメチルカドミウム（dimethylcadmium），ジエチルカドミウム（diethylcadmium），ジエチル亜鉛（diethylzinc），ジベンジル水銀（dibenzylmercury）などが利用され，VI族の元素の供給に，有機ホスフィンカルコゲナイド（R_3PE（E = S, Se, Te）：organophosphine chalcogenide），あるいはビストリメチルシリルカルコゲナイド（TMS_2E（TMS = trimethylsilyl）：bistrimethylsilylchalcogenide）などが用いられる．

II－VI族半導体量子ドットの中でも，CdSe量子ドットの成長は最も研究の蓄積がある．Cd源としてジメチルカドミウム（dimethylcadmium）や酸化カドミウム（cadmium oxide），酢酸カドミウム（cadmium acetate），炭酸カドミウム（cadmium carbonate）を用い，Se源としてSe粒子をトリオクチルホスフィン（TOP：trioctylphosphine）やトリブチルホスフィン（TBP：tributylphosphine）に溶かした溶液を用いる．溶媒としては，表面活性剤を兼ねた酸化トリオクチルホスフィン（TOPO：trioctylphosphine oxide）溶媒やTOP溶媒，TOPOにホスホン酸（phosphonic acid）を加えた溶媒が用いられ，また，アルキル基の長さが短くなるとナノ粒子の成長が速くなるので，ステアリン酸（stearic acid）やラウリン酸（lauric acid）などの脂肪酸が TOPO や TOP 溶媒の代わりに使われることもある．表面活性剤は CdSe 量子ドットの表面に配位して，非放射過程を抑制し，量子ドットの融合を防ぎ，発光に高い量子効率をもたらす役割を果たす．表面活性剤として有効なのは，前述のステアリン酸（stearic acid），TOPO，TBP やヘキサデシルアミン（hexadecylamine），ジオクチルアミン（dioctylamine）である．

II－VI 族半導体量子ドットの別の例として，7.3 節や 11.1 節で対象となる PbSe 量子ドットや PbS 量子ドット成長法の 1 つに，Pb 源として PbO（酸化鉛），Se 源として Se 粒子をトリオクチルホスフィン（TOP：trioctyl-phosphine）やジフェニルホスフィン（DPP：diphenylphosphine）に溶かした溶液，S 源として S 粒子をビストリメチルシリルスルフィド（TMS：bis（trimethylsilyl）sulfide）を用いる方法がある．溶媒としては，1－オクタデセン（ODE：1－octadecene）に PbO からオレイン酸鉛（Pb－oleate）前駆体を形成するために，オレイン酸（oleic acid）を加えた溶媒が用いられる．

半導体量子ドットは，小さくなればなるほど表面を構成する原子の割合が量子ドットを構成する原子に比べて多くなり数十％に達するので，発光の高い量子効率を得るためには，表面の不活性化が欠かせない．表面にある原子が非終端になり未結合手（ダングリングボンド，dangling bond）をもつと，その部分が電子や正孔の表面トラップとしてはたらき，深い準位の発光となったり非放射再結合を増やす．表面活性剤がもたらす有機配位子は，表面にある原子の非終端部に結合して，深い準位の発光を減少させ，量子準位からの発光を増加させる．量子ドットの表面を修飾することによって，油性にも水溶性にもでき，また，さまざまな物質に接合できる．11.1 節で述べる量子ドット太陽電池にも，この利点が活用されている．

半導体量子ドットの核（コア）を，より高いエネルギーギャップをもつ半導体で覆うことで電子や正孔のナノ結晶表面での確率振幅を減少させ，例えば，CdSe 量子ドットのコアを，ZnS や CdS の殻（シェル）で覆うと劇的に発光の量子効率を上げることができる．半導体ヘテロエピタキシー成長で知られているように，ヘテロ接合の 2 つの半導体の格子定数が大きく異なる場合にはひずみが大きくなるが，平面的なヘテロ接合に比べて球殻的なヘテロ接合では，ひずみが緩和しやすい形状であるため ひずみの影響は比較的小さい．

コアシェル量子ドットとして CdSe/ZnS を例にとると，格子不整合は 12%にもなるが，シェル厚が薄いときは，コアシェルの界面は欠陥なしに均一にひずみを伴って成長するので，発光量子効率は大きく上昇するが，シェル厚が厚いときには，コア，シェルの両者のひずみが緩和してコアシェルの界面に欠陥を発生し発光量子効率を下げてしまう．

InP や InAs の III－V 族半導体量子ドットの成長は，シュウ酸塩化インジウム（InCl（C_2O_4）：chloroindium oxalate）を In 供給源，リン化トリメチルシラン（$(TMSi)_3P$：trimethyl silane phosphide）を P 供給源，砒化トリメチルシラン（$(TMSi)_3As$：trimethyl silane arsenide）を As 供給源とし，高温にした TOP/TOPO 溶媒を反応場として用いることで行うことができる．

球状とは異なる形状の量子ドットの成長には，結晶成長速度の異方性を用いる．c 軸方向に伸びた棒状の CdSe 量子ドットの場合には，ウルツ鉱構造なので (001)Cd 面ではダングリングボンドの密度が Cd 原子当り 1 個であるのに対し，$(00\bar{1})$Cd 面ではダングリングボンドの密度が Cd 原子当り 3 個であることから，結晶成長が速くなる．この場合，c 軸に平行でかつ逆方向の 2 つの方向で結晶成長速度が異なり，c 軸に平行な$(00\bar{1})$面の方向に伸びる成長が起きる．同様の理由から（110）面方向への成長も抑えられる．結晶全体の総原子数に対する表面にある原子数の割合が，棒状のナノ結晶では，最小になる球状のナノ結晶（量子ドット）に比べて原子の割合は大きく，発光効率が低い．また，シェルで表面を覆う場合には，棒状のナノ結晶は球状のナノ結晶に比べて格子不整合の影響は大きくなる．

2.3　ガラスや結晶中に成長した量子ドット

ガラスや結晶，ポリマー中に量子ドットの構成原子をイオンとして分散させ，このイオンを凝集させてドットを析出させる方法も，量子ドットの形成法として使われる．イオン結合性の強いI－VII族やII－VI族の半導体材料をシリケイトガラスなどのガラスの原料に混入・溶融させて急冷すると，I－VII族やII－VI族の半導体を構成する原子がイオンの状態となり，一様にドープされたガラスを得ることができる．このガラスにアニール処理を施すと，イオンが凝集して核を形成し，さらにこの核に周囲のイオンが凝集してナノメートルサイズの量子ドットが成長する．また，量子ドットを構成するイオンで過飽和になったガラス中では核形成が起こり，やがてドットが形成されていく．

次に，この方法で作製された量子ドットのサイズについて述べる．まず，熱処理の温度や時間を調整することにより，量子ドットのサイズを制御することが可能である．また，過飽和になったガラス中では，ガラス中のイオンのドットへの凝縮と，イオンのドットからガラス中への蒸発のバランスでドットのサイズが決定される．

リフシッツ－スレゾフ（Lifshitz－Slezov）モデルによれば[10]，球状の量子ドットの半径を a とすると，半径 a の時間変化は

$$\frac{da}{dt} = \frac{a}{D}\left[\varDelta - \frac{\alpha}{a}\right] \tag{2.4}$$

で表される．(2.4) 中の D はイオンの拡散係数，過飽和度 $\varDelta = C - C_\infty$ は，イオン濃度 C の飽和イオン濃度 C_∞ からの差として定義される．またパラメーター α は $\alpha = (2\sigma/k_{\mathrm{B}}T)vC_\infty$ により，表面エネルギー σ，絶対温度 T，イ

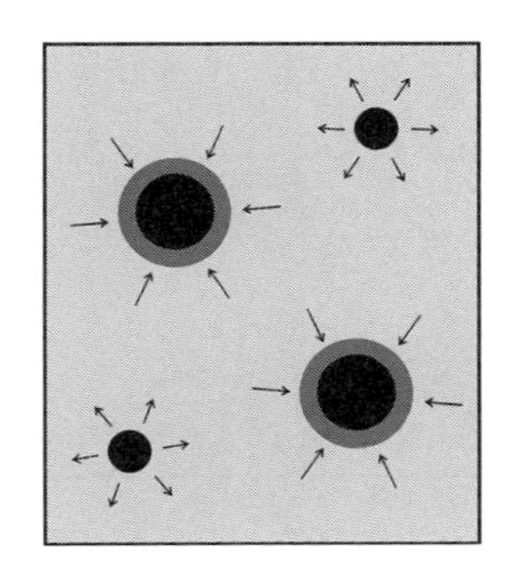

図 2.5　イオンで過飽和になったガラス中での量子ドット形成の模式図.（大槻義彦 編：「現代物理最前線 6」（共立出版, 2002 年）の"人工原子, 量子ドットとは何か"より許可を得て転載）

オンの体積 v で定義される.（2.4）が定常になる条件から過飽和度 Δ が与えられると臨界半径 a_{cr} は $a_{\mathrm{cr}} = \alpha/\Delta$ と導かれ, 図 2.5 に示すようにこのサイズより小さいドットは蒸発し, 大きいドットは成長する.

反対に, ガラス中のイオン濃度は臨界半径より大きく成長するドットの周辺が低くなり, 臨界半径より小さく蒸発するドットの周辺が高くなる. ドットへの凝集とドットからの蒸発でできたイオンの濃度勾配はイオンの拡散を促し, ガラス中のドットは臨界半径以上のサイズで互いに競争しながら成長することになる. ドットの体積は時間 t に比例して成長するので, 平均半径 a_{av} は, 時間 t の関数として

$$a_{\mathrm{av}} = \left(\frac{4\alpha D}{9}t\right)^{1/3} \tag{2.5}$$

で表される.

リフシッツとスレゾフによって求められたドットのサイズ分布を表すリフシッツ - スレゾフ分布は, 平均半径 a_{av} が a_{cr} より大きく $1.5a_{\mathrm{cr}}$ にしきい値をもち, 規格化された半径を $u = a/a_{\mathrm{cr}}$ で定義すると, 小さい方に広い裾をもつ分布

$$P(u) = \begin{cases} 3^4 2^{-5/3} e u^2 (u+3)^{-7/3} \left(\dfrac{3}{2} - u\right)^{-11/3} \exp\left[\left(\dfrac{2u}{3} - 1\right)^{-1}\right] & (u < 1.5 \text{ の場合}) \\ 0 & (u > 1.5 \text{ の場合}) \end{cases} \tag{2.6}$$

で表されるが，こうした作製法で作られた量子ドットのサイズ分布を実際に調べてみると，リフシッツ－スレゾフ分布で表されることもあるが，単純な正規（ガウス）分布や，正規対数分布で表されることも多い．

2.4　外場効果量子ドット

エピタキシー成長させたナノメートル厚の半導体薄膜は，その薄膜の両側に，よりエネルギーギャップの大きな半導体を成長させると，量子井戸としてはたらくことになる．よって，成長方向に電子や正孔を閉じ込めることができるが，量子井戸の面内では自由な運動が許される．面内に2次元的閉じ込めポテンシャルを導入すると，面内における電子や正孔の2次元的な運動も制限されることになり，量子ドットを形成することができる．特に，面内に外場による2次元的閉じ込めポテンシャルを導入すると，外場効果量子ドットを形成することができる．外場とは，ひずみ場，磁場，電場などである．

半導体量子井戸は2枚のヘテロ界面で挟まれるが，マクロな面積をもつヘテロ界面で異なる原子層を完全に切りかえる成長を行うことは難しく，原子層厚みのゆらぎは不可避である．作製された量子井戸は単原子層～数原子層程度の界面のゆらぎを伴うことが多い．原子層の切りかえを検出しながら成長を行うには，分子線エピタキシー（MBE：molecular beam epitaxy）成長では成長面の背面電子線回折を測定しながら分子源のシャッターを切りかえるが，有機金属化学気相成長（MOCVD：metal organic chemical vapor deposition）では成長面の偏光反射を測定しながら原料ガスの供給のバルブを開閉する．原子層成長の切りかえ時に十分待つと，原子が結晶表面を移動して原子層厚みの凸部や凹部の成長面内での広さが増加し，電子のド・ブロイ波長よりも大きくなると光スペクトル中にはっきりした離散的ピークを与える．MBE成長時に成長面をAsフラックスにさらし，その状態で数分間

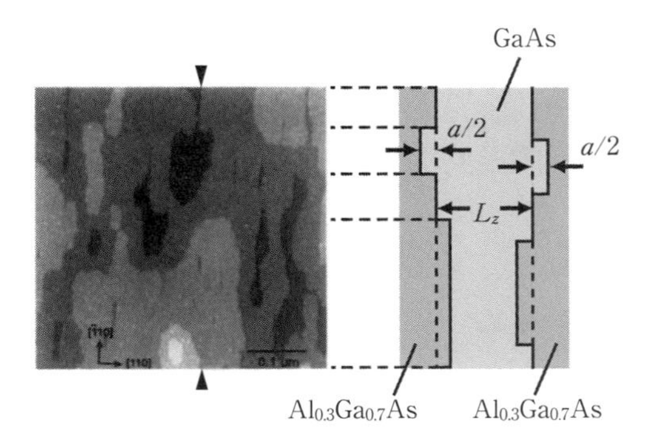

図 2.6 砒素（As）フラックスにさらした状態で，数分間成長温度で保たれた GaAs 表面の走査トンネル顕微鏡像．濃淡の違いは 1 原子層の高さ $a/2$ だけの変化を示す．同じ高さの領域は，[$\bar{1}$10]軸の方向に伸びている．走査トンネル顕微鏡像を▲と▼で結ぶ線で切った部分に沿って，GaAs の高さを右図に示す．このようにして作成された GaAs 量子井戸の厚みは，局所的に $a/2$ ずつ異なってくる．（D. Gammon, E.S. Snow, B.V. Shanabrook, D.S. Katzer and D. Park：Phys. Rev. Lett. **76**（1996）3005 より許可を得て転載）

成長温度で保たれた GaAs 表面の走査トンネル顕微鏡像を，図 2.6 に示す[11]．このような GaAs 界面を有する格子定数 $a = 0.56$ nm の GaAs-$Al_{0.3}Ga_{0.7}As$量子井戸の場合，単原子層の厚さ $a/2 = 0.28$ nm ごとに異なる 6 個の領域からできると考えられ，同じ高さの領域は成長面内で 0.1 μm 程度の広がりをもつようになる．厚さ L_z の量子井戸が面内に ΔL_z の凹凸があるならば，3.2 節で述べる量子ドットにおける光学遷移エネルギーのサイズ依存性が示す式と同様に，量子井戸の光学遷移エネルギーの井戸厚依存性は $E = E_e + E_h = E_g + (\hbar^2/2\mu)(\pi n/L_z)^2 + (\hbar^2/2\mu)(k_x^2 + k_y^2)$ で与えられるから，L_z が $L_z + \Delta L_z$ に変化すると，最も低い光学遷移エネルギーの場合には，$n = 1$ に対応する式を L_z で微分して ΔL_z を乗じた，

$$\frac{\pi^2\hbar^2}{\mu}\left(\frac{\Delta L_z}{L_z^3}\right) \tag{2.7}$$

のエネルギーの高低が生じ，周りから $\Delta L_z = a/2$ だけ厚い低エネルギーの領域は擬似量子ドットと見なせる．

磁場は，半導体量子井戸レーザーに加えられ，量子ドットレーザーの発振しきい値電流の温度依存性が量子井戸レーザーの発振しきい値電流の温度依存性に比べて弱くなる，ということを示す際に利用された外場である[12]．一様な磁場 B 中，有効質量 m_{e}^*，電荷 $-e$ をもつ電子はサイクロトロン周波数 $\omega_{\mathrm{c}} = eB/m_{\mathrm{e}}^*$ でサイクロトロン半径の円軌道を回転して，電子のエネルギースペクトルは $\hbar\omega_{\mathrm{c}}$ のエネルギー間隔にランダウ量子化される．温度によるエネルギーの広がり $k_{\mathrm{B}}T$ がエネルギー間隔 $\hbar\omega_{\mathrm{c}}$ に比べて小さいならば，磁場に対して垂直面内で2次元的に閉じ込められることとなる．

量子井戸を表面の近傍に成長させ，表面にひずみを発生させる金属や半導体の微細構造を作ることで，ひずみ場により量子井戸中に量子ドットを作ることができる．GaAs の格子定数は 5.65 nm で，InAs や InP の格子定数はそれぞれ 6.06 nm，5.87 nm であり，それぞれ 7%，4%ほど長い．この格子不整合のため，2.1 節で述べたように InAs や InP を GaAs，AlGaAs や InGaAs の表面に成長させると自己形成量子ドットが成長する[13]－[15]．GaAs 量子井戸を表面近くに含む試料中の AlGaAs や InGaAs の表面に，InAs や InP の自己形成量子ドットを成長させるとストレッサーとして機能し，格子定数の違いを反映して図 2.7 に示すように，自己形成量子ドットの中心部の真下では，横方向に引張り応力がはたらき（淡く表示），自己形成量子ドットの淵の真下では逆に横方向に圧縮応力がはたらく（濃く表示）．GaAs の伝導帯の変形ポテンシャルは負，価電子帯の変形ポテンシャルは正であり，自己形成量子ドットの中心部の直下では横方向に2次元的に伸び，自己形成量子ドットの淵の直下では逆に横方向に2次元的に縮むので，ひずみ場により量子井戸面内に電子にも正孔にも自己形成量子ドットの中心の直下で，最も低いエネルギーをもつ調和関数型のポテンシャルを形成することができ，GaAs 量子井戸にひずみ誘起量子ドットができる．量子井戸面内で等方的な2次元調和関数型ポテンシャルが形成されると，3.4 節でも述べるように等間隔の量子準位ができ，N 番目の量子準位が占めうる電子の状態数はスピンの自由度を入れて $2N$ 個となる．試料表面に加わる静的なひずみ

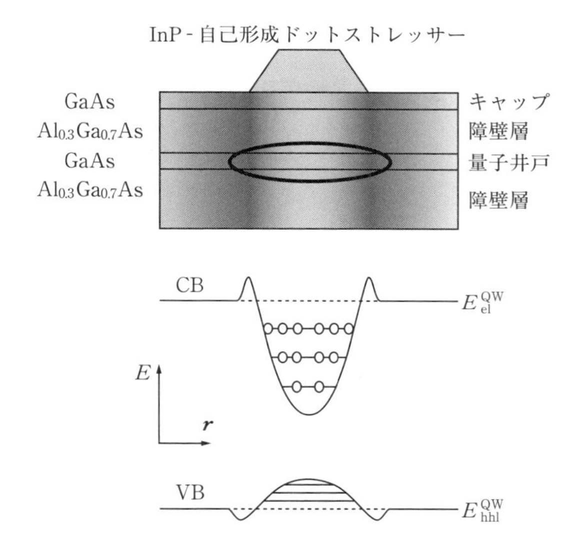

図 2.7　ひずみ誘起 GaAs 量子ドットのポテンシャルとエネルギー準位．（大槻義彦 編：「現代物理最前線 6」（共立出版，2002 年）の“人工原子，量子ドットとは何か”より許可を得て転載）

にだけでなく動的なひずみ —— 表面弾性波 —— や，表面弾性波の重ね合わせ，干渉により動的な量子ドットも作製することができる[16]．

現在，量子井戸中に量子ドットを形成する際，最も多用される外場は電場である[17]-[20]．量子ドットを，電子，正孔や励起子がそれらのド・ブロイ波長程度のサイズに閉じ込められた系であると一般化すると，量子ドットはナノサイズの半導体に限らず，分子，ナノサイズの金属，超伝導体や強磁性体でもよいことになる．これらのナノサイズの材料に電子や正孔の供給源からトンネル障壁を介して電子や正孔が供給されれば，電気伝導で対象とする量子ドットとなる．

半導体量子井戸中に電場で形成する量子ドットには，図 2.8 (a)，(b) と (c)，(d) に示すような横型と縦型がある[17]．横型の電子の量子ドットは，量子井戸中に形成された 2 次元電子系に沿って，表面から太い電極に加えら

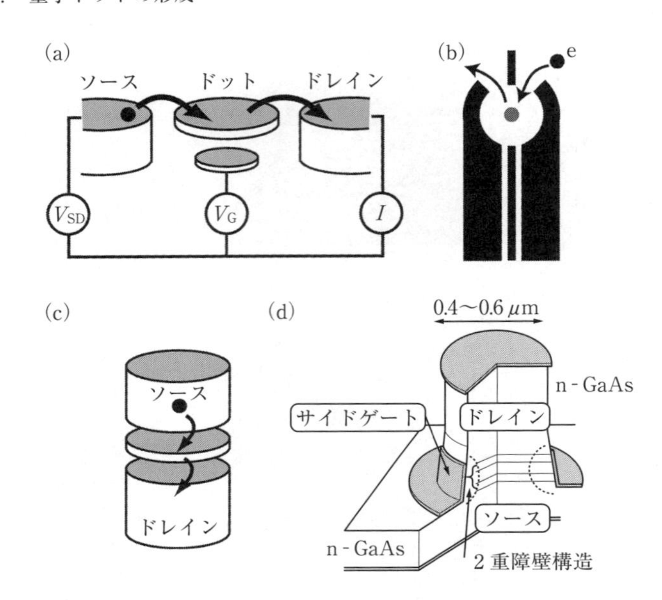

図 2.8　(a) 横型量子ドットの模式図と (b) 横型量子ドットの電極配置．模式図中で薄い円板で表された量子ドットは，トンネル障壁を介してソースとドレインとつながっており，ドレインに対するソースの電圧 V_{SD} とゲート電圧 V_G を変化させて電流 I を測定する．(c) 縦型量子ドットの模式図と (d) サイドゲートがついた縦型量子ドット．縦型量子ドットは円柱の中に配置でき，円板状量子ドットの面内対称性が高くできる．((a)，(c) R. Hanson, L.P. Kouwenhoven, J.R. Petta, S. Tarucha, L.M.K. Vandersypen：Rev. Mod. Phys. **79** (2007) 1217，および (d) S. Tarucha, D.G. Austing, T. Honda, R.J. van der Hage and L. P. Kouwenhoven：Phys. Rev. Lett. **77** (1996) 3613 より許可を得て転載)

れたゲート電圧により量子ドットを囲む閉じ込めポテンシャルを形成し，この内部に電子を閉じ込める．図 2.8 (b) に，横型量子ドットに電子を閉じ込める太い電極と，電子を出し入れする細い電極の配置を示す．細い電極は障壁ポテンシャルを制御して量子ドットへの電子の出入りを制御することができる．量子ドットを形成する電極配置には高い自由度があり，量子ドットを数個近接して配置した構造をもつ結合量子ドットの形成に対しても自由度が高い．結合量子ドット中の電子スピンを用いて量子演算への応用が試みられている．

図 2.8 (d) には縦型量子ドットの電極配置を示す[18]．上下から薄い障壁

層で挟まれた量子井戸が量子ドットとしてはたらく．特別な電極はサイドゲートで，これに負の電圧をかけると電子がサイドゲートから遠ざかり，電子が閉じ込められる量子ドットのサイズを小さくすることができる．負の電圧を大きくすると，量子ドットのサイズは小さくなるので電子の量子エネルギーが高くなり，その結果，量子ドットから電子が障壁層を通じて抜けていき量子ドット中の電子の数を１つずつ減らしていくこともできる．円柱状の形状は面内で回転対称性が生じるので，サイドゲートによる静電ポテンシャル形状は２次元調和関数型ポテンシャルで近似でき，このため等間隔の量子状態が形成される．薄いトンネル障壁を通して量子ドット中の電子数を１つずつ変化させると，量子ドットの帯電エネルギーが離散化されるので，トンネル効果が抑制されてクーロン閉塞が起こる．さらに，量子ドットに入っていく電子の量子準位と軌道運動量およびスピン運動量に依存して，量子ドットに電子を１つずつ入れていったときのエネルギースペクトルは，原子に類似の規則性をもつフント（Hund）則を示す．

2.5　量子ドットのサイズの測定

量子ドットの最も基本的な量であるサイズの測定は重要である．構造面からの数 nm の量子ドットの主な測定法としては，透過型電子顕微鏡（TEM：transmission electron microscope）[21]，X 線小角散乱（small angle X - ray scattering），原子間力顕微鏡（AFM：atomic force microscope）[22]，走査トンネル顕微鏡（STM：scanning tunneling microscope）[22]，走査型電子顕微鏡（SEM：scanning electron microscope）[23]がある．

TEM は高速に加速した電子線を磁界でできた電子レンズにより収束して試料を透過させ，透過電子線を再び電子レンズにより結像させて観測する．TEM の特徴は空間分解能の高さで，電子を加速する電圧が増加すると電圧に比例して電子のエネルギーが増加し，電子波のド・ブロイ波長は電子の運動量すなわち加速電圧の平方根に逆比例して短くなるので，空間分解能を上げることができる．200 kV の加速電圧をもつ市販の TEM で 0.2 nm より短い分解能を得ることができる．透過型電子顕微鏡像を得るには，試料は電子線が透過する程度に十分薄い必要があるので，量子ドットが結晶，ガラス，ポリマーなどの固体に埋め込まれている場合には，電子ビームを通す観測場所だけでも 50 nm 程度への薄片化・薄膜化が必要である．薄膜試料の作製には粉砕，研磨，イオンミリング，ミクロトーム，収束イオンビームなどが試料に応じて使われる．一方，化学的に形成した量子ドットのようにドットだけを容易に取り出せるときには，量子ドットを分散して直接観察することができる．測定した量子ドットのサイズは分布をもっているが，多くのドットを観測すれば，この分布を含めてサイズを直接測定できるのが TEM の強みである．また，TEM は電子線の透過波と回折波の干渉コントラストを利

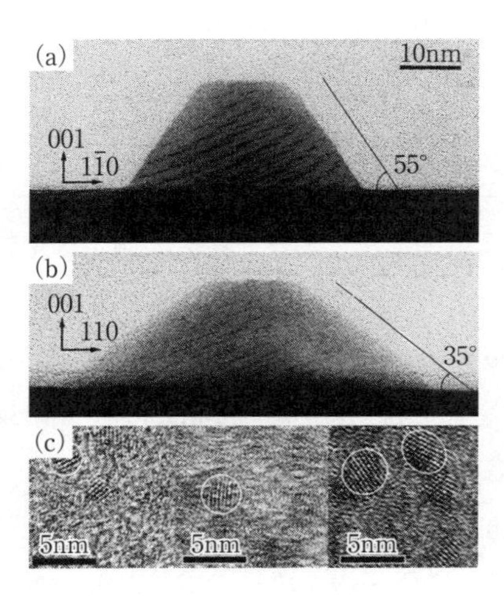

図 2.9　(a)，(b) は自己形成 InP 量子ドットの高分解能断面 TEM 写真．(a) は[110]，(b) は[$\bar{1}$10]方向の写真である．(c) は直径 2.5 nm，3.3 nm，4.0 nm の $CuInS_2$量子ドットの TEM 写真．((a)，(b) K. Georgsson, N. Carlsson, L. Samuelson, W. Seifert, and L.R. Wallenberg：Appl. Phys. Lett. **67** (1995) 2981，および (c) J. Sun, J. Zhao and Y. Masumoto：Appl. Phys. Lett. **102** (2013) 053119 より許可を得て転載)

用した高分解能電子顕微鏡像により格子像を得たり，電子線回折により微小部位の格子定数や結晶性を評価することができ，さらに，特性 X 線分光により微小部位の構成原子を特定するエネルギー分散型分光法（EDS：energy dispersive X－ray spectroscopy）も可能となる．図 2.9（a），(b）は，自己形成 InP 量子ドットの高分解能断面 TEM 写真である[24]．一方，化学的に形成された $CuInS_2$ 量子ドットの TEM 写真を図 2.9（c）に示す[25]．

AFM や STM は表面を測定する装置であるので，埋め込み型量子ドットでは量子ドットを成長させて埋め込む前に測定する必要がある．STM は，1 nm 程度に接近させた探針と表面との間のトンネル電流を計測しながら，探針を表面に沿って走査する．探針と表面とも導電性があることが必須である．探針の最先端の 1 原子がトンネル電流を支配するとき，原子サイズの空間分解能を得ることができる．図 2.6 に示した STM 像は，1 原子層の凹凸を捕らえている．AFM は，探針と表面との間の原子間力を計測しながら探針を表面に沿って走査する．探針と表面との間の原子間力は必ずあるので，試料の制約がなく，自己形成量子ドットの成長では，自己形成量子ドットを埋め込む前の試料の表面計測に極めて高い頻度で使われる．探針の先端の曲率半径が空間分解能を決めるが，市販の探針の先端の曲率半径は 10 nm 以下である．

AFM の動作方式としては，(1）探針を表面に接触させて計測する接触方式と，(2）探針を表面に周期的に接触させて計測する周期的接触（タッピング）方式，(3）探針を表面に接触させずに探針の振動周期の変化を計測する非接触方式がある．AFM は，トンネル電流に比べて探針と表面との間の距離が大きくなると原子間力が共にゆっくり減少するので，原子サイズの空間分解能を得ることが難しい．1 原子層の凹凸は捕らえられるが，面内の空間分解能は探針の先端の曲率半径によって決まる．

X 線小角散乱は，量子ドットの集合を試料とした場合，X 線散乱の散乱強度の小角部分の角度依存性から，量子ドットの集合の平均サイズやサイズ分布を求める方法である．X 線小角散乱には強い単色 X 線が必要である．シンクロトロン放射光の発生装置は大掛かりではあるが，シンクロトロンにより加速された電子の放射光から強い単色 X 線を取り出して利用できる施設では，標準的測定法として装置が設備してあり比較的簡単に利用できる．ここで，リン酸ガラス中に成長させた PbSe 量子ドットの平均粒径を求めるための，X 線小角散乱測定の例を示そう[26]．

半径 a の球状の散乱体が均一に孤立して分布し，散乱体内の電子密度が平均として ρ で与えられ散乱体外の平均電子密度 ρ_0 より大きいとする．このとき X 線は散乱され，X 線の散乱ベクトルの大きさ k を，X 線の散乱角 2θ と X 線の波長 λ を用いて，$k = 4\pi \sin\theta/\lambda$ と定義する．X 線散乱強度分布，すなわち散乱強度 I の k 依存性は，電子密度分布の自己相関関数のフーリエ変換で与えられるので，散乱体が半径 a の球状の場合には次の式のようになる．

$$I(k) = \left[3\frac{\sin(ka) - ka\cos(ka)}{(ka)^3}\right]^2 \qquad (2.8)$$

この散乱ベクトルの大きさに対して，リン酸ガラス中に成長させた PbSe 量子ドットの散乱 X 線の強度を片対数プロットすると，図 2.10 のようなグラフが得られる．量子ドットの半径の逆数に比例して，散乱 X 線の広がり

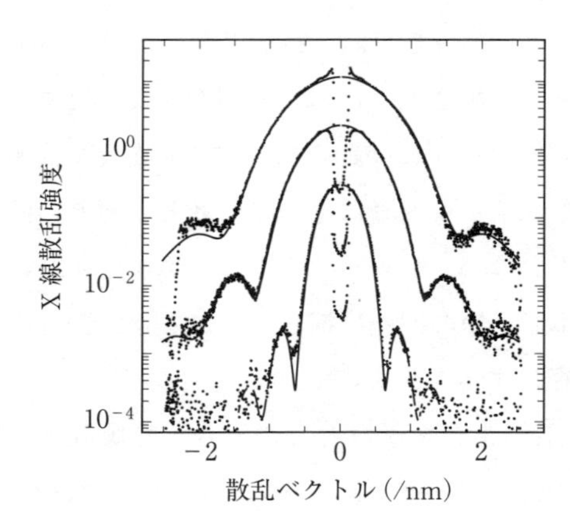

図 2.10　PbSe 量子ドットにおける X 線小角散乱．実線は球状の散乱体を仮定したときのフィッティング結果を示す．（池沢道男，奥野剛史，舛本泰章，A.A. Lipovskii：ナノ学会会報 **1** (2003) 27 より許可を得て転載）

方や極小，極大の位置が現れてくる．上式に量子ドットの半径分布としてガウス分布を採用して，重みをつけて加え合わせると実験データを再現することができる．図中に示した3例ではよく実験結果を再現しており，この結果から上からそれぞれ2.6 nm，3.7 nm，7.0 nmの平均半径をもつことがわかる．また，半径分布は小さいもので12%程度であることがわかる．なお，PbSe量子ドットの吸収スペクトルを表す図2.11に示した試料の半径は，それぞれ，（a）2.9 nm，（b）2.6 nm，（c）2.0 nm，（d）1.8 nm，（e）1.7 nm，および（f）1.4 nmと見積もられる[27]．

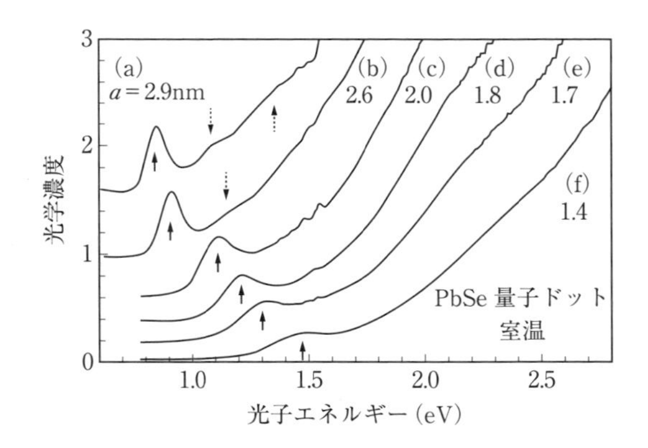

図2.11　リン酸ガラス中に成長されたPbSe量子ドットの室温における吸収スペクトル．上向きの矢印は最も低いエネルギーの光学選移で，半径の減少と共に0.84 eVから1.47 eVまで大きく高エネルギーシフトする．下向きの矢印は2番目，3番目の光学遷移に対応する（T. Okuno, Y. Masumoto, M. Ikezawa, T. Ogawa and A.A. Lipovskii：Appl. Phys. Lett. **77**（2000）504より許可を得て転載）

図2.12は，PbSe量子ドットの半径に対して吸収スペクトルのピークエネルギー（第1励起状態のエネルギー）をプロットしたものである．黒丸は，透過型電子顕微鏡像で半径を求めたもので，点線は，PbSe量子ドット中にある電子と正孔が無限障壁の中に閉じ込められていると仮定して，3.2節，3.3節に示すような量子サイズ効果を計算して第1励起状態のエネルギ

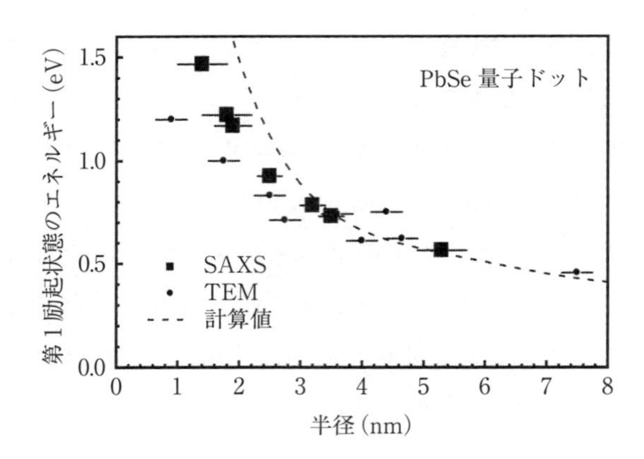

図 2.12　リン酸ガラス中の PbSe 量子ドットの半径に依存する励起子吸収ピークエネルギー（第1励起状態のエネルギー）．破線は計算で，黒丸は電子顕微鏡像より半径を求めたもの．四角は，X 線小角散乱より半径を求めたもの．（池沢道男，奥野剛史，舛本泰章，A.A.Lipovskii：ナノ学会会報 1（2003）27 より許可を得て転載）

ーを求めた結果である[28]．四角は，X 線小角散乱から半径を導いたものである．透過型電子顕微鏡で求めた半径は，3 nm よりも小さい試料において計算値とのずれが大きく，その理由が不明とされていた[28]．しかし，X 線小角散乱より求めた半径では，計算値にかなり近づいている．依然として残っている若干のずれは，計算において無限障壁を仮定していることによるものだと思われる．実際のガラスにおける 4 eV 程度の障壁を用いて計算することにより，計算値は X 線小角散乱から求めた値に近づくものと考えられる．

参　考　文　献

［1］　D. Bimberg, M. Grundmann and N.N. Ledentsov：“*Quantum Dot Heterostructures*”（John Wiley & Sons, 1999）.

［2］　J.－S. Lee, S. Sugou and Y. Masumoto：Jpn. J. Appl. Phys. **38**（1999）L614.

[3]　J. - S. Lee, S. Sugou and Y. Masumoto：J. Appl. Phys. **88** (2000) 196.

[4]　J. - S. Lee, S. Sugou, H. - W. Ren and Y. Masumoto：J. Vac. Sci. Technol. **B17** (1999) 1341.

[5]　"*Semiconductor Quantum Dots - Physics, Spectroscopy and Applications*" ed. by Y. Masumoto and T. Takagahara (Springer - Verlag, 2002).

[6]　C.B. Murray, C.R. Kagan and M.G. Bawendi：Annu. Rev. Mater. Sci. **30** (2000) 545.

[7]　J.A. Hollingsworth and V.I. Klimov：in "*Semiconductor and Metal Nanocrystals*" ed. by V.I. Klimov (Marcel Dekker, 2004), part I, chap.1, pp.1 - 64.

[8]　S. Kudera, L. Carbone, L. Manna and W. J. Parak：in "*Semiconductor Nanocrystal Quantum Dots - Synthesis, Assembly, Spectroscopy and Applications*" ed. by A.L. Rogach (Springer - Verlag, 2008), pp.5 - 34.

[9]　P. Reiss：in "*Semiconductor Nanocrystal Quantum Dots - Synthesis, Assembly, Spectroscopy and Applications*" ed. by A.L. Rogach (Springer - Verlag, 2008), pp.35 - 72.

[10]　I.M. Lifshitz and V.V. Slyozov：J. Phys. Chem. Solids **19** (1961) 35.

[11]　D. Gammon, E.S. Snow, B.V. Shanabrook, D.S. Katzer and D. Park：Phys. Rev. Lett. **76** (1996) 3005.

[12]　Y. Arakawa and H. Sakaki：Appl. Phys. Lett. **40** (1982) 939.

[13]　K. Kash, R. Bhat, Derek D. Mahoney, P.S.D. Lin, A. Scherer, J.M. Worlock, B.P. Van der Gaag, M. Koza and P. Grabbe：Appl. Phys. Lett. **55** (1989) 681.

[14]　H. Lipsanen, M. Sopanen and J. Ahopelto：Phys. Rev. **B51** (1995) 13868.

[15]　K. Nishibayashi, T. Okuno, T. Mishina, S. Sugou, H. - W. Ren and Y. Masumoto：Jpn. J. Appl. Phys. **40** (2001) 2084.

[16]　T. Sogawa, H. Gotoh, Y. Hirayama, P.V. Santos and K.H. Ploog：Appl. Phys. Lett. **91** (2007) 141917.

[17]　R. Hanson, L.P. Kouwenhoven, J.R. Petta, S. Tarucha and L.M.K. Vandersypen：Rev. Mod. Phys. **79** (2007) 1217.

[18]　S. Tarucha, D. G. Austing, T. Honda, R. J. van der Hage and L. P. Kouwenhoven：Phys. Rev. Lett. **77** (1996) 3613.

[19]　L.P. Kouwenhoven, D.G. Austing and S. Tarucha：Rep. Prog. Phys. **64** (2001) 701.

[20]　川畑有郷，鹿児島誠一，北岡良雄，上田正仁 編：「物性物理学ハンドブック」（朝倉書店，2012 年）第 8 章 ナノサイエンス，8.2 節 量子ドット・量子閉じ込め（樽茶清悟 執筆）

［21］ 日本表面科学会 編：「透過型電子顕微鏡」（丸善出版，1999 年）
［22］ 日本表面科学会 編：「ナノテクノロジーのための走査プローブ顕微鏡」（丸善出版，2002 年）．
［23］ 日本表面科学会 編：「ナノテクノロジーのための走査電子顕微鏡」（丸善出版，2004 年）
［24］ K. Georgsson, N. Carlsson, L. Samuelson, W. Seifert and L.R. Wallenberg：Appl. Phys. Lett. **67**（1995）2981.
［25］ J. Sun, J. Zhao and Y. Masumoto：Appl. Phys. Lett. **102**（2013）053119.
［26］ 池沢道男，奥野剛史，舛本泰章，A.A. Lipovskii：ナノ学会会報 **1**（2003）27.
［27］ T. Okuno, Y. Masumoto, M. Ikezawa, T. Ogawa and A.A. Lipovskii：Appl. Phys. Lett. **77**（2000）504.
［28］ A. Lipovskii, E. Kolobkova, V. Petrikov, I. Kang, A. Olkhovets, T. Krauss, M. Thomas, J. Silcox, F. Wise, Q. Shen and S. Kycia：Appl. Phys. Lett. **71**（1997）3406.

第 3 章

量子サイズ効果

量子ドットを特徴づける最も重要な概念である量子サイズ効果について解説し，量子準位の光学的な測定と電気伝導による測定について紹介する.

3.1 半導体のエネルギーバンド

半導体量子ドットを構成する結晶は並進対称性をもつので，結晶中の電子の波動関数が満たすシュレディンガー方程式中のポテンシャルエネルギーは並進対称性をもつ．したがって，シュレディンガー方程式も並進対称性をもち，シュレディンガー方程式の解である電子の波動関数もこの並進対称性をもたなければならない．これはブロッホの定理とよばれており，並進対称性をもつ結晶中の電子や正孔の波動関数は，位置ベクトル $\boldsymbol{r}$ の関数として，結晶の格子定数を周期とする周期関数 $u_{nk}(\boldsymbol{r})$ と波数 $\boldsymbol{k}$ をもつ平面波 $\exp(i\boldsymbol{k}\cdot\boldsymbol{r})$ の積である，ブロッホ関数で

$$\Psi_{nk}(\boldsymbol{r}) = u_{nk}(\boldsymbol{r})\exp(i\boldsymbol{k}\cdot\boldsymbol{r}) \tag{3.1}$$

と書かれる．$u_{nk}(\boldsymbol{r})$ は n 番目のバンド中の波数ベクトル $\boldsymbol{k}$ をもつ波動関数であり，結晶の周期性をもつ周期関数で $u_{nk}(\boldsymbol{r}+\boldsymbol{T}) = u_{nk}(\boldsymbol{r})$ を満足する．ここで，$\boldsymbol{T}$ は並進ベクトルである.

バルク半導体の伝導帯のエネルギー $E_{\mathrm{c}}(\boldsymbol{k})$ と価電子帯のエネルギー $E_{\mathrm{v}}(\boldsymbol{k})$ は，有効質量近似を用いて等方的な放物線で近似できる単純な場合には，

$$\left.\begin{aligned} E_{\mathrm{c}}(\boldsymbol{k}) &= \frac{\hbar^2 k^2}{2m_{\mathrm{e}}^*} + E_{\mathrm{g}} \\ E_{\mathrm{v}}(\boldsymbol{k}) &= -\frac{\hbar^2 k^2}{2m_{\mathrm{h}}^*} \end{aligned}\right\} \tag{3.2}$$

と書ける．ここで E_{g} はバンドギャップエネルギー，m_{e}^*，m_{h}^*は電子，正孔の有効質量である．

量子ドットは，結晶の周期性を保持し，かつ，有効質量の概念が意味をもつ程度に格子定数に比べて大きいので，量子ドット中の電子の波動関数 $\Psi(\boldsymbol{r})$ はブロッホ関数を用いて展開でき，ブロッホ関数の線型結合

$$\Psi(\boldsymbol{r}) = \sum_{\boldsymbol{k}} c_{n\boldsymbol{k}} u_{n\boldsymbol{k}}(\boldsymbol{r}) \exp(i\boldsymbol{k}\cdot\boldsymbol{r}) \tag{3.3}$$

によって表される．ここで展開係数 $c_{n\boldsymbol{k}}$ は，量子ドット中の電子の波動関数が量子ドットの境界条件を満たすように決める必要がある．

ブロッホ関数の中の周期関数 $u_{n\boldsymbol{k}}(\boldsymbol{r})$ は，原子に強く束縛された電子の近似（tight - binding approximation）に従えば，n 番目の原子軌道関数 $\phi_n(\boldsymbol{r})$ を用いて格子サイト $\boldsymbol{r}_i$ についての和として，

$$u_{n\boldsymbol{k}}(\boldsymbol{r}) = \sum_i A_{ni} \phi(\boldsymbol{r} - \boldsymbol{r}_i) \tag{3.4}$$

と書けるので，$u_{n\boldsymbol{k}}(\boldsymbol{r})$ の $\boldsymbol{k}$ 依存性を無視して，$u_{n0}(\boldsymbol{r})$ とすれば

$$\Psi(\boldsymbol{r}) = u_{n0}(\boldsymbol{r}) \sum_{\boldsymbol{k}} c_{n\boldsymbol{k}} \exp(i\boldsymbol{k}\cdot\boldsymbol{r}) = u_{n0}(\boldsymbol{r}) f(\boldsymbol{r}) \tag{3.5}$$

と書ける．ここで，$f(\boldsymbol{r})$ は包絡関数とよばれる．こうして量子ドット中における n 番目のバンド中の電子の波動関数を求める問題は，量子ドットの表面（界面）が波動関数に要請する境界条件を課して解く問題に帰結する．これは包絡関数 $f(\boldsymbol{r})$ を求める問題になるので，結局次節の井戸型ポテンシャル中の電子の波動関数を求める問題に帰結する．

3.2　電子・正孔・励起子の閉じ込め

量子ドット中にある電子・正孔や，電子と正孔がクーロン引力で束縛した

励起子は，ドットとその周辺が作る深いポテンシャルにより3次元的に閉じ込められる．このときに粒子の波動は狭い空間に閉じ込められて，波長が特定のものに制限されるため，運動エネルギーは離散的な値をもつようになる．したがって，電子・正孔や励起子の最低エネルギー状態は，バルク結晶のバンドギャップエネルギーよりもドットのサイズに依存して高くなる．ドットのサイズが電子，正孔や励起子のボーア半径と同程度のときに生じるこれらの現象を，量子サイズ効果とよぶ．

量子ドットが球状あるいは立方体の場合を考えてみよう．量子ドットが半径 $R = a$ の球状で，ドットの周りが無限に高いポテンシャルで囲まれているときには，量子力学の中心対称場中のポテンシャル問題に帰着し，ドット中に閉じ込められた質量 m^* の粒子の波動関数が満たすシュレーディンガー方程式は，球対称性から図3.1のようなドットの中心を原点にした球座標を用いて記述するとよい．量子ドット中に閉じ込められた粒子の波動関数は，球対称性より

$$f_{n,l,m}(r,\theta,\varphi) = \frac{R_{n,l}(r)}{r} Y_{l,m}(\theta,\varphi) \tag{3.6}$$

のように動径成分と角度成分に分けた変数分離形で書くことができる．ここで，$Y_{l,m}(\theta,\varphi)$ は球面調和関数を示しており，ポテンシャルエネルギーを $U(r)$ で表すと，$R_{n,l}(r)$ は次の動径部分のシュレーディンガー方程式を満たす．

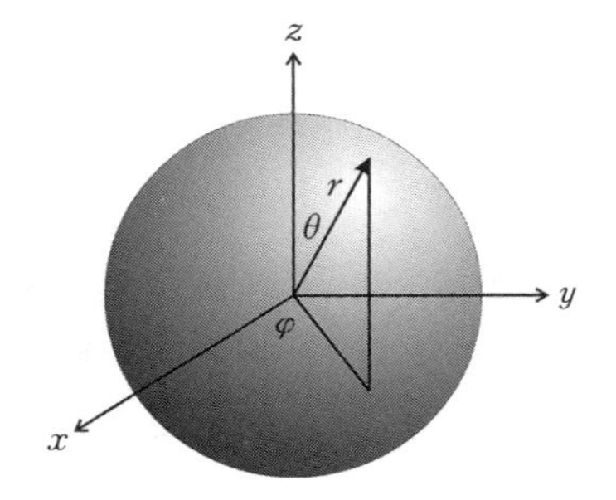

図 3.1 球状の量子ドットと球座標．（大槻義彦 編：「現代物理最前線6」（共立出版，2002年）の“人工原子，量子ドットとは何か”より許可を得て転載）

$$-\frac{\hbar^2}{2m^*}\frac{d^2R_{n,l}(r)}{dr^2}+\left[U(r)+\frac{\hbar^2}{2m^*r^2}l(l+1)\right]R_{n,l}(r)=ER_{n,l}(r) \tag{3.7}$$

したがって，量子ドットが球状の場合，ドット中に閉じ込められた粒子を記述するシュレーディンガー方程式を解くことが，結局は動径部分の1次元シュレーディンガー方程式を解くことに帰着する．このことにより固有関数，固有値は主量子数 n，方位量子数 l，磁気量子数 m の3つの量子数で規定されることになる．

軌道角運動量 L は

$$L^2=\hbar^2 l(l+1) \qquad (l=0,1,2,3,\cdots) \tag{3.8}$$

で求められる．また，磁気角運動量は軌道角運動量の z 成分 L_z で求められる．

$$L_z=\hbar m \qquad (m=0,\pm1,\pm2,\cdots,\pm l) \tag{3.9}$$

方位量子数 l をもつ量子状態は，磁気量子数がもつ自由度の数 $2l+1$ だけの縮重度をもつ．方位量子数 l の値によって，s 状態（$l=0$），p 状態（$l=1$），d 状態（$l=2$），f 状態（$l=3$），g 状態（$l=4$）とよばれる．

ドットの周りは無限に高いポテンシャルで囲まれているため，

$$U(r)=\begin{cases} 0 & (r\leq a\text{ の場合}) \\ \infty & (r>a\text{ の場合}) \end{cases} \tag{3.10}$$

と書くことができる．このとき，動径部分の1次元シュレーディンガー方程式を解くと

$$E_{n,l}=\frac{\hbar^2\xi_{n,l}^2}{2m^*a^2} \tag{3.11}$$

がエネルギー固有値として求められる．ここで，$\xi_{n,l}$ は l 次の球ベッセル関数の n 番目の根である．特に $l=0$ のときに $\xi_{n,0}=n\pi$ となって，固有関数，エネルギー固有値は共に1次元のポテンシャル井戸の場合と一致する．

図3.2（a）にエネルギー固有値を示す．量子ドットのエネルギースペクトルは，原子のように離散的になって角運動量をもつようになる．また，半

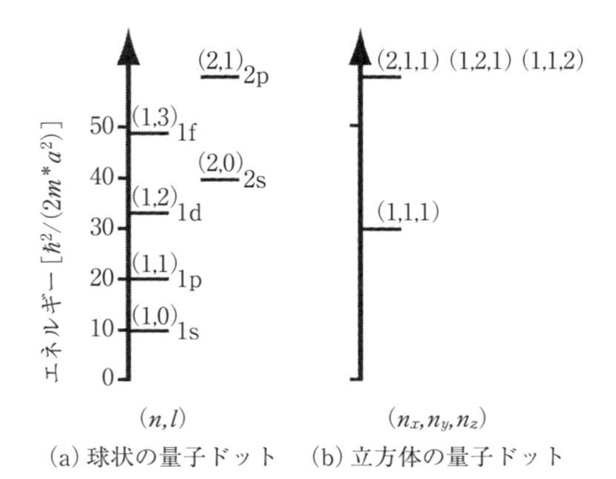

図 3.2 半径 a の球状の量子ドット(a)と一辺 a の立方体の量子ドット(b)中の量子準位．球状の量子ドット中の量子準位は，主量子数 n と角運動量量子数 l を使って量子数 (n, l) で表し，立方体の量子ドット中の量子準位は x, y, z 方向の量子数 n_x, n_y, n_z を使って量子数 (n_x, n_y, n_z) で表す．縦軸は，共通のエネルギー $\hbar^2/(2m^*a^2)$ で規格化されている．（川畑有郷，鹿児島誠一，北岡良雄，上田正仁 編集：「物性物理学ハンドブック」（朝倉書店，2012 年）より許可を得て転載）

径によってエネルギーを変えることができる．これが人工原子とよばれる理由である．

次に，量子ドットが 1 辺 a の立方体の場合を考えてみる．球状の場合と同様に，ドットの周りが無限に高いポテンシャルで囲まれているとする．ドット中に閉じ込められた質量 m^* の粒子が満たすシュレーディンガー方程式を，立方体の各辺に平行なデカルト座標 x，y，z を用いて書くとよい．このときのポテンシャルエネルギーは

$$U(x,y,z) = \begin{cases} 0 & (0 \leq x,y,z \leq a \text{ の場合}) \\ \infty & (\text{その他の場合}) \end{cases} \tag{3.12}$$

となり，固有関数を変数分離形

$$X_x(x)\,Y_y(y)\,Z_z(z) \tag{3.13}$$

で表すと，シュレーディンガー方程式は x，y，z 方向の 3 つの独立した 1 次元シュレーディンガー方程式

$$\left.\begin{aligned}-\frac{\hbar^2}{2m^*}\frac{d^2X_x}{dx^2}=E_{n_x}X_x\\-\frac{\hbar^2}{2m^*}\frac{d^2Y_y}{dy^2}=E_{n_y}Y_y\\-\frac{\hbar^2}{2m^*}\frac{d^2Z_z}{dz^2}=E_{n_z}Z_z\end{aligned}\right\}\tag{3.14}$$

に帰結し，全エネルギーは x，y，z 方向の３つの独立した１次元シュレディンガー方程式の固有エネルギーの和

$$E=E_{n_x}+E_{n_y}+E_{n_z}=\frac{\pi^2\hbar^2n_x^2}{2m^*a^2}+\frac{\pi^2\hbar^2n_y^2}{2m^*a^2}+\frac{\pi^2\hbar^2n_z^2}{2m^*a^2}\tag{3.15}$$

となる．

ここで，n_x，n_y，$n_z=0, 1, 2, 3, \cdots$は，それぞれ x，y，z 方向の１次元シュレーディンガー方程式の固有関数を規定する量子数を表す．図 3.2（b）には，立方体の量子ドットの離散的なエネルギースペクトルを示す．

現実の半導体量子ドットの場合，半導体中の電子・正孔はそれぞれ真空中の電子の裸の質量 m_0 と異なる有効質量をもっており，多くの半導体で電子の有効質量は等方的で１つであるが，正孔の有効質量はテンソル量で角運動量により異なっている．さらに，電子と正孔の間にはたらくクーロン相互作用により励起子を構成し，閉じ込めによって電子と正孔の間にはたらくクーロン相互作用にも影響を強く受ける．最も低いエネルギーの光学遷移に対応する等方的で重い有効質量をもった正孔を仮定して，電子と正孔が無限に深い閉じ込めポテンシャル中に存在するときの電子と正孔の全ハミルトニアンは，有効質量近似から

$$H=-\frac{\hbar^2}{2m_{\mathrm{e}}^*}\nabla_{\mathrm{e}}^2-\frac{\hbar^2}{2m_{\mathrm{h}}^*}\nabla_{\mathrm{h}}^2-\frac{e^2}{\varepsilon|\boldsymbol{r}_{\mathrm{e}}-\boldsymbol{r}_{\mathrm{h}}|}+V(\boldsymbol{r}_{\mathrm{e}})+V(\boldsymbol{r}_{\mathrm{h}})\tag{3.16}$$

と表される．ここで，m_{e}^*（m_{h}^*）は電子（正孔）の有効質量，$\boldsymbol{r}_{\mathrm{e}}$（$\boldsymbol{r}_{\mathrm{h}}$）は電子（正孔）の原点からの位置ベクトル，$\varepsilon$ は半導体量子ドットの誘電率を表す．(3.16) の右辺の第１項と第２項はそれぞれ電子，正孔の運動エネルギーを表し，第３項は電子と正孔の間にはたらくクーロンエネルギーを表して

いる．

3次元の閉じ込めは，量子ドットの半径 a と励起子のボーア半径 a_B との大小関係によって，次のような3つのモデルに分けて考えられる[1]-[4]．図3.3に示すように，実際にこれらの分類は実験で観測されるエネルギーシフトをよく説明している[5]．

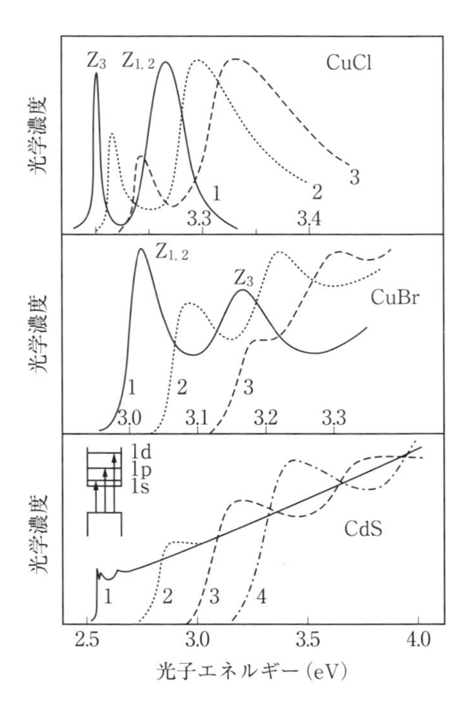

図3.3　CuCl，CuBr，CdS 量子ドットの吸収スペクトル（4.2K）．量子サイズ効果により，サイズの減少と共に吸収スペクトルが高エネルギーシフトする．CuCl 量子ドットでは，1，2，3の吸収スペクトルはそれぞれ R=31 nm，2.9 nm，2.0 nm，CuBr 量子ドットでは，1，2，3の吸収スペクトルはそれぞれ R=24 nm，3.6 nm，2.3 nm，CdS 量子ドットでは，1，2，3，4の吸収スペクトルはそれぞれ R=33 nm，2.3 nm，1.5 nm，1.2 nm の試料に対応している．（A.I. Ekimov：Physica Scripta **T39**（1991）217より許可を得て転載．© The Royal Swedish Academy of Science. Reproduced by permission of IOP Publishing. All rights reserved.）

（i） **$a \gg a_B$**（**弱い閉じ込め**）

この領域では，励起子が狭い空間に閉じ込められ，励起子の並進運動が量子化されるために励起子閉じ込めともよばれる．このときの励起子の最低エネルギー状態は，

$$E = E_g + \frac{\hbar^2\pi^2}{2M(a - \eta a_B)^2} - E_R \tag{3.17}$$

と表す．ここで，E_g はバルク結晶のバンドギャップエネルギー，E_R は励起子のリュードベリエネルギーを示す．右辺の第 2 項の分母は，励起子の重心が $a - \eta a_B$ の半径中に閉じ込められるとすることで励起子の有限サイズの補正をしたもので，$\eta = 0.5$ がよく用いられる[6]．このモデルの典型的な例として，励起子のボーア半径が 0.68nm の CuCl 量子ドットが挙げられる（図 3.3）．

（ii） **$a \ll a_B$**（**強い閉じ込め**）

この領域では，電子と正孔がナノ結晶中に別々に閉じ込められて量子化されるため，電子・正孔個別閉じ込めともよばれる．このとき，電子・正孔間のクーロンエネルギーと比較して，電子と正孔の運動エネルギーが支配的になる．この場合の励起子の最低エネルギー状態は，

$$E = E_g + \frac{\hbar^2\pi^2}{2\mu a^2} - \frac{1.786e^2}{\varepsilon a} - 0.248E_R \tag{3.18}$$

$$\frac{1}{\mu} = \frac{1}{m_e^*} + \frac{1}{m_h^*} \tag{3.19}$$

と表す．ここで，(3.18) の右辺の第 3 項は，閉じ込めによって電子・正孔間の距離が近づくことにより生じるクーロンエネルギーを，第 4 項は相関エネルギーをそれぞれ示す．a が小さくなると他に比べて第 2 項が大きく変化するため，バルク結晶のバンドギャップからのエネルギーシフトは a^2 にほぼ逆比例することが予想される．このモデルの典型的な例として，励起子のボーア半径が 4.6nm の CdSe 量子ドットと 3.0nm の CdS 量子ドットを挙

げることができる（図 3.3）.

（iii）$\boldsymbol{a} \sim \boldsymbol{a}_{\mathrm{B}}$（**中間的閉じ込め**）

励起子の構成する電子・正孔のうち，外側を回っている軽い方（通常は電子）の運動は制限を受け，他方はそれが作るポテンシャルに閉じ込められる．このモデルの例として，励起子のボーア半径が 1.25nm の CuBr 量子ドットを挙げることができる（図 3.3）.

3.3　光で見る量子ドット

3.3.1　最も低いエネルギーの光学遷移

周りを無限に高いポテンシャルで囲まれている球状の量子ドット中の電子および正孔の波動関数は，

$$\left.\begin{aligned} \Psi_{\mathrm{e}}(\boldsymbol{r}_{\mathrm{e}}) &= u_{\mathrm{c}}(\boldsymbol{r}_{\mathrm{e}}) f_{\mathrm{e}}(\boldsymbol{r}_{\mathrm{e}}) = A\, u_{\mathrm{c}}(\boldsymbol{r}_{\mathrm{e}}) \frac{j_{l_{\mathrm{e}}}(k_{n_{\mathrm{e}},l_{\mathrm{e}}} r_{\mathrm{e}})\, Y_{l_{\mathrm{e}},m_{\mathrm{e}}}(\theta,\varphi)}{r_{\mathrm{e}}} \\ \Psi_{\mathrm{h}}(\boldsymbol{r}_{\mathrm{h}}) &= u_{\mathrm{v}}(\boldsymbol{r}_{\mathrm{h}}) f_{\mathrm{h}}(\boldsymbol{r}_{\mathrm{h}}) = A\, u_{\mathrm{v}}(\boldsymbol{r}_{\mathrm{h}}) \frac{j_{l_{\mathrm{h}}}(k_{n_{\mathrm{h}},l_{\mathrm{h}}} r_{\mathrm{h}})\, Y_{l_{\mathrm{h}},m_{\mathrm{h}}}(\theta,\varphi)}{r_{\mathrm{h}}} \end{aligned}\right\} \tag{3.20}$$

であり，n_{h}，l_{h} から n_{e}，l_{e} への遷移エネルギーは

$$E = E_{\mathrm{g}} + \frac{\hbar^2}{2a^2}\left(\frac{\xi_{n_{\mathrm{e}},l_{\mathrm{e}}}^2}{m_{\mathrm{e}}^*} + \frac{\xi_{n_{\mathrm{h}},l_{\mathrm{h}}}^2}{m_{\mathrm{h}}^*}\right) \tag{3.21}$$

で表される.

量子ドットの光学遷移の遷移双極子能率 M は，$\boldsymbol{e}$ を光の偏光ベクトル，$\boldsymbol{p}$ を電子の運動量演算子とすると

$$M = \left|\langle \Psi_{\mathrm{e}}(\boldsymbol{r}) \,|\, \boldsymbol{e}\cdot\boldsymbol{p} \,|\, \Psi_{\mathrm{h}}(\boldsymbol{r})\rangle\right|^2 \tag{3.22}$$

で求められる．包絡関数 f_{e}，f_{h} は $\boldsymbol{r}$ に対してゆっくり変化する関数であるため，運動量演算子の演算からはずし，$\boldsymbol{p}$ を波動関数中の $u_{n\boldsymbol{k}}(\boldsymbol{r})$ にのみ作用させると

$$M = \left|\langle u_{\mathrm{c}} \,|\, \boldsymbol{e}\cdot\boldsymbol{p} \,|\, u_{\mathrm{v}}\rangle\right|^2 \left|\langle f_{\mathrm{e}} \,|\, f_{\mathrm{h}}\rangle\right|^2 \tag{3.23}$$

となって，球状の無限井戸中の電子・正孔は包絡関数の直交性により，

$$M = |\langle u_c | \boldsymbol{e} \cdot \boldsymbol{p} | u_v \rangle|^2 \delta_{n_e, n_h} \delta_{l_e, l_h} \tag{3.24}$$

となる．このため，同じ n，同じ l の間の遷移のみ許容され，選択則 $n_e = n_h$ および $l_e = l_h$ が得られる．

同様に，立方体の量子ドットの場合は，$M = |\langle u_c | \boldsymbol{e} \cdot \boldsymbol{p} | u_v \rangle|^2 \delta_{n_{ex}, n_{hx}} \delta_{n_{ey}, n_{hy}} \times \delta_{n_{ez}, n_{hz}}$ となるため，選択則 $n_{ex} = n_{hx}$，$n_{ey} = n_{hy}$ および $n_{ez} = n_{hz}$ が得られる．また，$|\langle u_e | \boldsymbol{e} \cdot \boldsymbol{p} | u_v \rangle|^2$ がゼロでない価電子帯から伝導帯への遷移のみ許容される．伝導帯は，CdSe の場合には Cd の 5s 軌道，GaAs の場合には Ga の 4s 軌道で構成されるため，伝導帯における電子のブロッホ関数の中の周期関数 u_c は，s 軌道の対称性をもち，価電子帯中における電子のブロッホ関数の中の周期関数 u_v は，CdSe の場合には Se の 4p 軌道，GaAs の場合には As の 4p 軌道で構成されるため，p 軌道の対称性をもつ．$\boldsymbol{e} \cdot \boldsymbol{p} = e_x(\partial/\partial x) + e_y(\partial/\partial y) + e_z(\partial/\partial z)$ により，p 軌道の対称性をもつ価電子の波動関数を微分した波動関数に，s 軌道の対称性をもつ伝導電子の波動関数を掛けて，得られた遷移双極子の絶対値の 2 乗を空間積分するとゼロにはならないので，光学遷移許容となる．

これまで，伝導帯，価電子帯共に，エネルギー E が波数 $\boldsymbol{k}$ の関数として等方的な放物線で近似される単純な場合を述べてきた．しかし，II－VI 族半導体や III－V 族半導体の伝導帯は陽イオンの s 軌道で構成されているので，上述の単純な等方的放物線で表してもよいが，価電子帯は陰イオンの p 軌道で構成されるため，軌道角運動量 $l = 1$ であり，正孔の全角運動量 j_h はスピン角運動量 $s = 1/2$ と合わせて $j_h = l + s = 3/2$ または $1/2$ となる．$j_h = 3/2$ と $1/2$ はスピン－軌道相互作用によって Δ_{so} だけ分裂し，$j_h = 3/2$ の状態が最も高い価電子帯になる．図 3.4 に示されるように，閃亜鉛鉱型の結晶構造の場合に，$j_h = 3/2$ の状態は $k = 0$ で 4 重に縮退している．価電子帯のエネルギーの波数依存性は，$k = 0$ の近傍で以下の Luttinger ハミルトニアンで記述できる．

$$H=\frac{\hbar^2}{2m_0}\left[\left(\gamma_1+\frac{5}{2}\gamma_2\right)k^2-2\gamma_2(k_x^2 j_{hx}^2+k_y^2 j_{hy}^2+k_z^2 j_{hz}^2)-4\gamma_3\{k_x\cdot k_y\}\{j_{hx}\cdot j_{hy}+\cdots\}\right] \tag{3.25}$$

ここで，$\gamma_1, \gamma_2, \gamma_3$ はLuttingerパラメーターとよばれている無次元の定数で，中かっこと中点$\{\cdot\}$は反交換関係

$$\{k_x\cdot k_y\} = k_x k_y + k_y k_x \tag{3.26}$$

を表す．多くの半導体で γ_2 と γ_3 の差は大きくなく，これらを平均値 $\gamma_2 = \gamma_3 = \gamma = (2\gamma_2 + 3\gamma_3)/5$ でおきかえると

$$H = \frac{\hbar^2}{2m_0}\left[\left(\gamma_1 + \frac{5}{2}\gamma\right)k^2 - 2\gamma(\boldsymbol{k}\cdot\boldsymbol{j})^2\right] \tag{3.27}$$

と簡単になるので，正孔のエネルギーは $j_h = 3/2$，$j_{hz} = \pm 3/2$ の正孔に対して

$$E = \frac{\hbar^2 k^2}{2m_0}(\gamma_1 - 2\gamma) \tag{3.28}$$

$j_h = 3/2$，$j_{hz} = \pm 1/2$ の正孔に対して

$$E = \frac{\hbar^2 k^2}{2m_0}(\gamma_1 + 2\gamma) \tag{3.29}$$

となる．量子化エネルギーは有効質量の逆数に比例しているので，重い有効質量 $m_0/(\gamma_1 - 2\gamma)$ の正孔と軽い有効質量 $m_0/(\gamma_1 + 2\gamma)$ の正孔はエネルギー分裂し，十分小さな量子ドットでは重い有効質量をもつ正孔と軽い有効質量をもつ正孔のエネルギー分裂は大きくなり，最も低いエネルギー近傍の光学遷移は重い有効質量の正孔と電子が構成する励起子が支配することになる．

図3.4に示すように，ウルツ鉱型の結晶構造の場合には，$j_h = 3/2$，$j_{hz} = \pm 3/2$ の価電子帯と $j_h = 3/2$，$j_{hz} = 1/2$ の価電子帯の間に結晶場分裂 Δ_{cf} が起こり，多くの場合 $j_h = 3/2$，$j_{hz} = 3/2$ の重い正孔が最も高いエネルギー準位の価電子帯に，$j_h = 3/2$，$j_{hz} = \pm 1/2$ の軽い正孔がその次に高いエネルギー準位の価電子帯となる．したがって，最も低いエネルギー近傍の光学遷移は，重い有効質量の正孔と電子で構成される励起子が支配すること

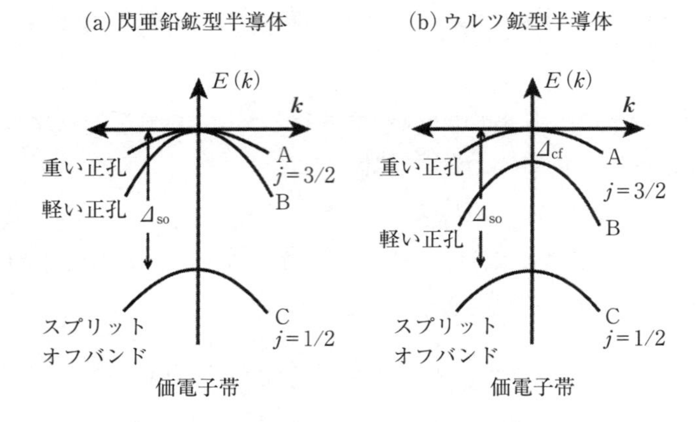

図 3.4　(a) 閃亜鉛鉱型半導体と (b) ウルツ鉱型半導体の価電子帯のバンド構造.

になる. 正孔の有効質量もウルツ鉱型の c 軸に平行方向と垂直方向とで異方性をもち, 量子エネルギーはより複雑になる. ウルツ鉱型の量子ドットに関する量子化の取り扱いは, CdSe 量子ドットを対象とした文献[7], [8]を参照するとよい.

3.3.2　高いエネルギーの光学遷移

多くの III－V 族, II－VI 族, I－VII 族半導体の場合, 伝導帯における電子の原子軌道関数の線型結合で記述されるブロッホ関数がもつ軌道角運動量は $l=0$ (s 状態), 価電子帯における正孔の原子軌道関数の線型結合で記述されるブロッホ関数がもつ軌道角運動量は $l=1$ (p 状態) なので, スピン角運動量 $s=1/2$ と合成した角運動量はそれぞれ, $j_e=1/2$, $j_h=3/2$, 1/2 となる. スピン－軌道相互作用 Δ_{so} で互いに分裂した $j_h=3/2$ と $j_h=1/2$ をもつ価電子帯は, $j_h=3/2$ が価電子帯の最上位に位置することになり, 量子ドットでは $j_h=3/2$ の価電子帯を構成する $j_{hz}=3/2$ の重い正孔と $j_{hz}=1/2$ の軽い正孔が, 異なる有効質量に反比例した閉じこめエネルギーをもつために分裂する. 重い有効質量のほうが閉じこめエネルギーは小さいので, 重い正

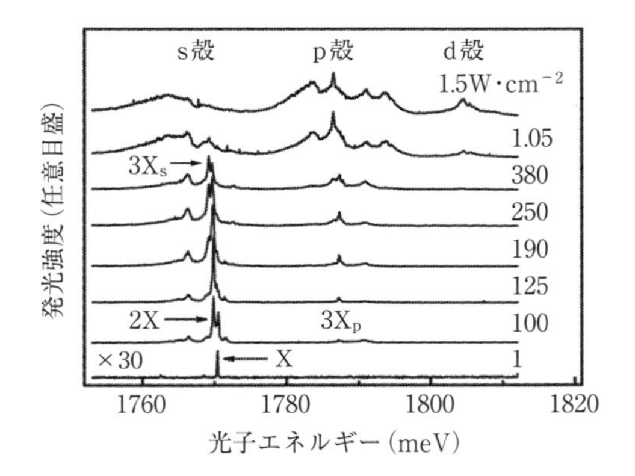

図 3.5　InP 単一量子ドットが示す 10K での顕微発光スペクトルの励起強度依存性．下から上に行くに従って，励起強度が上昇している．X，2X は，それぞれ，量子ドットに閉じ込められた励起子，および励起子分子からの発光である．$3X_p$ で示された構造は，3 励起子状態を構成する p 殻にある電子・正孔からの発光である．3 励起子状態を構成する s 殻にある電子・正孔からの発光 $3X_s$ は，2X の低エネルギー側に $3X_p$ の出現と同時に観測される．（Y. Masumoto, K. Mizuochi, K. Bando and Y. Karasuyama：J. Lumin **122/123** (2007) 424 より許可を得て転載）

孔の基底量子状態から電子の基底量子状態への遷移が最も低いエネルギーとなる．

量子ドットのエネルギー準位は，1 量子準位当り上向きと下向きのスピンの電子 2 個または正孔 2 個で一杯になる（state filling）ため，励起強度を上げていくと低いエネルギー準位から順に電子・正孔が占有するようになり，発光スペクトルに励起状態からの発光が出現する．こうした励起状態からの発光はマクロな発光に観測されるが，単一量子ドット発光によれば，励起強度を上げていくにつれて明確に励起状態が観測される．図 3.5 に例示されるように，InP 量子ドットでは，励起強度を上げていくと包絡関数の s, p, d の殻構造が観測される[9]．

図 3.6 に示されるように，球状の半導体量子ドット中の電子と正孔はそれぞれ，上述の包絡関数に対する角運動量 L が加わることで全角運動量 $F = j + L$ が決まる．（3.24）から，選択則 $n_e = n_h$ および $l_e = l_h$ が得られるの

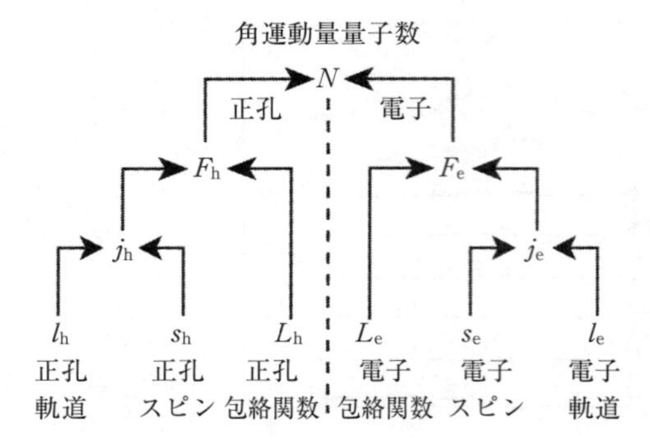

図 3.6　電子と正孔の角運動量量子数の階層構造．

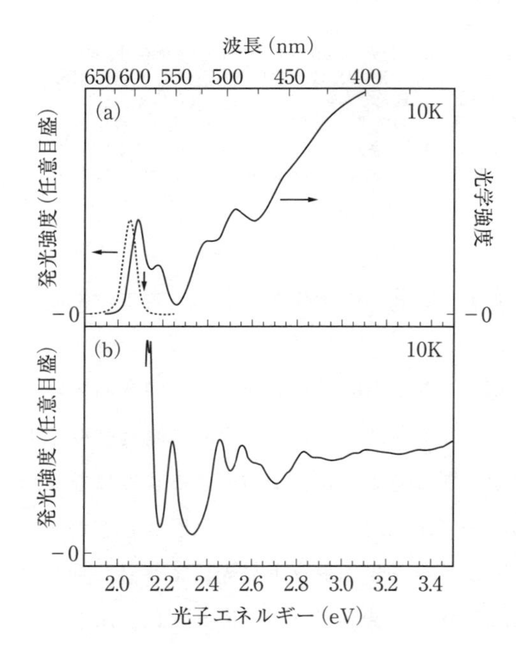

図 3.7（a）CdSe 量子ドットの吸収スペクトル（実線）と発光スペクトル（破線）．（b）発光の励起スペクトル．（D.J. Norris and M.G. Bawendi：Phys. Rev. **B53**（1996）16338 より許可を得て転載）

で，光学遷移は低いエネルギーから順に，1S(e) - $1S_{3/2}$(h)，1S(e) - $2S_{3/2}$(h)，1P(e) - $1P_{3/2}$(h)が現れる．図 3.7 に示されるように，CdSe 量子ドットの発光の励起スペクトル中のピークや，CdSe 量子ドットの構造から励起状態を

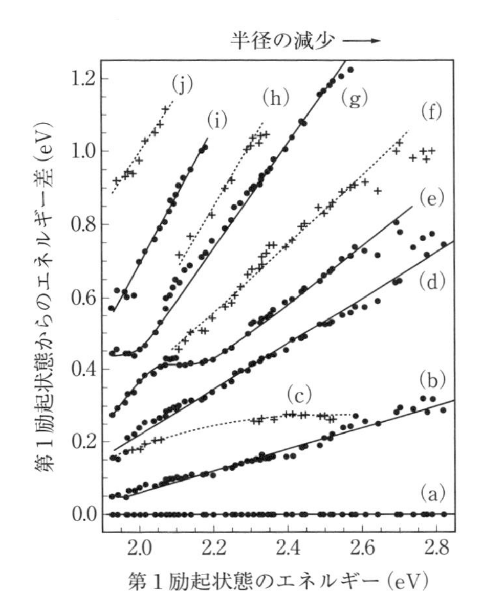

図 3.8 発光を観測するエネルギーを変えながら，発光の励起スペクトル中のピークを観測することで，量子ドットのサイズを変えながら最低エネルギーの量子状態と励起量子状態のエネルギー差をプロット．(a)は 1S(e) - 1$S_{3/2}$(h)，(b)は 1S(e) - 2$S_{3/2}$(h)，(c)は 1S(e) - 1$S_{1/2}$(h)，(d)は 1P(e) - 1$P_{3/2}$(h)，(e)は 1S(e) - 2$S_{1/2}$(h)，(f)は 1P(e) - 1$P_{1/2}$(h)または 1P(e) - 1$P_{5/2}$(h)，(g)は 1S(e) - 3$S_{1/2}$(h)，(h)は 1D(e) - 1$S_{1/2}$(h)または 2S(e) - 2$S_{3/2}$(h)または 2S(e) - 1$S_{3/2}$(h)または 1D(e) - 2$S_{3/2}$(h)または 1D(e) - 1$D_{5/2}$(h)または 1P(e) - 4$P_{3/2}$(h)，(i)は 2S(e) - 4$S_{3/2}$(h)または 2S(e) - 1$S_{1/2}$(h)または 1P(e) - 1$P_{1/2}$(h：so)，(j) は 2P(e) - 2$P_{1/2}$(h)または 3S(e) - 3$S_{3/2}$(h)または 2P(e) - 2$P_{3/2}$(h)または 2P(e) - 4$P_{3/2}$(h)または 2P(e) - 2$P_{5/2}$(h)または 2P(e) - 4$P_{5/2}$(h)または 2D(e) - 3$S_{3/2}$(h)．(D.J. Norris and M.G. Bawendi：Phys. Rev. **B53** (1996) 16338 より許可を得て転載)

見出し，発光が観測されるエネルギーを関数としてプロットしたデータを図 3.8 に示す[10]．量子ドットのサイズを変えながら，最低エネルギーの量子状態と励起量子状態のエネルギー差を計測している．図中の (a) は 1S(e) - 1$S_{3/2}$(h)，(b)は 1S(e) - 2$S_{3/2}$(h)，(c)は 1S(e) - 1$S_{1/2}$(h)，(d)は 1P(e) - 1$P_{3/2}$(h)，(e)は 1S(e) - 2$S_{1/2}$(h)，(f)は 1P(e) - 1$P_{1/2}$(h)または 1P(e) - 1$P_{5/2}$(h)，(g)は 1S(e) - 3$S_{1/2}$(h)というように同定されている．(h)，(i)，(j)などの高次の励起状態を含む遷移は，重い正孔，軽い正孔，スピン - 軌道相互作用による分裂帯によって量子状態が密集しているため，同定が難しい．

弱い閉じ込めに属する立方体の量子ドットの例に，NaCl 結晶中の CuCl 量子ドットがある．CuCl 量子ドットの励起子吸収スペクトル中に振動構造

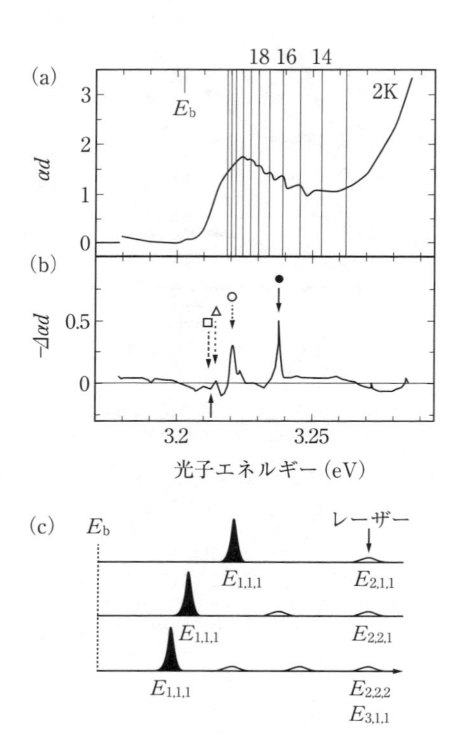

図 3.9　(a) NaCl 結晶中の立方体形状の CuCl 量子ドットの吸収スペクトル．縦線は，立方体形状を仮定して励起子閉じ込めモデルにより計算された量子準位を表す．(b) 黒丸の位置を色素レーザーで照射後の吸収スペクトルの変化．照射位置に永続的ホールバーニングによる共鳴ホール (●) と，低エネルギー側において $E=E_b+(E_l-E_b)/i$ の位置にサイドバンドホールが開く．ただし，i は 2 (○)，3 (△)，3.67 または 4 (□) で，E_l は色素レーザーのエネルギー，E_b はバルク結晶のエネルギーである．(c) 永続的ホールバーニングスペクトルは量子箱中で励起子の運動量が量子化された励起状態 $E_{2,1,1}$，$E_{2,2,1}$，$E_{2,2,2}$，$E_{3,1,1}$ で光吸収が起こり，$E_{1,1,1}$ に緩和して永続的ホールが開くとすると解釈できる．(N. Sakakura and Masumoto : Phys. Rev. **B56** (1997) 4051, Y. Masumoto : Jpn. J. Appl. Phys. **38** (1999) 570，舛本泰章：日本物理学会誌 **54** (1999) 431，それぞれから許可を得て一部を改変ののち転載)

を示すことがあり，この振動構造は立方体形状の量子ドット中に励起子が閉じ込められていると説明できる[11]．6.1 節で説明する量子ドットの永続的ホールバーニング現象を使って，粒径分布のために不均一に広がった量子ドットの吸収スペクトルの一部を選択的（波長選択 = 粒径選択）に励起することによりスペクトルホールを作って，量子ドット中の励起子の量子状態のサイズ依存性を調べることが可能である．低温のとき，スペクトル幅の狭いレーザー光で励起子吸収帯内を励起すると，共鳴エネルギー位置にシャープな永続的ホールバーニングが観測され，また，立方体の量子ドットに閉じ込められた励起子の包絡関数に対する量子数を n_x, n_y, n_z と表すと，励起子準位 $(n_x, n_y, n_z) = (2,1,1), (2,2,1), (3,1,1), (2,2,2)$ のいずれかで光吸収を起こして，$(1,1,1)$ の状態に緩和した励起子が永続的ホールバーニングになる様子が観測されている（図 3.9）[12]-[14]．これは，立方体の量子ドットに閉じ込められた高次量子数の状態が観測された例である．

3.4 電気伝導 — トンネル分光 — で見る量子ドット

量子ドットとは，電子，正孔や励起子がそれらのド・ブロイ波長程度のサイズに閉じ込められた系であるので，電気伝導で量子ドットを調べるには，電子を量子ドットのもつ閉じ込めポテンシャルをトンネルさせて外部回路に取り出す必要がある．電子のトンネル効果は，ポテンシャル障壁の両側における量子状態のエネルギーが一致したとき，共鳴的に起こって共鳴トンネル電流が流れるので，ポテンシャル障壁の両側における量子状態のエネルギー差を電気バイアスにより変えてトンネル電流を調べることによって，量子状態のエネルギーを調べる方法をトンネル分光とよんでいる．トンネル分光を用いて，原子の殻構造のような電子準位が円板状の量子ドットを対象に観測されている[15]-[18]．

2.4 節で述べた半導体量子井戸中に，電場で形成する縦型（図 2.8 (a)）

の量子ドットは，12nm 厚の $In_{0.05}Ga_{0.95}As$ 井戸層を上下から 9.0nm 厚と 7.5nm 厚の $Al_{0.22}Ga_{0.78}As$ 障壁層で囲まれた構造をした，円柱状の 2 重障壁トンネル構造である．円柱の直径は 0.5 μm または 0.44 μm であり，電子を面内で閉じ込めるショットキー型のサイドゲートも併せて面内で回転対称性をもつ構造であるため，閉じ込められる電子のエネルギーも面内方向の 2 軸に関して縮退する．円柱の底部のソースと頂上部のドレインは，電子がドープされた n - GaAs と電極からなり 2 重障壁トンネル構造を挟み，ソース電極をアースに落としてドレインに電圧 V をかけ，ソースからドレインに流れる電流 I を計測する．ゲートに負電圧 V_g を加えると，2 重障壁トンネル構造中の $In_{0.05}Ga_{0.95}As$ 井戸層内の電子は，上下の障壁層と面内で静電ポテンシャルにより閉じ込められた量子ドットが形成される．ゲートに負電圧をかけることで面内に形成される閉じ込めポテンシャルは，2 次元調和型ポテンシャル $V(r) = (1/2m_e^*)\omega_0^2 r^2$ で近似される（閉じ込めエネルギーを $\hbar\omega_0$ とする）．このとき，固有エネルギーは，動径方向の量子数 n（＝0，1，2,…），角運動量量子数 l（＝0，±1，±2,…）を使って，$E_{n,l} = E_0 + (2n + |l| + 1)\hbar\omega_0$（$E_0$ は量子井戸中の電子のエネルギー）と書ける．すなわち，2 次元調和型ポテンシャルを反映して量子ドット中の 1 電子のエネルギー準位は等間隔になり，エネルギー準位 $E_{n,l}$ は低い方から順番に，

$$E_{0,0}=E_0+\hbar\omega_0,\quad E_{0,1}=E_{0,-1}=E_0+2\hbar\omega_0,\quad E_{0,2}=E_{0,-2}=E_{1,0}=E_0+3\hbar\omega_0,\quad \cdots \tag{3.30}$$

となる．エネルギー準位 $E_{n,l}$ のエネルギー縮退にスピンによる縮退を含めると，低い方から順番に $i(i = 1, 2, \cdots)$ 番目の準位は $2i$ 重に縮退していることになる．エネルギーの低い方からの順番と角運動量量子数 l から，$E_{0,0}$ は 1s，$E_{0,1}$ と $E_{0,-1}$ は 2p，$E_{0,2}$ と $E_{0,-2}$ は 3d，$E_{1,0}$ は 3s 軌道である．

極めて小さな静電容量 C をもつコンデンサーに単電子電荷 e を帯電させると，大きな帯電エネルギー e^2/C をもつ[19]．極めて小さな量子ドットも極めて小さな静電容量 C をもつので，トンネル効果を通じて単電子が量子ドッ

トに出入りするとき帯電エネルギー e^2/C が無視できない．このゲートに負電圧をかけることで電子が井戸層の面内に直径 $d_{\mathrm{eff}} = 100$ nmに閉じ込められたとすると，誘電率 $\varepsilon_r = 12.7$ の井戸層がもつ自己静電容量 $C_{\mathrm{self}} = 4\varepsilon_r\varepsilon_0 d_{\mathrm{eff}} \approx 50$aF を用いて，単電子の帯電エネルギーは $E_{\mathrm{c}} = e^2/C_{\mathrm{self}} \approx 4$meV となる．また，ソース（s）とドレイン（d）により d=10 nm程度の障壁層を介して挟まれた井戸層は，$C = C_{\mathrm{s}} + C_{\mathrm{d}} = \varepsilon_r\varepsilon_0\pi d_{\mathrm{eff}}^2/(2d) \approx 200$aF程度の静電容量となり，単電子の帯電エネルギーは $E_{\mathrm{c}} = e^2/C \approx 1$meV となる．したがって，これらの和で与えられる単電子の帯電エネルギーは閉じ込めエネルギー $\hbar\omega_0 = 3$meV と同程度になり，トンネル電流を考えるとき，単電子帯電効果と量子ドット中の量子準位の両方を考える必要がある．

コンスタント相互作用モデル（constant - interaction model）とよばれる2つの仮定をして，量子ドットに1つずつ電子を入れていくときのエネルギーの変化を与えよう[16]．1つ目の仮定は，ドット中の電子とドット内外のすべての電子の間のクーロン相互作用エネルギーを一定の静電容量 C で特徴づける．2つ目の仮定は，量子ドット中の1電子の量子準位が，複数の電子を量子ドットに入れても変化しないとする．これらの仮定が成り立つとき，N個の電子を含む量子ドットの基底エネルギー$U(N)$は

$$U(N) = \frac{[e(N - N_0) - C_{\mathrm{g}}V_{\mathrm{g}}]^2}{2C} + \sum_N E_{n,l} \tag{3.31}$$

で与えられる．ここで，ゲート電圧 $V_{\mathrm{g}} = 0$のときの量子ドットが含む電子数を$N = N_0$，C_{g}はゲートが形成する静電容量とし，$C = C_{\mathrm{s}} + C_{\mathrm{d}} + C_{\mathrm{g}}$ とする．最後の項は，N 個の電子が占める量子エネルギーの和である．E_N を，量子ドットのN番目の電子が占める量子準位のエネルギーとし，N個の電子を含む量子ドットの化学ポテンシャルを $\mu_{\mathrm{dot}}(N) \equiv U(N) - U(N-1)$ により定義すると，定式から

$$\mu_{\mathrm{dot}}(N) = \left(N - N_0 - \frac{1}{2}\right)E_{\mathrm{c}} - e\left(\frac{C_{\mathrm{g}}}{C}\right)V_{\mathrm{g}} + E_N \tag{3.32}$$

を得る．ここで，$E_c = e^2/C$ は単電子帯電エネルギーである．したがって，量子ドットに1つずつ電子を入れていくときのエネルギーの変化，追加エネルギーは

$$\begin{aligned}\Delta\mu(N) &= \mu_{\mathrm{dot}}(N+1) - \mu_{\mathrm{dot}}(N) = U(N+1) - 2U(N) + U(N-1) \\ &= E_c + E_{N+1} - E_N = \frac{e^2}{C} + \Delta E \qquad (3.33)\end{aligned}$$

となる．

図3.10(a)は，図2.8(a)の量子ドットをドレイン電圧 V=150 μV として，極低温50 mKでゲート電圧 V_g を変えてソースドレイン電流を測定したものである．負のゲート電圧 V_g を減少させていくと，量子ドット中の電子数が0

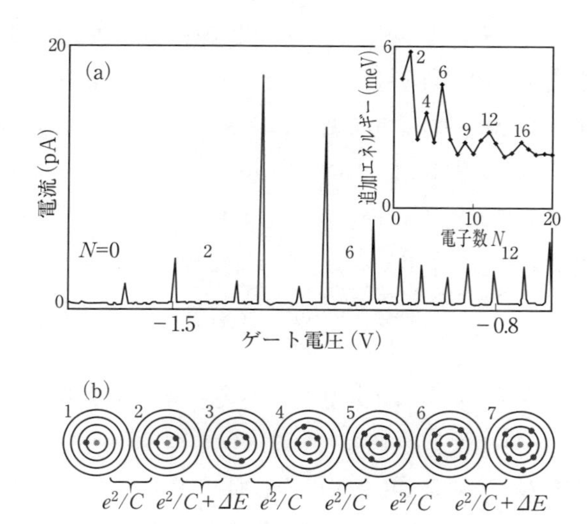

図3.10　(a) 図2.8 (a) に示す縦型量子ドットに，ドレイン電圧 V=150 μV を加えたとき，極低温50 mKで量子ドットが示す，ゲート電圧 V_g の関数としたソースドレイン電流．挿入図は，量子ドットに電子を1つ加える際のエネルギー $\Delta\mu(N)$ を量子ドット中の電子数 N の関数としてプロットしたもの．挿入図は電子を1つ加える際のエネルギー $\Delta\mu(N)$．(b) 2次元調和型ポテンシャルで記述される人工原子の電子配置．(L.P. Kouwenhoven, D.G. Austing and S. Tarucha：Rep. Prog. Phys. **64** (2001) 701より許可を得て転載．)

個，1 個，2 個，…と増加していき，電子数が増加していくと，増加するときにのみソースドレイン電流が尖頭値をもって流れる．図 3.10(a)の挿入図には，量子ドットに電子を 1 つ加える際のエネルギー$\Delta\mu(N)$を，量子ドット中の電子数 N の関数としてプロットしてある．(3.33) で導いたように，$\Delta\mu(N)$は一定の単電子帯電エネルギー $E_c = e^2/C$ と，量子ドットの$N+1$番目の電子が占める量子準位のエネルギーと，N番目の電子が占める量子準位のエネルギーの差 $E_{N+1} - E_N = \Delta E$ の和で与えられるから，$\Delta\mu(N)$が大きくなることは，$E_{N+1} - E_N = \Delta E$ が大きくなりN個の電子を含む量子ドットが安定化することを意味する．$\Delta\mu(N)$が $N = 2$，6，12 で大きいのは，第 1，2，3 閉殻による電子系の安定化，$N = 4$，9 でやや大きいのは，第 2，第 3 の殻で半分つまったときに安定になるフント (Hund) 第一則による安定化，をそれぞれ示す．原子の電子配置に関する基本則として知られる $N = 2$，10，18 で現れる殻構造や，$N = 7$，15 のとき，それぞれ 2p，3p 軌道で平行なスピン配置で安定するフント則は，量子ドットでも同様に存在する．電子を 1 つ加える際のエネルギー$\Delta\mu(N)$は，量子ドット中に閉じ込められた電子の軌道やスピンを反映して変化する．このようなドットは，原子との類似性から人工原子とよばれる．図 3.10(b)に，2 次元調和型ポテンシャルで記述される人工原子の電子配置を示す．

参　考　文　献

[1]　A.D. Yoffe：Adv. Phys. **51** (2002) 799.

[2]　A.I. Ekimov, Al.L. Efros and A.A. Onushchenko：Solid State Commun. **56** (1985) 921.

[3]　Y. Kayanuma：Phys. Rev. **B38** (1988) 9797.

[4]　弱い閉じ込め，強い閉じ込めの概念や量子ドット，特に CuCl 量子ドットの優れた解説として，枝松圭一，伊藤正：日本物理学会誌 **53** (1998) 412 を参照されたい．

[5] A.I. Ekimov：Physica Scripta **T39**（1991）217.

[6] T. Itoh, Y. Iwabuchi and M. Kataoka：phys. stat. solidi（b）**145**（1988）567.

[7] Al.L. Efros：Phys. Rev. **B46**（1992）7448.

[8] A.I. Ekimov, E. Hache, M.C. Schanne－Klein, D. Ricard, C. Flytzanis, I.A. Kudryavtsev, T.V. Yazeva, A.V. Rodina, Al.L. Efros：J. Opt. Soc. Am. **B10**（1993）100.

[9] Y. Masumoto, K. Mizuochi, K. Bando and Y. Karasuyama：J. Lumin. **122&123**（2007）424.

[10] D.J. Norris and M.G. Bawendi：Phys. Rev. **B53**（1996）16338.

[11] T. Itoh, S. Yano, N. Katagiri, Y. Iwabuchi, C. Gourdon and A.I. Ekimov：J. Lumin. **60&61**（1994）396.

[12] N. Sakakura and Y. Masumoto：Phys. Rev. **B56**（1997）4051.

[13] Y. Masumoto：Jpn. J. Appl. Phys. **38**（1999）570.

[14] 舛本泰章：日本物理学会誌 **54**（1999）431.

[15] S. Tarucha, D. G. Austing, T. Honda, R. J. van der Hage and L. P. Kouwenhoven：Phys. Rev. Lett. **77**（1996）3613.

[16] L.P. Kouwenhoven, D.G. Austing and S. Tarucha：Rep. Prog. Phys. **64**（2001）701.

[17] R. Hanson, L.P. Kouwenhoven, J.R. Petta, S. Tarucha and L.M.K. Vandersypen：Rev. Mod. Phys. **79**（2007）1217.

[18] 川畑有郷，鹿児島誠一，北岡良雄，上田正仁 編：「物性物理学ハンドブック」（朝倉書店，2012 年）第 8 章 ナノサイエンス，8.2 節 量子ドット・量子閉じ込め（樽茶清悟 執筆）

[19] 川畑有郷，鹿児島誠一，北岡良雄，上田正仁 編：「物性物理学ハンドブック（朝倉書店，2012 年）第 5 章 メゾスコピック系，5.2 節 単電子帯電効果（江藤幹雄 執筆）

第 4 章

エネルギー離散化と反転分布
―レーザーへ―

半導体レーザーの活性層が次元に依存する特徴を解説すると共に，実用化された量子ドットレーザーと半導体レーザーとして新しい発展が期待できる量子ドットについて紹介する．次に，微小共振器に閉じ込められた光波と量子ドットに閉じ込められた電子系とが，強く相互作用する現象を解説する．また，量子ドット中の離散的量子準位の存在が高いエネルギーをもつ電子の，エネルギー緩和へ及ぼす影響について述べる．

4.1 半導体レーザー

半導体レーザーは超小型で，低電圧・低電流動作し，高速直接変調動作が可能で，高効率・長寿命であり，かつ量産性に優れるという他のレーザーにない優れた性質をもっている．半導体の種類を変えることで，紫外域，可視域，赤外域の多くの波長で発振させることができる．半導体レーザーを２次元の面状に集積した面発光半導体レーザーや１次元の列状に集積した高出力半導体レーザーも開発され，さらに応用分野が広がっている．

レーザー発振は，媒質中の２つのエネルギー準位間の反転分布による誘導放出と光共振器による帰還により実現される．気体状の原子・分子・イオンのレーザーも，イオンをドープされた固体レーザーも，離散エネルギー準位間の反転分布がレーザー発振をもたらすが，一般の半導体レーザーでは，伝導帯と価電子帯という連続エネルギー準位間の反転分布がレーザー発振をもたらす．また，最も光学利得を生み出すのは電子・正孔系がプラズマ状態のときであり，多体効果によりバンドギャップの縮み（band gap renormalization）が起こる．一方，半導体量子ドットが対象になると，エネルギー準位が離散化し，励起子分子や励起子が光学利得を担うようになる．本節では，原子・分子・イオンなどの離散エネルギー準位間の反転分布がレーザー発振を起こす場合と，連続エネルギー準位間の反転分布がレーザー発振をもたらす半導体レーザー，および半導体量子井戸レーザーの場合について，続く4.2節で量子ドットのレーザーについてそれぞれ解説する．

4.1.1　原子・分子・イオンのレーザー

まず，原子・分子・イオンによる光の自然放出と吸収，および誘導放出を導入し，誘導放出による光増幅について考えよう[1],[2]．レーザー発振に関わる原子の2つのエネルギー準位を取り出し，エネルギーE_2をもつ上準位2に励起された原子が，エネルギーE_1をもつ下準位1へ遷移するときに放出される光の周波数νと角周波数ωは，

$$h\nu = \hbar\omega = E_2 - E_1 \tag{4.1}$$

で与えられ，下のエネルギー準位にある原子は，同じ振動数または角周波数の光を吸収して，上のエネルギー準位に遷移する．

周波数νの光エネルギー密度$\rho(\nu)$の場の中にある原子が，上準位2から光を放出して下準位1に遷移する確率は，

$$P_{21} = A + B_{21}\rho(\nu) \tag{4.2}$$

と表される[1]．ここで，AはアインシュタインのA係数，B_{21}はアインシュタインのB係数である．一方，下準位1にある原子がエネルギー密度$\rho(\nu)$の光を吸収する確率は，

$$P_{12} = B_{12}\,\rho(\nu) \tag{4.3}$$

と書かれ，B_{12}はB_{21}に等しいので共にBでおきかえることにする．

$$B = B_{12} = B_{21} \tag{4.4}$$

この2準位間の遷移の自然放出確率は，原子の2準位間の遷移の双極子モーメントの大きさを p_{21} とすれば，電気双極子相互作用を摂動項として時間に依存する摂動論を用いて求めることができる（フェルミの黄金律）．遷移確率は終状態の状態密度に比例するが，終状態の状態密度を与えるのは，自由空間にある電磁場の単位体積当りのモード密度と原子の終状態の状態密度である．原子の終状態の状態密度 $g(\nu)$ または $g(\omega)$ は，周波数 ν または角周波数 ω で積分したとき1になるよう規格化される．自由空間にある電磁場の単位体積当りのモード密度 $m(\nu)$ または $m(\omega)$ は，周波数 ν と $\nu + d\nu$ の間に $m(\nu)\, d\nu = (8\pi\nu^2/c^3)\, d\nu$，また，角周波数 ω と $\omega + d\omega$ の間に $m(\omega)\, d\omega = (\omega^2/\pi^2c^3)\, d\omega$ であることを用い，1モード当りの光子数を n とすると，周波数 ν の光のエネルギー密度 $\rho(\nu)$ は $\rho(\nu) = h\nu nm(\nu) = 8\pi h\nu^3 n/c^3$ となり，角周波数 ω の光のエネルギー密度は $\rho(\omega) = \hbar\omega nm(\omega) = \hbar\omega^3 n/\pi^2c^3$ となる．

原子の2準位間の遷移の自然放出確率に比例する終状態の状態密度は，$\int_0^\infty \rho(\nu)g(\nu)\, d\nu$ あるいは $\int_0^\infty \rho(\omega)g(\omega)\, d\omega$ となるが，原子の終状態の状態密度スペクトルが，自由空間にある光のエネルギー密度スペクトルに比べて十分狭い場合には，$\rho(\nu)$ または $\rho(\omega)$ を積分の外に出して $g(\nu)$ または $g(\omega)$ のみを積分すると，規格化されているので終状態の状態密度は $\rho(\nu)$ または $\rho(\omega)$ となる．原子の双極子モーメントの向きは放出光の偏光方向に対してランダムなので，1/3の因子が掛かることを考慮して原子の発光の遷移確率を計算すると，アインシュタインの A 係数は

$$A = \frac{16\pi^3\nu^3 p_{21}^2}{3\varepsilon_0 hc^3} = \frac{\omega^3 p_{21}^2}{3\pi\varepsilon_0\hbar c^3} \tag{4.5}$$

となる．また，アインシュタインの B 係数は，

$$B = \frac{2\pi^2 p_{21}^2}{3\varepsilon_0 h^2} \tag{4.6}$$

であり，$A/B = m(\omega)\hbar\omega = (\omega^2/\pi^2c^3)\hbar\omega$ が成り立つ．

単位体積中に下準位1にある原子数（原子密度）が N_1 で，上準位2にあ

る原子数（原子密度）が N_2 とすれば，媒質中を光速度 c で透過する光の吸収係数（単位長さ当りのパワー吸収率）α は，

$$\alpha = \frac{(N_1 - N_2)h\nu B}{c} \tag{4.7}$$

で表される．吸収係数 α を，吸収に寄与する原子密度 $N_1 - N_2$ で割った量を原子の吸収断面積 $\sigma = h\nu B/c$ で定義すると，

$$\alpha = (N_1 - N_2)\sigma \tag{4.8}$$

と表すこともできる．

もし，下準位 1，上準位 2 が g_1，g_2 の縮重度，あるいは近傍に g_1 個，g_2 個の副準位をもつ場合には，以上の議論も以下の議論も，N_1，N_2 を N_1/g_1，N_2/g_2 でおきかえればよい．

媒質が熱平衡状態にあるとき，正の絶対温度を T，ボルツマン定数を k_B とすれば，

$$\frac{N_2}{N_1} = \exp\left(-\frac{h\nu_0}{k_\mathrm{B}T}\right) \tag{4.9}$$

であるから，$T > 0$ のとき $N_1 > N_2$，したがって吸収係数は正である．逆に，下準位の原子密度 N_1 よりも上準位の原子密度 N_2 が大きくなるようにポンピングして，反転分布 $N_1 < N_2$ が実現すると，(4.9) の式上では $T < 0$ となるので，温度の概念を拡張して，2 準位の分布数の比を特徴づける状態パラメーターである等価的温度 T は負温度ということもできる．このとき，光の吸収係数が負になるので光は増幅される．これがレーザー増幅の原理であって，反転分布の原子密度を $\Delta N = N_2 - N_1$ と表せば，パワー増幅度は，

$$g = \Delta N \sigma \tag{4.10}$$

と書くことができる．

4.1.2　半導体レーザー

次に，連続エネルギー準位間の反転分布がレーザー発振をもたらす半導体

レーザーについて，バンド構造と誘導放出を，原子・分子・イオンのレーザーの場合と対比して説明しよう[3]−[5]．増幅度を求めるには，原子・分子・イオンのレーザーの離散準位の場合に縮重度当り，あるいは副準位数当りの原子密度を用いた代わりに，半導体レーザーの連続エネルギー準位の場合には，単位エネルギー当りの状態数である状態密度を用いればよい．

半導体レーザーは，直接許容遷移型半導体中の電子・正孔プラズマが生み出す光学利得を用いて実現される．実用上は，活性層の両面がヘテロ接合となるダブルヘテロ構造 pn 接合に順電流を流し，エネルギーの高いキャリヤを活性層に電流注入してレーザーに必要な反転分布を形成する．代表的な半導体レーザー材料である GaAs を想定すると，ヘテロ界面を通じて n-GaAlAs から電子，p-GaAlAs から正孔が GaAs 活性層に注入される．レーザー作用をもたらすのは，GaAs の伝導帯底近傍の電子と GaAs の価電子帯頂上近傍の重い正孔および軽い正孔である．伝導帯底近傍の電子と価電子帯頂上近傍の正孔のエネルギー分散式が（3.2）で示されるとき，伝導帯と価電子帯の状態密度 $\rho_{\mathrm{c}}(E_{\mathrm{c}})$，$\rho_{\mathrm{v}}(E_{\mathrm{v}})$ はそれぞれ $\sqrt{E_{\mathrm{c}}-E_{\mathrm{g}}}$，$\sqrt{-E_{\mathrm{v}}}$ に比例する連続量である．キャリヤ注入したとき，絶対温度 T のとき熱平衡にある電子の占有率を与えるフェルミ分布を拡張させて，価電子帯と伝導帯に対して異なる擬フェルミエネルギー F_{v}，F_{c} を導入して，価電子帯，伝導帯のエネルギー $E_1=E_{\mathrm{v}}(\boldsymbol{k})$，$E_2=E_{\mathrm{c}}(\boldsymbol{k})$ における電子状態の占有率 f_1，f_2 は，

$$\left.\begin{aligned} f_1 &= \frac{1}{\exp\left[(E_1-F_{\mathrm{v}})/k_{\mathrm{B}}T\right]+1} \\ f_2 &= \frac{1}{\exp\left[(E_2-F_{\mathrm{c}})/k_{\mathrm{B}}T\right]+1} \end{aligned}\right\} \tag{4.11}$$

で与えられる．電子と正孔の密度は $n=\int\rho_{\mathrm{c}}(E_2)f_2\,dE_2$，$p=\int\rho_{\mathrm{v}}(E_1)(1-f_1)\,dE_1$ で与えられ，n，p はイオン化不純物濃度と共に電気的中性条件を満たすから，少数キャリヤ濃度を与えたとき，電気的中性条件と（4.11）から F_{v}，F_{c} が決定される．

単位時間当りの光学遷移の確率は時間に依存した摂動論を用いてフェルミの黄金則で与えられ，始状態 $|\Psi_\mathrm{i}\rangle$ から終状態 $|\Psi_\mathrm{f}\rangle$ への遷移の双極子モーメント $\langle\Psi_\mathrm{f}|e\boldsymbol{r}|\Psi_\mathrm{i}\rangle$ の絶対値の2乗に比例し，双極子モーメントがゼロでない許容型光学遷移では，光子まで入れて遷移の前後の電子 $|\Psi_\mathrm{i}\rangle$ と $|\Psi_\mathrm{f}\rangle$ がエネルギー保存則 $E_2 - E_1 = \hbar\omega$ と波数保存則を満たす必要がある．光速を c で表すと $\omega/c = (E_2 - E_1)/\hbar c$ で与えられる光学遷移の光子の波数は，ブリルアンゾーンの大きさで代表される電子の波数に比べて無視できるほど小さいから，遷移の前後の電子の波数ベクトル $\boldsymbol{k}_\mathrm{i}$ と $\boldsymbol{k}_\mathrm{f}$ が等しい場合のみ光学遷移が可能となる（垂直遷移）ので，$\boldsymbol{k}_\mathrm{i} = \boldsymbol{k}_\mathrm{f} = \boldsymbol{k}$ とおく．波数空間の体積 $d^3\boldsymbol{k} = dk_x\,dk_y\,dk_z$ を占める電子の遷移を考えると，スピンの自由度2を入れて単位体積当り状態数は $(1/4\pi^3)\,d^3\boldsymbol{k}$ である．光子放出が起こるためには始状態は確率 f_2 で占有され，かつ終状態はスピンの自由度2をもち確率 $1-f_1$ で空いている必要があるから，光子放出可能な状態数は $(1/2\pi^3)f_2(1-f_1)\,d^3\boldsymbol{k}$ で与えられ，逆に光子吸収可能な状態数は $(1/2\pi^3)f_1(1-f_2)\,d^3\boldsymbol{k}$ で与えられる．原子が真空中に光を誘導放出する場合には，誘導放出確率としてアインシュタインの B 係数が使われる．しかし，半導体中での誘導放出確率としては偏光方向を1つに指定してしまって，真空中における2つの偏光のモード密度 $m(\omega) = (\omega^2/\pi^2c^3)$ から，半導体中にある電磁場の単位体積当りにおける1つの偏光のモード密度が $m(\omega) = (\omega^2 n_\mathrm{r}^2 n_\mathrm{g}/2\pi^2c^3)$ に変更される．ここで，$n_\mathrm{r} = ck/\omega$ は角周波数 ω における半導体の屈折率，$n_\mathrm{g} = c/v_\mathrm{g} = c\,dk/d\omega$ は角周波数 ω における半導体の群屈折率，v_g は群速度である．

誘導放出による光強度の利得係数 g は，光が dx だけ進行して単位断面積当りの光強度 I が dI だけ増加したとき，$g = (dI/dx)/I$ で定義される．すなわち，単位長さ当りの光強度の増加率である．光強度の増加は，正味の誘導放出遷移数に，誘導放出遷移により得られるエネルギー $\hbar\omega$ を掛ければ求められる．半導体中にある電磁場のモード密度を考慮し，半導体中での誘導放出確率と吸収確率は等しく B' とおいて，正味の誘導放出確率は誘導放出から吸収を差し引いた $B'(1/2\pi^3)(f_2 - f_1)\,d^3\boldsymbol{k}$ を積分した値で与えられる．したがって，半導体中の利得係数 g は，

$$g(\hbar\omega) = \left(\frac{\omega}{2\pi^2 c\varepsilon_0 n_{\mathrm{r}}}\right)\int\left|\boldsymbol{e}\cdot\langle\Psi_2|\,e\boldsymbol{r}\,|\Psi_1\rangle\right|^2 (f_2 - f_1)\delta(E_1 + \hbar\omega - E_2)\,d^3\boldsymbol{k}$$
$$= \frac{\pi e^2}{n_{\mathrm{r}} c\varepsilon_0 m_0^2 \omega}|M|^2 (f_2 - f_1)\rho_r(\hbar\omega) \qquad (4.12)$$

と表される．ここで，ε_0 は真空誘導率，e と m_0 は電子の電荷と質量，$\boldsymbol{e}$ は偏光方向を向いた単位ベクトルである．デルタ関数 $\delta(E_1 + \hbar\omega - E_2)$ はエネルギー保存則を表している．エネルギー $\hbar\omega$ を決めると，エネルギー保存則 $E_2 - E_1 = \hbar\omega$ と運動量保存則 $\boldsymbol{k}_2 = \boldsymbol{k}_1$ を同時に満たす電子と正孔のエネルギー E_2, E_1 が求まるので，(4.11) に従って E_1 と E_2 において求められる反転分布関数 $f_2 - f_1$ を積分の外に出し，被積分関数 $\left|\boldsymbol{e}\cdot\langle\Psi_{\mathrm{f}}|\,e\boldsymbol{r}\,|\Psi_{\mathrm{i}}\rangle\right|^2$ の波数依存性は小さいので，行列要素の 2 乗の平均値 $|M|^2 = \langle\!\langle\left|\boldsymbol{e}\cdot\langle\Psi_{\mathrm{f}}|\,e\boldsymbol{r}\,|\Psi_{\mathrm{i}}\rangle\right|^2\rangle\!\rangle$ でおきかえて積分の外に出す．$\rho_{\mathrm{r}}(\hbar\omega)$ は $\rho_{\mathrm{r}}(\hbar\omega) = (1/2\pi^3)\int\delta(E_1 + \hbar\omega - E_2)\times d^3\boldsymbol{k}$ で定義される換算状態密度で，$\rho_{\mathrm{r}}(\hbar\omega) = \left[(2\mu)^{3/2}/\pi^2\hbar^3\right]\sqrt{\hbar\omega - E_{\mathrm{g}}}$ と書ける．ただし，μ は換算質量で $1/\mu = 1/m_{\mathrm{e}}^* + 1/m_{\mathrm{h}}^*$ である．したがって，利得スペクトル $g(\hbar\omega)$ は近似的には ρ_{r} と $f_2 - f_1$ の ω 依存性で決まり，図 4.1 に見られるように，キャリヤが注入されエネルギーが高くなると $\sqrt{\hbar\omega - E_{\mathrm{g}}}$ に比例して増幅利得が立ち上がり，注入されたキャリヤ濃度が増えると利得ピークは高エネルギー側に移動する．また，温度が低くなると，エネルギー増加と共に 1 から -1 に単調減少する $f_2 - f_1$ の ω 依存性が急峻になるので増幅利得が大きくなる．

図 4.1 に示すような，数 nm の薄い層厚 L_z の半導体層からなる半導体量子井戸における誘導放出は，層厚方向（z 方向）への量子化と層内（x, y 方向）での自由な運動のため，電子と正孔の状態密度がバルク結晶の場合から階段状に変化するために大きく変わってくる．電子と正孔の z 方向の運動エネルギーが量子化され，それぞれの主量子数 n が等しい場合のみ光学遷移が起こるので，量子井戸の換算状態密度 $\rho_{\mathrm{2Dr}}(\hbar\omega)$ は次式に示すように

エネルギー $E_n = E_g + \pi^2\hbar^2 n^2/2\mu L_z^2\,(n = 1, 2, 3, \cdots)$ を起点として，x，y 方向への 2 次元的な自由な運動のため一定となり階段状の関数となる.

$$\rho_{2\mathrm{Dr}}(\hbar\omega) = \frac{2\mu}{\pi\hbar^2}\sum_n \Theta(\hbar\omega - E_n) \tag{4.13}$$

ここで，$\Theta(\hbar\omega - E_n)$ は $\hbar\omega - E_n \geqq 0$ で 1 となり $\hbar\omega - E_n < 0$ で 0 となる階段関数である．また，$|M|^2$ は量子井戸の異方性を反映して強い直線偏光特性を示し，量子井戸面に平行な偏光（TE 波：transverse electric wave）に対する値は，垂直な偏光（TM 波：transverse magnetic wave）に対する値より大きい.

量子井戸の利得スペクトルを図 4.1 に模式的に示す．キャリヤ濃度があまり高くない範囲では，利得はほとんど $n = 1$ の第 1 サブバンドの寄与のみで支配され，$\hbar\omega = E_1$ で急激に立ち上がる階段状の $\rho_{2\mathrm{Dr}}(\hbar\omega)$ と $f_2 - f_1$ の積の形で以下のように与えられる.

$$g(\hbar\omega) = \frac{\pi e^2}{n_{\mathrm{r}} c \varepsilon_0 m_0^2 \omega}\sum_n |M|^2 (f_2 - f_1)\frac{2\mu}{\pi\hbar^2 L_z}\Theta(\hbar\omega - E_n) \tag{4.14}$$

したがって，①半導体量子井戸レーザーの利得は，エネルギーの増加と共に $\sqrt{\hbar\omega - E_g}$ に比例して立ち上がるバルク半導体レーザーの場合と比べて，E_1 での傾きが無限大で急激に立ち上がる幅の狭いピークを示す．また，②層厚 L_z を薄くすることで短い波長で発振し，キャリヤ密度増加に対して利得が急増した後，飽和傾向を示す．その他に，③キャリヤ密度増加に対して利得ピーク波長のシフトが小さい，④利得は温度変化の影響が少なくなる，⑤ TE 波利得は TM 波利得より大きい，などの特長をもつ.

4.2　次元に依存する状態密度，電子分布と反転分布

4.2.1　量子ドットレーザー

半導体量子井戸レーザーは，上述のように優れた性質をもち実用化された

ので，より高効率のレーザー素子として低次元化の流れの究極ともいえる量子ドットレーザーが期待され活発に研究されてきた．期待された理由を次に簡単に説明する．量子ドットでは，バルク半導体において，連続したエネルギーに分布していた状態密度が離散エネルギーの量子状態に集中している．もし，光学利得を得るために多数の電子・正孔対を励起しても離散エネルギースペクトルが変化しないならば，離散エネルギーの量子状態を変えずに光学利得を得ることができる．このとき，温度が上昇しても光学利得（発生する光の増幅）を生み出すキャリヤのエネルギー分布が広がらず，光学利得の温度依存性がないと考えられている．

図 4.1 に模式的に示すように，半導体レーザーに実用化されている 3 次元

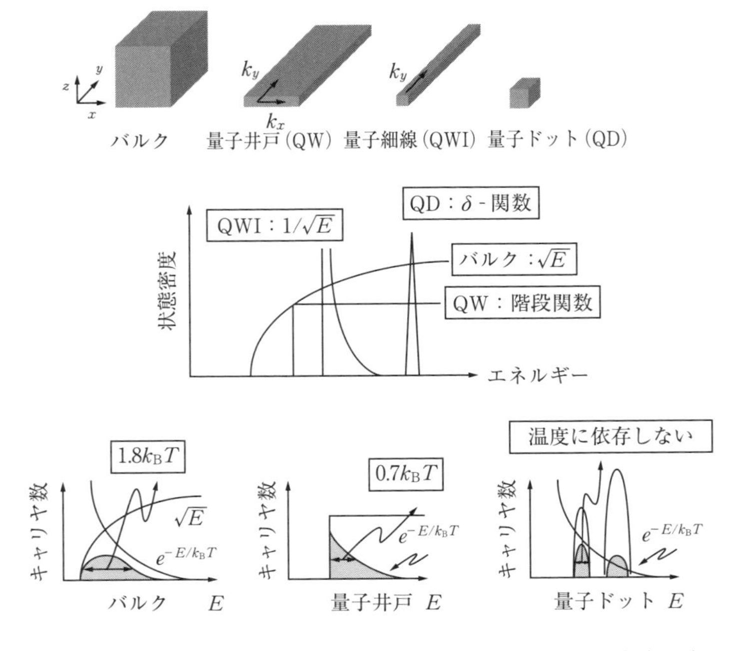

図 4.1　3 次元のバルク結晶，2 次元の量子井戸（QW），1 次元の量子細線（QWI）および 0 次元の量子ドット（QD）における状態密度と，バルク結晶，量子井戸および量子ドットの場合のキャリヤ分布の温度広がりの模式図．（"*Semiconductor Quantum Dots - Physics, Spectroscopy and Applications*" ed. by Y. Masumoto and T. Takagahara (Springer, 2002) より許可を得て転載）

のバルク結晶や，2次元の量子井戸におけるキャリヤ分布の温度広がりは，状態密度スペクトルの違いを反映してそれぞれ $1.8\,k_{\mathrm{B}}T$，$0.7\,k_{\mathrm{B}}T$ で表されるため，温度広がりによって光学利得が減少するが，一方，0次元の量子ドットでは状態が広がりをもたないため光学利得が大きく，温度広がりがないために温度上昇によって光学利得が減少しないと考えられる[6]．この結果，レーザー発振のしきい値は低くなり，また温度に依存しない．このシナリオが成り立つためには，量子ドットのサイズが十分小さく，基底量子準位と第一励起準位の間のエネルギー差が熱エネルギー $k_{\mathrm{B}}T$ よりも大きくなければならないとされている．

しかし，この議論はキャリヤ数が増加する際に，エネルギースペクトルが変化しないことが前提となっていて，厳密にいうと量子ドット中のキャリヤ数が1個以下の場合にのみ成立する．量子ドット中のキャリヤ数が2個以上になると，キャリヤ間の相互作用によってエネルギースペクトルが変化するため，変化したエネルギースペクトルの下でのキャリヤの分布や光学利得のスペクトル幅が，他の量子構造に比べて有利か不利かが問題となる．一方，量子井戸レーザーで実現されているように，キャリヤや光を実空間の量子構造に閉じ込めることは，量子ドットでも確実にレーザー発振にとって有利となる．

自己形成量子ドットの成長法が発展した当初から，In(Ga)As 自己形成量子ドットの量子ドットレーザーへの実用を視野に入れて研究が進んできた．これは，ひずみを基に自己形成量子ドットが形成されているものの欠陥が少なくて発光効率が高く，加工部分に欠陥が多く入るリソグラフィー法で量子ドットを形成するのと比較して圧倒的に有利なためである．量子ドットレーザーの構成には，図4.2に示すように，量子ドット層と平行な方向に進む光に対して光学利得をもたせる導波路構造をもたせ，結晶のへキ開面により共振器を形成して層の端からレーザー光を放出させる端面放出型レーザー構成と，量子ドット層に垂直な方向に進む光に対し光学利得をもたせ，多層膜反

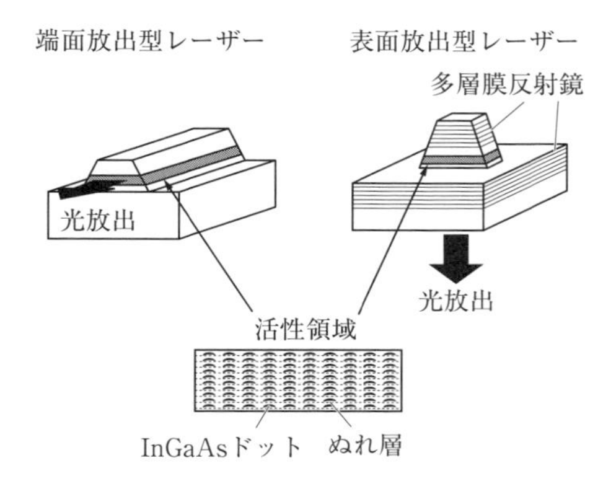

図 4.2 2種類の量子ドットレーザーの構成.（"*Semiconductor Quantum Dots - Physics, Spectroscopy and Applications*" ed. by Y. Masumoto and T. Takagahara (Springer, 2002) より許可を得て転載）

射鏡で共振器を形成して，積層方向からレーザー光を放出させる表面放出型レーザー構成とがある.

半導体レーザーの励起には，電流注入と光励起の2つの方法があるが，実用になるのは電流注入による励起である．レーザー発振を起こす活性層へは，活性層を挟むn型の層から電子が，p型の層から正孔が注入されるので，電流注入型半導体レーザーはレーザーダイオード（LD：laser diode）とよばれる．半導体レーザーに求められる特性を挙げると，①発振しきい値電流が小さい，②低消費電力である，③温度依存性が小さい，④変調周波数が高い，などの性質である．3次元のバルク結晶や2次元の量子井戸を用いたレーザーでは温度上昇と共に生じるキャリヤ分布の温度広がりを反映して発振しきい値電流が上昇する．これらの半導体レーザーの温度特性を示すのによく使われる指標は，特性温度 T_0 で半導体レーザーが発振するときの発振しきい値電流 J_{th} を $\exp(T/T_0)$ に比例するものとして表し，特性温度 T_0 が高いほど温度依存性がよいとされている.

量子ドットの離散的量子準位のエネルギー間隔が熱エネルギーと比較して

大きく，キャリヤ系の温度が格子と熱平衡にあるとき，温度特性のない，すなわち T_0 が無限大の特性温度が報告され，温度特性の改善が実証されている．量子ドットレーザーの応用上，発振波長の制御も重要だが，In(Ga)As 自己生成量子ドットにおいては In と Ga の組成比，量子ドットのサイズ，ひずみの大きさが波長制御のパラメーターとなる．これらの制御によって，光ファイバーの波長分散がなくなる通信波長帯域の 1.3 μm は In(Ga)As 自己形成量子ドットでカバーすることが可能である．発振しきい値電流が小さく，低消費電力での発振への努力は不断に続けられている．

量子ドット層と平行な方向に進む光に対して光学利得をもたせる導波路構造，つまり層の端からレーザー光を放出させる端面放出型レーザー構成において，単層の In(Ga)As 自己形成量子ドットが 1994〜1996 年に研究され，77 K で 1.315 eV（943 nm）の発振エネルギーで 120 A/cm^2，室温で 950 A/cm^{2}という発振しきい値電流が報告されているが[7],[8]，光学利得を担う量子ドットの数が足りないと，発振しきい値電流は量子井戸レーザーに比べて小さくならない．

自己形成量子ドットの成長法が進歩して，1 層当り 1.7×10^{11}cm^{-2} の高密度が実現されるようになって，3 層構造（室温）で 1.23 μm の波長において 76 A/cm^{2}の発振しきい値電流が実現され[9]，さらに単層構造において，InGaAs 量子井戸の中央に InAs 自己形成量子ドットの層を挿入することによって面密度を増加させ，さらにサイズの均一化を図って室温で 1.25 μm の波長において，発振しきい値電流 26 A/cm^2 への低減が実現されている[10]．この発振しきい値電流は，典型的な量子井戸レーザーの発振しきい値電流よりも値が 1 桁小さい．

しきい値注入電流を小さくする努力がさらに行われ，単層の 3×10^{10}cm^{-2} の面密度の InAs 量子ドットでは，ヘキ開面を用いた 1.6 cm 長の共振器により室温で 10.4 A/cm^2 のしきい値注入電流のとき，1.22 μm の波長において連続レーザー発振することが報告されている[11]．

量子ドット層に垂直な方向に進む光に対して，光学利得をもたせて積層方向からレーザー光を放出させる表面放出型レーザー構成では，微小共振器を使わない限りは，自己形成量子ドットが単層だけでは光学利得が十分ではないため，In(Ga)As 自己形成量子ドットの積層構造を使って量子ドットレーザーの活性層を構成することが行われている．この構成は縦型共振器表面発光レーザー（VCSEL：vertical - cavity surface - emitting laser）とよばれており，発振しきい値電流が低くビームパターンが丸くてよいことが知られていて，光通信の中継器として応用が期待されている．

図 4.3 に示すのは，縦型共振器が GaAs と AlAs の交互多層膜からなる反

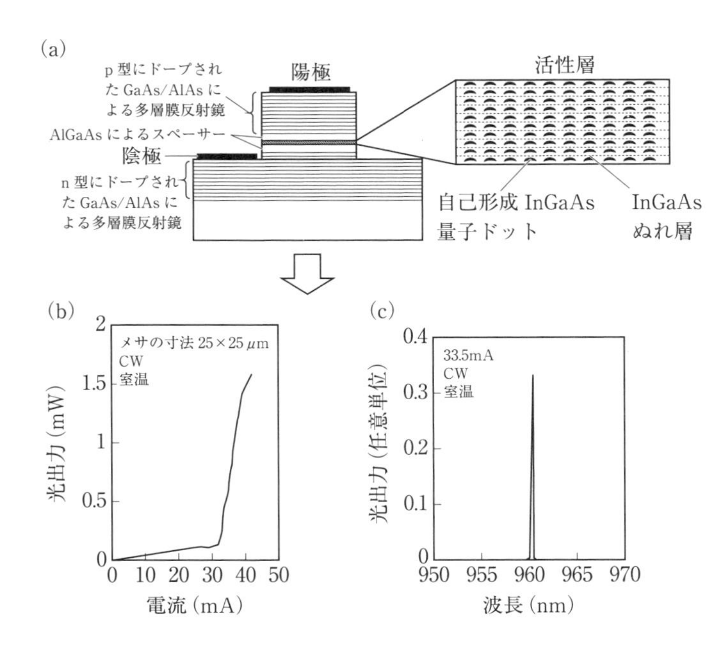

図 4.3 (a) 縦型共振器をもつ自己形成 InGaAs 量子ドットレーザー．このレーザー構造は，室温で 25 μm×25 μm の面積当り 32 mA の定常電流注入で連続波（CW：continuous wave）レーザー発振する．(b) は電流 - 光強度特性．(c) は，レーザー発振後の光スペクトルを表す．(H. Saito, K. Nishi, I. Ogura, S. Sugou and Y. Sugimoto：Appl. Phys. Lett. **69** (1996) 3140 より許可を得て転載)

射鏡で構成されて，面密度 $2\times10^{10}\mathrm{cm}^{-2}$ で 10 層積層された InGaAs 量子ドット層を活性層とした半導体レーザーダイオードの作製例であるが，室温中で 960.4 nm の波長において約 5 kA/cm^2 の注入電流でレーザー発振することが報告されている[12]．発振しきい値以下の励起密度が低いときには，一番低い量子準位間の遷移に対応する発光が観測されるが，レーザー発振しきい値程度の励起密度では，高次の量子準位からの発光が支配的になるため，レーザー発振しているのは高次の量子準位であると考えられている．

赤色領域では，InP 量子ドットがレーザー媒体として用いられる．単層の $5.5\times10^{10}\mathrm{cm}^{-2}$ の面密度の InP 量子ドットが，4.3 節で詳述するような，AlGaAs と AlAs の交互多層膜からなる反射鏡で共振器が構成された縦型微小共振器中に作りこまれると，室温中 1.9 eV（650 nm）の波長において 10 A/cm^{-2} の注入電流でレーザー発振することが報告されている[13]．また，レーザー発振しきい値電流が温度に依存しない量子ドットレーザーの特長が観測されている．レーザー素子のレーザー出力の限界を決めているのは共振器鏡の光損傷である．共振器鏡の光損傷は，非放射損失と面欠陥による光吸収が温度上昇につながることで起こる．赤色領域で，GaInP 高出力パルスレーザーの共振器鏡の光損傷を受けるレーザー発振しきい値は，量子ドットレーザーの方が量子井戸レーザーに比べて 34% から 61% ほど増加することが観測されている[14]．

4.2.2　青色領域の発光ダイオードとレーザー

青色領域の発光ダイオード（LED：light emitting diode），およびレーザーダイオード（LD：laser diode）として最も商業的に成功した例は，InGaN 発光ダイオードとレーザーダイオードである[15]-[17]．互いに 10% と大きく原子間距離の異なる GaN（閃亜鉛鉱型の場合には 0.452 nm の格子定数をもつ．ウルツ鉱型の場合には a 軸方向に 0.317 nm，c 軸方向に 0.517 nm の格子定数をもつ.）と，InN（閃亜鉛鉱型の場合には 0.498 nm の格子定数をも

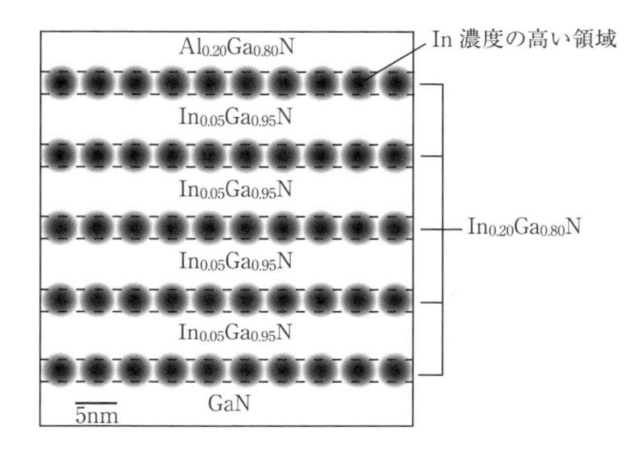

図 4.4 InGaN レーザーダイオードの活性層である，$In_{0.20}Ga_{0.80}N$-$In_{0.05}Ga_{0.95}N$ 多重量子井戸中に形成される数 nm のサイズの InN に富む領域の模式図．黒い箇所ほど In 濃度が高いことを表す．この領域は，断面透過電子顕微鏡写真（Cross-sectional TEM）における濃淡や，エネルギー分散型分光法（EDS）による微小領域元素分析により確認できる[18]．

つ．ウルツ鉱型の場合には a 軸方向に 0.354 nm，c 軸方向に 0.571 nm の格子定数をもつ．）の混晶である InGaN は，In の濃淡の 2 つの相に相分離した方がひずみエネルギーが小さくなるために相分離を起こし，図 4.4 に模式的に示すように，$In_{0.20}Ga_{0.80}N$-$In_{0.05}Ga_{0.95}N$ 多重量子井戸中の In 濃度の高い $In_{0.20}Ga_{0.80}N$ 井戸層内が相分離を起こして，典型的には数 nm のサイズの周囲よりも InN に富む領域と薄い領域が形成される[18]．バルク InN は 2.0 eV，GaN は 3.4 eV と大きなバンドギャップの違いがあるため，数 nm のサイズの周囲よりも InN に富む領域のポテンシャルの深さは 170 meV 程も深くなる．GaN の場合，励起子束縛エネルギーは 20.4 meV と大きく，それを反映して励起子ボーア半径が 3.6 nm と小さくなるため，数 nm のサイズの周囲よりも InN に富む領域には励起子が局在し，InN に富む領域は励起子を空間的に閉じ込めた量子ドットのように振舞う．In の濃淡による量子ドット構造をもつ InGaN 発光ダイオードは，In の組成濃度を変えることで 365 nm から 520 nm までの紫外，青色，緑色の領域を放出することができる．

最も多用されてきたサファイア基板は GaN 結晶と格子不整合が 14％もあるので，サファイア基板上に GaN バッファー層を介して成長しても，InGaN 層中に結晶成長方向に伸びる線状の欠陥が，面密度 10^8 cm^{-2} から 10^{12}cm^{-2} と高密度に存在する．高密度にある線状欠陥が非放射センターとしてはたらくにもかかわらず，InGaN 層が発光ダイオードやレーザーダイオードとして高効率に光を発するのは，数百 meV もポテンシャルエネルギーが低い In に富む量子ドット領域に電流注入されたキャリヤが流入して，欠陥に捕らえられることが少ないからとして理解されている[19]．InGaN 発光ダイオードは基板を格子不整合のない GaN 結晶にすることで，線状欠陥の面密度は 10^5cm^{-2} から 10^{-6}cm^{-2} に低減することができ，非放射損失を低減することにより，サファイア基板で約 100 W/cm^2 であった出力を約 1000 W/cm^2 の高出力にすることができるようになっている[20]．InGaN 層を強く励起すると，量子ドットのように振舞う InN に富む領域に励起子が局在して光学利得を生み出す[21]．InGaN のレーザー発振の最初の報告としては，InGaN ダイオードが室温において 394 nm で 1.4 kA/cm^2 の注入電流で誘導放出する報告[16]と，室温において 417 nm の波長で 4 kA/cm^2 の注入電流でレーザー発振する InGaN レーザーダイオードの報告がある[17]．

4.2.3　量子ドットのレーザー発振機構

量子ドットによるレーザー発振の機構を説明するために，レーザー発振する条件での量子ドット中のキャリヤの状態を明らかにする必要がある．本節の初めの方ですでに触れたように，量子ドット中のキャリヤ数の増加に際し，キャリヤ間の相互作用によってエネルギースペクトルが変化するため，量子準位の占有と反転分布による光学利得の生成があると考えるのは単純化しすぎている．量子ドット中のプラズマ状態，励起子分子状態を含む多励起子状態，局在励起子状態，励起子状態などが励起キャリヤ数や温度などによって主役を変えつつ光学利得を与えていると考えられる．これまで，結晶基板上にエピタキシー成長法により形成された量子ドットレーザーについて解説したが，以下では安価で多様な表面修飾が可能な固体中に，原子やイオンを凝集させ微結晶を析出させる方法により形成された量子ドットや，化学的に合成し結晶成長させる方法により形成された量子ドットの示す誘導放出やレーザーについて紹介する．

量子ドットの光励起によって，励起子分子によるレーザー発振が機構の解明を伴って観測されている．平均半径が 5 nm である CuCl 量子ドットを含む NaCl 結晶を反射率 90％の鏡で構成される共振器に挿入し，紫外光レーザーで光励起すると，77 K において図 4.5 に示すようなレーザー発振をする[22]．

共振器方向の発光強度の励起密度依存性を調べると，発光強度は，しきい値以下ではほぼ線形に増加し，しきい値を超えると急激に非線形に増加する．図 4.5 はしきい値前後の発光スペクトルを示し，しきい値以下で CuCl

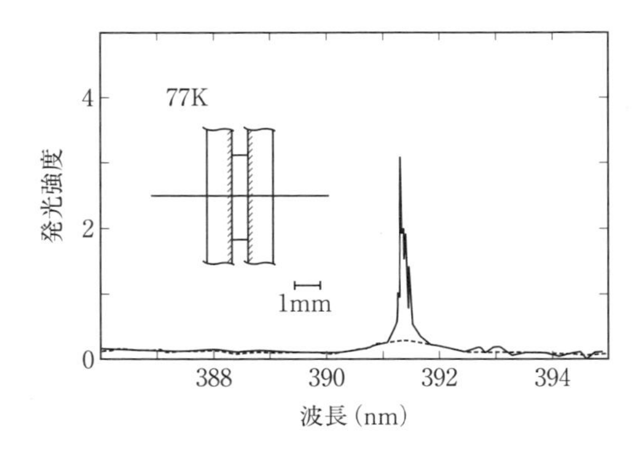

図 4.5 CuCl 量子ドットを含む NaCl 結晶を媒質とするレーザー発振のスペクトル（77 K）．挿入図のように，90％の反射率をもつ誘電体ミラーで構成された共振器中に媒質を入れ，紫外光で強励起するとレーザー発振する．発振に要する紫外光の励起密度のしきい値 I_{th} は，2.1 MW/cm^2 で，実線，破線のスペクトルはそれぞれ 1.08 I_{th} および 0.86 I_{th} の場合に相当する．（Y. Masumoto, T. Kawamura and K. Era：Appl. Phys. Lett. **62** (1993) 225 より許可を得て転載）

量子ドット中の励起子分子の幅広い発光バンドが観測されるが，しきい値以上での発光スペクトルは，共振器の縦モードからなる数本の鋭い線スペクトルの集合となる．発光は共振器方向に鋭い指向性をもってレーザー発振している．このレーザー作用は，量子ドット中の励起子分子が励起子と光子に分かれ，これが増幅することによって起こる．観測できる光学利得は，バルク結晶で観測される光学利得に比べて数百倍にもなるが，この大きな光学利得の原因は，励起子および励起子分子が量子ドットという狭い空間に閉じ込められるために，拡散が押さえられて密度が減少しにくいためであると考えられる．

量子ドットはサイズのばらつきを小さくすることが難しく，このことが光学遷移の不均一広がりをもたらし，単一のエネルギーに状態密度を集中させる状況には容易にはならない．かえって，キャリヤの空間閉じ込めこそが本質的であり，光学利得を高くする理由となると考えられる．量子ドットでは励起子や励起子分子の数は整数値をとるが，離散的な数の励起子や励起子分子の数の時間変化は時間分解分光によって調べることで明らかにされている[23]．

量子ドット中に多励起子が生成され，かつ，ドット表面での非放射過程が小さく問題にならないときには，7.3 節に述べるオージェ過程（オージェ再結合の過程のこと）が主要な非放射過程となるが，放射過程として自然放出も光学利得が発生して自然放出の増幅（ASE：amplified spontaneous emission）も起こりうる．多励起子が生成されたとき，自然放出の増幅とオージェ過程は競合する過程で，量子ドットを含む媒質内で光学利得による増幅を受けて実際に自然放出の増幅が起こるには，自然放出の増幅の立ち上がり時間 $\tau_{\rm ASE} = n/gc$ が，7.3 節に述べるオージェ過程の減衰時定数 $\tau_{\rm A}$ に比べて速い必要がある．ここで n は媒質の屈折率，g は光学利得，c は真空中の光速である．半径 a の量子ドットが濃度 $n_{\rm QD}$ だけ含まれている媒質では，媒質中の量子ドットの占有率 ξ は $\xi = (4\pi/3)(a^3 n_{\rm QD})$ で与えられるから，量子ドットの光学利得の断面積 σ_g を $\sigma_g = g/n_{QD}$ と書くと，自然放出の増幅の立ち上がり時間は $\tau_{ASE} = (4\pi a^3/3)(n/\xi\sigma_g c)$ となる．ξ が大きくなると τ_A は変わらず τ_{ASE} は小さくなるので，量子ドットの濃度を増やして ξ を大きくし，オージェ減衰より自然放出の増幅の立ち上がり時間を速くすることが多くの量子ドットで実現している．

化学的に形成したCdSe量子ドットを含むヘキサンオクタン溶液を基板上に滴下して溶媒を蒸発させると，量子ドットが密に充填された固体のフィルムが作成できる．表面を酸化トリオクチルホスフィン（TOPO：trioctyl-phosphine oxide）あるいはZnSで覆われ，非放射減衰を低減されたCdSe量子ドットを密に充填された固体のフィルムでは，ξ は大きくなるので τ_{ASE} を τ_A よりも小さくすることができる．このとき，TOPOで覆われるより，ZnSで覆われたほうが量子ドット表面での非放射減衰を低減させられるのだが，図4.6に示すように半径が1.3 nmから2.1 nmの範囲ではサイズによらず，かつTOPOかZnSかの被覆によらず，量子ドット当り1電子・正孔対をしきい値として光学利得が現れる．これは，全非放射減衰がオージェ過程により律速されるからである．光学利得のしきい値は，液体窒素温度でも室温でも強い閉じ込めの量子ドットでは変わらない．また，図4.7に示す

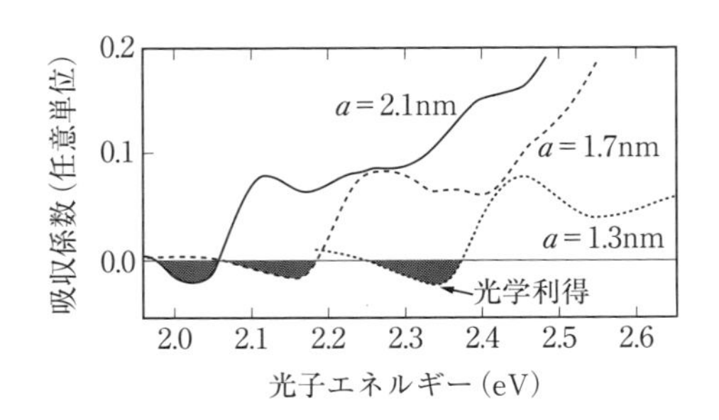

図4.6 室温でフェムト秒レーザー光励起後1.5 psで見られる，半径 a=1.3, 1.7および2.1 nmのCdSe量子ドットから作成された薄膜試料の光利得スペクトル[24]．CdSe量子ドットの表面は，a=1.3 nmおよび a=2.1 nmの場合，TOPOで覆われ，a=1.7 nmの場合はZnSで覆われている．

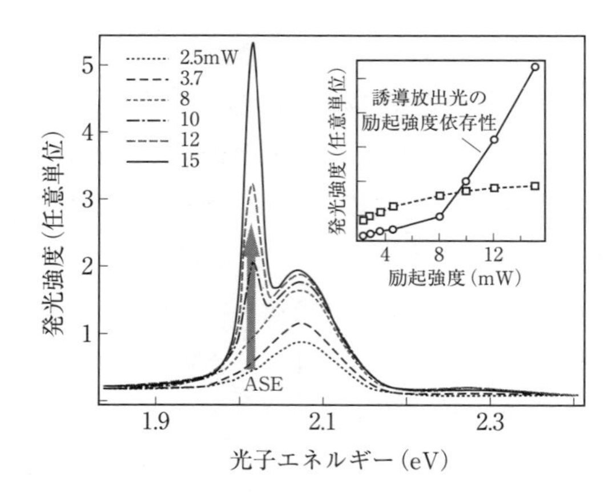

図 4.7　80 K で見られる TOPO で終端された半径 $a=2.1$ nm の CdSe 量子ドットの発光スペクトルを励起強度の関数として示す．挿入図に描かれた，丸で示された誘導放出バンドの励起強度依存性は四角で示された誘導放出以外のバンドの励起強度依存性と異なり，明確なしきい値を示す．（V. I. Klimov：J. Phys. Chem. **B110**（2006）16827 より許可を得て転載）

ように 1.5 対の電子・正孔対を光生成すると，自然放出の増幅帯が自然放出帯の中に生成するようになる[24],[25]．

量子サイズ効果の結果，量子ドットのサイズを変えると自然放出の増幅帯のエネルギーを変えることができる．自然放出の増幅を示すスペクトルは 80 K で観測される．CdSe の量子ドットで，半径が 1.3〜2.5 nm の量子ドットでは 80 K で，自然放出の増幅帯を赤から緑に色を変えることができる．しかし，非常に小さな量子ドットでは，コアの量子ドットのシェル ZnS による被覆が本質的である．なぜなら，小さな被覆のない量子ドットでは体積に比べて表面の寄与が大きく，そのため非放射減衰が大きいからである．非常に強い量子閉じ込めの結果，最も小さな CdSe の量子ドットでは自然放出の増幅帯は，バルクの CdSe に比べて 0.5 eV 以上も高エネルギーシフトする．

タイプ II 型の量子ドットで，単一の励起子を用いた光学利得が観測されている[26]．CdS/ZnSe コアシェル量子ドットは，コアの半径が 1.2 nm 以上でかつシェルの厚さが 0.7 nm 以上の厚い領域では，コアの CdS に電子が閉じ込められ，シェルの ZnSe 層に正孔が閉じ込められるタイプ II 型の量子ドットとなる．逆に，コアの半径が 1.2 nm 以下でかつシェルの厚さが 0.7 nm 以下の薄い領域では，電子はコアの CdS に閉じ込められ，正孔はコアの CdS とシェルの ZnSe 層全体に閉じ込められるタイプ I 型の量子ドットとなる．これは，コアの CdS の伝導帯の底がシェルの ZnSe の伝導帯の底よりエネルギーが低く，ZnSe の価電子帯の頂が CdS の価電子帯の頂よりエネルギーが高いためである．

1 個の電子と 1 個の陽子からなる水素原子 2 個から，安定に 2 個の電子と 2 個の陽子からなる 1 個の水素分子ができる．これと同様に，電子と正孔も空間的に閉じ込めを受けないバルク結晶において，2 個の電子と 2 個の正孔からなる励起子分子の基底状態のエネルギーは，2 組の電子・正孔間のクーロン引力が電子・電子間と正孔・正孔間のクーロン斥力に勝って，1 個の電子と 1 個の正孔からなる 1 個の励起子の基底状態のエネルギーの 2 倍より低くなり安定に存在する．しかしながら，励起強度を強くすると，タイプ I 型の量子ドットでは励起子発光の低エネルギー側に励起子分子の発光が出現するのに反して，タイプ II 型の量子ドットでは励起子発光の 100 meV もの高エネルギー側に励起子分子の発光が出現する．これは，2 個の電子，2 個の正孔がそれぞれコアとシェルに閉じ込められ，電子・電子間と正孔・正孔間のクーロン斥力を増加させ，2 組の電子・正孔間のクーロン引力を減少させるために，励起子間にはたらくクーロン斥力がクーロン引力に勝って励起子分子の束縛エネルギーが負となるためである．

タイプ I 型量子ドットでは，励起子の発光エネルギーが励起子の光吸収エネルギーと一致するのに比べて，タイプ II 型量子ドットになると，励起子の発光エネルギー帯よりも，励起子の光吸収エネルギーが高エネルギーに大きくずれる．そのためタイプ II 型量子ドットでは，励起子の発光の再吸収が励起子を含む量子ドットによっては起こらずに，誘導放出が起こりやすく

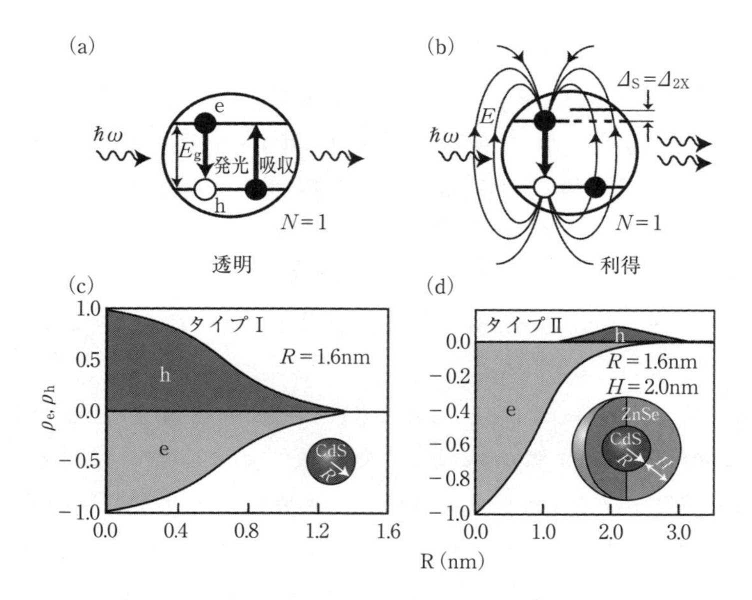

図 4.8 単一励起子による光学利得．(a) タイプⅠ型 CdS 量子ドットでは，(c) に表される電荷密度プロットに示されるように，電子 (e) と正孔 (h) の波動関数がほとんど同一の空間分布をもつので電荷密度はほぼゼロとなり，励起子間のクーロンエネルギーは小さくなるため，1 励起子の遷移エネルギーと 1 励起子から 2 励起子への遷移エネルギーの差が小さい．このとき，1 励起子から放出される光子は再吸収され 2 番目の励起子になり，なくなってしまう．(b) タイプⅡ型 CdS/ZnS コアシェル量子ドットでは，(d) に示されるように励起子を構成する電子はコア部分に，正孔はシェル層に分離して局在する．このとき，1 励起子から 2 励起子への遷移エネルギーは，励起子間のクーロンエネルギー Δ_{2X} だけ 1 励起子遷移エネルギーから高エネルギーシフトするが，このシフトは 1 つ目の励起子が生じさせる電場が 2 つ目の励起子に与えるシュタルク効果とも考えられる．(V. I. Klimov, S.A. Ivanov, J. Nanda, M. Achermann, I. Bezel, J.A. McGuire and A. Piryatinski：Nature **447** (2007) 441 より許可を得て転載)

なる．励起子を 1 個含む量子ドットの比率を n_x で表せば，励起子を含む量子ドットによる励起子発光の再吸収が起こらないと，スピン縮重度の 2 を考慮に入れて励起子誘導放出の断面積は $n_x/2$ に比例し，励起子発光を吸収する断面積は $1 - n_x$ に比例するので，$1 - n_x = n_x/2$ が光学利得を発生させるしきい値を与える．したがって，量子ドットの $n_x = 2/3$ で励起子が励起される励起密度のときがしきい値となる．励起子間のクーロン相互作用による高エネルギーシフトを直観的に理解するために図 4.8 を用いると，模式的

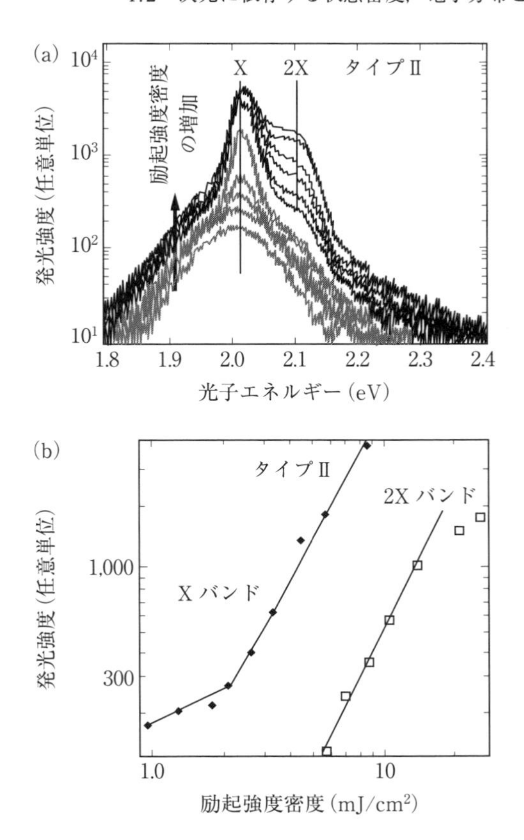

図 4.9 タイプ II 型 CdS/ZnS コアシェル量子ドットの光学利得．（a）100 fs のレーザーパルスによる励起密度を増加させると，単一の励起子（X）が示す発光から自然放射増幅光による狭いピークに発展する．励起子間のクーロンエネルギーで，励起子発光（X）に比べ励起子分子発光（2X）は高エネルギーシフトする．強い励起光密度では，励起子分子発光も自然放射増幅光となる．（b）単一の励起子から自然放射増幅光が生じる励起しきい値は，励起子分子発光が自然放射増幅光を生じる励起しきい値に比べて顕著に低い．（V. I. Klimov, S. A. Ivanov, J. Nanda, M. Achermann, I. Bezel, J. A. McGuire and A. Piryatinski：Nature **447**（2007）441 より許可を得て転載）

に示すようにタイプ II 型量子ドットでは，励起子が 1 個あると，励起子すなわち電子・正孔対がもたらす電場が 2 個目の励起子を形成する際に大きく高エネルギーにシフトさせる．このため，図 4.9 に示すようにタイプ II 型

CdS/ZnSe コアシェル量子ドットでは，励起子分子で誘導放出が室温で起こるだけでなく，励起強度として，その 1/3 の強度で励起子の誘導放出が起こる．この誘導放出のポイントは多励起子を必要とせず，オージェ効果を完全に避けられる純粋に単一の励起子状態を用いた光増幅になることである．CdTe/CdSe コアシェル量子ドットもタイプⅡ型として振舞い，束縛エネルギーが負となる励起子分子が観測されている[27]．

ZnSe/CdSe コアシェル量子ドットは，コアの ZnSe の伝導帯の底がシェルの CdSe の伝導帯の底よりエネルギーが低く，ZnSe の価電子帯の頂が CdSe の価電子帯の頂よりエネルギーが高い配置をしており，反転コアシェル量子ドットとよぶことができる．シェルが厚いとき，電子も正孔も CdSe シェルに局在し，主に有効質量の軽い電子のシェル層への閉じ込めにより，高エネルギーシフトを起こしながら，コアの導入により電子・正孔対が空間的に広がるため励起子分子のオージェ減衰を抑えることができるので，誘導

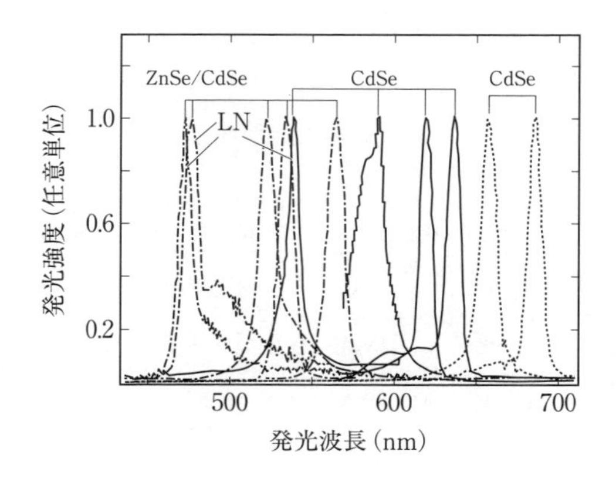

図 4.10　化学的に形成した量子ドット，量子ロッドが示す赤色から青色に至る波長可変の光励起誘導放出のスペクトル．LN は液体窒素温度（77 K），無表示は室温での誘導放出を示す．赤色は CdSe 量子ロッド，赤色から緑色の領域は CdSe 量子ドット，緑色から青色の領域は ZnSe/CdSe 反転コアシェル量子ドットでカバーできる．（J. Nanda, S. A. Ivanov, H. Htoon, I. Bezel, A. Piryatinski, S. Tretiak and V. I. Klimov：J. Appl. Phys. **99** (2006) 034309 より許可を得て転載）

放出に有利となる．また，同じ体積では，量子ロッドは量子ドットに比べて表面積が大きくなるためオージェ減衰が増加するが，量子閉じ込めはロッドの長さにほとんどよらない．同じ光子エネルギーの発光を放出するCdSe量子ロッドとCdSe量子ドットを比較すると，2組の電子・正孔対のオージェ減衰は1.93 eVから2.07 eVの間でCdSe量子ロッドの方が遅く，3組の電子・正孔対のオージェ減衰はエネルギー全範囲でCdSe量子ロッドの方が遅いので，光学利得が長時間続き，誘導放出の励起強度しきい値が低くなる．この結果，化学的に形成した量子ドット，量子ロッドの光励起誘導放出のスペクトルを示した図4.10に見られるように，緑色から青色の領域はZnSe/CdSe反転コアシェル量子ドット，赤色はCdSe量子ロッド，赤色から緑色の領域はCdSe量子ドットを用いて，赤色から青色に至る波長領域がカバーできる[25],[28]．

誘導放出が観測される高密度の量子ドットを光共振器に入れると，レーザーが実現できる．ポリマー微小球やガラスの毛細管の光共振器，分布帰還型共振器が実現している．石英基板上に400 nmの周期で凹凸を作成し，ここに$CdSe/Zn_{0.5}Cd_{0.5}S$ コアシェル量子ドットからなる薄膜を形成することで分布帰還型共振器を構成し，532 nmにおけるパルス光励起により，32%の量子効率を有する高効率レーザーも608 nmの発振波長で実現している[29]．

4.3 光の閉じ込めと電子の閉じ込め

原子の自然放出確率を求めるとき，原子から発せられる光が放出される自由空間としては，無限に大きい立方体（1辺の長さ$L\to\infty$）の箱と周期的境界条件がモデルとして用いられ，箱中に閉じ込められる光波のモードの波数は

$$k_x = \frac{2\pi n_x}{L}, \quad k_y = \frac{2\pi n_y}{L}, \quad k_z = \frac{2\pi n_z}{L} \quad (n_x, n_y, n_z \text{ は整数}) \tag{4.15}$$

で与えられる．これから波数の大きさの2乗 $k^2 = k_x^2 + k_y^2 + k_z^2$ は

$$k^2 = \left(\frac{2\pi}{L}\right)^2 (n_x^2 + n_y^2 + n_z^2) \tag{4.16}$$

となる．真空中では光の角周波数は $\omega = kc$ で与えられるから，

$$\omega^2 = \left(\frac{2\pi c}{L}\right)^2 (n_x^2 + n_y^2 + n_z^2) \tag{4.17}$$

となる．固有モードは (n_x, n_y, n_z) で規定できるから，固有モードの数は ω 空間中で $2\pi c/L$ を単位長として (n_x, n_y, n_z) の組の数で与えられる．したがって，角周波数が $0\sim\omega$ の範囲にある光波の固有モードの総数は，2つの偏光の自由度を入れて

$$2\times\frac{4\pi}{3}\left(\frac{\omega L}{2\pi c}\right)^3 = \frac{\omega^3}{3\pi^2 c^3}L^3 \tag{4.18}$$

である．ゆえに，角周波数が $\omega \sim \omega + d\omega$ の範囲にあるモード数は，上式を ω で微分して

$$\frac{\omega^2}{\pi^2 c^3} L^3\, d\omega \tag{4.19}$$

となり，空間の単位体積当りでは

$$m(\omega)\, d\omega = \frac{\omega^2}{\pi^2 c^3}\, d\omega \tag{4.20}$$

と表される．(4.17) からわかるように，$L \to \infty$ では ω は連続量となり $m(\omega)$ は連続スペクトルとなる．

4.1節で述べたように，原子の自然放出確率は，原子の終状態の状態密度と光のエネルギー密度の積の周波数積分に比例する．このため，光のエネルギー密度スペクトルを考えたとき，光が自由空間中の光の連続スペクトル ($\rho(\nu) = h\nu n m(\nu) = 8\pi h\nu^3 n/c^3$ あるいは $\rho(\omega) = \hbar\omega n m(\omega) = \hbar\omega^3 n/\pi^2 c^3$) から，波長程度の空間に閉じ込められた場合の離散的スペクトルになる場合には，自然放出確率は大きく変化する．無限に大きい箱中では箱中に閉じ込められる光波のモードの波長も周波数も連続的に分布し，図4.11 (b) に示

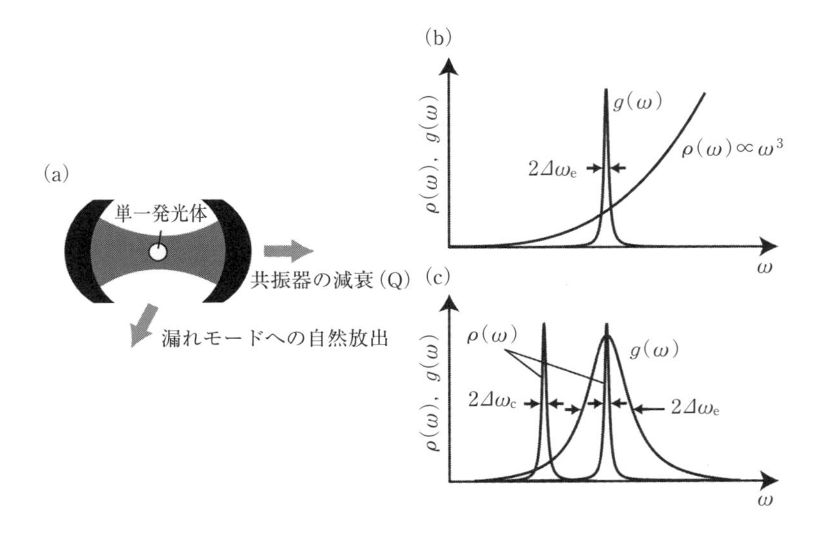

図 4.11　(a) 共振器中における単一発光体の概念図.(b) 原子の終状態の状態密度スペクトル $g(\omega)$ が, 自由空間中の光がもつ連続エネルギー密度スペクトル$\rho(\omega)$ に比べて十分狭い場合.(c) 光のエネルギー密度スペクトル $\rho(\omega)$ (半値全幅 $2\Delta\omega_c$) が, 原子の終状態の状態密度スペクトル $g(\omega)$ (半値全幅 $2\Delta\omega_e$) 中に単一ピークとして含まれ, より幅が狭い場合 ($\Delta\omega_c < \Delta\omega_e$).

すように, 原子の終状態の状態密度スペクトルは自由空間中の光がもつ連続スペクトルに比べて十分狭いから, 自由空間中の原子の自然放出確率の周波数依存性は$\rho(\nu) = 8\pi h\nu^3 n/c^3$ あるいは $\rho(\omega) = \hbar\omega^3 n/\pi^2 c^3$ で与えられ, アインシュタインの A 係数が導かれる. 光波が波長 λ 程度の小さな立方体 (1 辺の長さ λ) の箱に閉じ込められているならば, 閉じ込められる光波のモードの波数は

$$k^2 = \left(\frac{2\pi}{\lambda}\right)^2 (n_x^2 + n_y^2 + n_z^2) \tag{4.21}$$

であり, 真空中での光の角周波数は,

$$\omega^2 = \left(\frac{2\pi c}{\lambda}\right)^2 (n_x^2 + n_y^2 + n_z^2) \tag{4.22}$$

となり, 波長が λ の近くでは λ しか許されないので, $\omega = 2\pi c/\lambda$ の近くで

は $\omega = 2\pi c/\lambda$ しか許されず離散的になる．

もし，図4.11（c）に示すように，光のエネルギー密度スペクトル（半値全幅 $2\Delta\omega_c$）が原子の終状態の状態密度スペクトル（半値全幅 $2\Delta\omega_e$）中に単一ピークとして含まれ，より幅が狭い場合 $(\Delta\omega_c < \Delta\omega_e)$ には，光のエネルギー密度スペクトルのピークエネルギーが原子の発光エネルギーを決めることになる．また，光の単一ピークの狭い幅のエネルギー密度スペクトルが，原子の終状態の状態密度スペクトルのピークからずれている場合には，原子の自然放出確率は大きく抑制される．

2準位系をもつ1つの原子が光共振器中にあり，共振器の単一光モードに共鳴結合する際には，結合の強弱に応じて2つに分類して光共振器中の原子の光放出が取り扱われる[30],[31]．共振器の損失がなく原子の緩和が無視できるときには，原子の2準位系間の遷移と共振器電場で形成される2つの結合振動子が形成され，2つの振動子は周期的に互いに共鳴エネルギーを交換する．すなわち，原子が共振器中に放出した光子は共振器中に保存されるので原子に再吸収され，その後，原子から共振器中に再放出される過程が永遠に繰り返される（ラビ振動（Rabi oscillation）の古典的描像）．この場合を強結合とよび，原子の2準位系と光の相互作用を摂動と見なすことができず，2準位系・光子混合状態の形成が起こる．8.2節では光の“衣を着た原子のモデル”（dressed - atom model）により，基底状態 $|1\rangle$ と励起状態 $|2\rangle$ からなる2準位系と，このエネルギー差 $\hbar\omega_{21}$ にほぼ共鳴した $\hbar\omega$ のエネルギーの強い光（電場 E）が相互作用する場合には，2準位系と光子数 n の混合状態 $|1, n\rangle$ と $|2, n\rangle$ $(n = 0, 1, 2, \cdots)$ が新しい基準振動となり，(8.6) で一般化されたラビ周波数（Rabi frequency）が定義される．共鳴 $\omega = \omega_{21}$ のときには，ラビ周波数は $\Omega = 2p_{21}E/\hbar$ となる．共振器内の共鳴光電場のピーク光電場（腹）E に置かれた原子の遷移双極子 p_{21} は光電場と格段に強く相互作用し，ラビ周波数 Ω だけラビ分裂（Rabi splitting）する．ラビ分裂が明確に観測されるためには，ラビ分裂 Ω が光のエネルギー密度スペクトル

の幅 $\Delta\omega_c$ と原子の終状態の状態密度スペクトルの幅 $\Delta\omega_e$ に比べて，大きい条件 $\Omega > \Delta\omega_e + \Delta\omega_c$ となる必要がある．この条件が成り立つときを強結合とよび，2 準位系・光子混合状態の形成が起こる．強結合の条件は，原子と光子の位相緩和がラビ振動の周期に比べて遅い場合である，ということもできる．

一方，原子の 2 準位系と共振器モードが弱く結合する弱結合とは，ラビ振動やラビ分裂が観測されるほどには結合が強くない場合である．弱結合の場合でも，共振器の減衰が速くて $\Omega < \Delta\omega_c = \omega_c/2Q$ となる場合には，自然放出確率が変化するパーセル（Purcell）効果が観測される．共振器の Q 値は $Q = \omega_c/2\Delta\omega_c$ として定義されるから，Q 値が小さくなると，$\Delta\omega_c$ が大きくなり結合は弱くなる．原子の場合と同様に，量子ドットの励起子の自然放出確率は，量子ドットの励起子発光の終状態の状態密度と光のエネルギー密度の積の周波数積分に比例する．低温で光共振器中にある量子ドットの励起子発光は $\Delta\omega_e \ll \Delta\omega_c$ の条件を満たすので，励起子発光の確率はラビ周波数 Ω を摂動として用いてフェルミの黄金律を用い，$\omega = \omega_e$ における光共振器中にある光のエネルギー密度 $\rho(\omega_e)$ のみを終状態として求めることができる．光共振器中にある光のモード密度は，半値半幅を $\Delta\omega_c = \omega/2Q$ とする全面積を規格化されたローレンツ関数 $\rho(\omega) = \Delta\omega_c/\pi[(\omega - \omega_c)^2 + \Delta\omega_c^2]$ により表現されるから，角周波数 ω_c の単一共振器モードと結合した量子ドットの励起子発光の確率は次式で与えられる．

$$\frac{1}{\tau_{\mathrm{cav}}} = \frac{4\Omega^2 Q}{\omega}\frac{\Delta\omega_c^2}{(\omega_e - \omega_c)^2 + \Delta\omega_c^2} \tag{4.23}$$

真空中にある原子の自然放出の確率，すなわちアインシュタインの A 係数を拡張して，屈折率 n_r の均質な媒質中にある量子ドットの 2 準位系の自然放出の確率は

$$\frac{1}{\tau_{\mathrm{bulk}}} = \frac{\omega_e^3 p_{21}^2 n_r}{3\pi\varepsilon_0 \hbar c^3} \tag{4.24}$$

で与えられる.

したがって，量子ドットの励起子が光共振器と結合されると，(4.23) が示すように自然放出確率が変化する．自然放出の増強（または抑制）率は，(4.23) と (4.24) の比で与えられる．単一共振器モードの波長 $\lambda_c = 2\pi c/\omega_c$，共振器モードの体積 V と共振器内の最大電場強度で規格化された位置ベクトル $\boldsymbol{r}$ における電場ベクトル $\boldsymbol{f}(\boldsymbol{r})$ をそれぞれ導入すると，この比は

$$\frac{\tau_{\text{bulk}}}{\tau_{\text{cav}}} = \frac{3Q(\lambda_c/n_r)^3}{4\pi^2 V}\frac{|\boldsymbol{p}_{21}\cdot\boldsymbol{f}(\boldsymbol{r}_e)|^2}{p_{21}^2}\frac{\Delta\omega_c^2}{(\omega_e-\omega_c)^2+\Delta\omega_c^2} \qquad (4.25)$$

となる．この式の第 1 番目の因子は共振器の Q に比例し V に逆比例する．第 2 番目，第 3 番目の因子は必ず 1 より小さく，量子ドットの位置における光電場のピークで規格化された振幅，共振器内の電場と遷移双極子の方向，および共振器モードの共鳴周波数からの量子ドットの励起子の遷移周波数のずれに依存する．第 1 番目の因子は，遷移双極子の位置，方向，および周波数が最適ならば得られる最大限界を与えるので，これが共振器の性能指数を与える．この性能指数

$$F_p = \left(\frac{\tau_{\text{bulk}}}{\tau_{\text{cav}}}\right)_{\max} = \frac{3Q(\lambda_c/n_r)^3}{4\pi^2 V} \qquad (4.26)$$

は，パーセル（Purcell）因子とよばれる.

図 4.11（a）に模式的に示すように，1 つの原子が光共振器中にあって共振器の単一光モードに結合する場合でも，あらゆる方向への光共振器でなければ，光共振器外への自然放出も起こる．このような場合には，より狭い光のエネルギー密度スペクトルがもつ離散的スペクトルが，光共振器外への自然放出スペクトルに重畳して現れ，ラビ振動の振幅は指数関数的に減少する.

光共振器と結合させると量子ドット中の励起子の自然放出が制御できることは，量子ドットの発光ダイオード（LED：light emitting diode）やレーザーダイオード（LD：laser diode）といった発光素子への応用上極めて重要

である．量子ドットからの光放出の取り出し効率は，LED や LD の効率を最大にするとき重要な要素である．自然放出を完全に制御できれば，しきい値の低減につながり，無しきい値レーザーも可能となる．この節で述べる自然放出確率の増強により，単光子パルスを確定的に放出できる量子ドット単光子源も可能となるかもしれない．また，光共振器中の最大電場と単一の量子ドットを結合できれば，極微弱光により光非線形素子，単一スピンメモリ，スピン量子演算が実現できる可能性もある．

光の波長程度の閉じ込めが可能な共振器として，1 つのカテゴリーは共振器内部での全反射を用いた微小球，微小円環，および微小円板がある．もう 1 つのカテゴリーは，ブラッグ反射を用いた共振器であり，1 次元の誘電体多層膜反射鏡やフォトニック結晶がある．2 つのカテゴリーの複合もあり，微小円柱は全反射を用いた動径方向の閉じ込めとブラッグ反射を用いた 1 次元誘電体多層膜反射鏡による閉じ込めを組み合わせることにより，3 次元閉じ込めを可能にする．逆に，2 次元フォトニック結晶薄膜は，全反射を用いた薄膜の厚さ方向の閉じ込めと，ブラッグ反射を用いたフォトニック結晶による膜面内の閉じ込めを組み合わせて 3 次元閉じ込めを行う．微小球と微小円環では，それぞれ $Q \sim 10^9$ あるいは 10^8 の最高の Q 値が得られるが，微小円板，微小円柱，およびフォトニック結晶では，共振器を媒質中の光の波長 λ/n 程度の寸法の体積 $(\lambda/n)^3$ にすることができる．

図 4.12 中の写真が示す直径 1 μm の円柱 GaAs/AlAs 微小共振器（$Q \sim 2000$）中に入った，共振器モードに共鳴した自己形成 InAs 量子ドットの励起子発光では高いパーセル因子 $F_{\mathrm{p}} = 32$ が期待できる[32]．共振器モードに共鳴もしくは非共鳴する，自己形成 InAs 量子ドット中の励起子発光の時間変化も図 4.12 に示す．発光スペクトルは共振器モードに共鳴した量子ドットの励起子発光の鋭いピークと，非共鳴量子ドットの集団の励起子発光からの弱い連続スペクトルで構成される．ストリークカメラを用いて，8 K で 1.5 ps のピコ秒パルス光で励起した共振器モードに共鳴した量子ドット

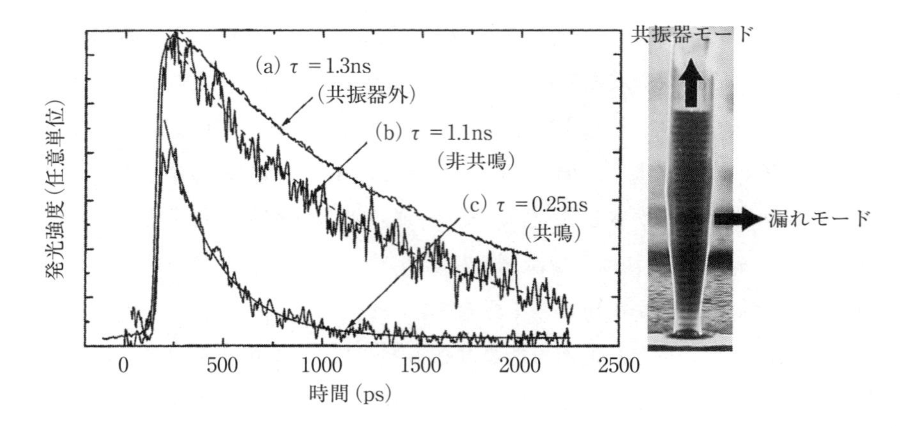

図 4.12　微小円柱（d=1 μm，Q=2,250，F_p=32）における，2つの量子ドットグループで測定した時間分解フォトルミネッセンス（PL）信号．第1グループのドット（c）は基本共振器モードに共振し，共振器外のドット（a）に比べて早い発光減衰を示す．第2グループのドット（b）は共振をはずれており，共振器外のドット（a）と同様の遅い発光減衰を示す．右側の写真は微小円柱共振器を示す．（J. M. Gérard, B. Sermage, B. Gayral, B. Legrand, E. Costard and V. Thierry - Mieg：Phys. Rev. Lett. **81**（1998）1110 より許可を得て転載）

の励起子発光の時間変化と，非共鳴量子ドットの集団の励起子発光の時間変化を測定すると，共鳴量子ドットの励起子発光の減衰定数は 0.25 ns であるのに対して，非共鳴量子ドットの集団の励起子発光の減衰定数は 1.1 ns であった．すなわち，共鳴量子ドットの励起子発光の減衰定数は，非共鳴量子ドットの集団の励起子発光の減衰定数の 1/4 になる．減衰定数の減少によってパーセル効果が示された．

Q > 12000 の高い Q 値をもつ直径 2 μm，厚さ 250 nm の微小円板中に形成された GaAs 量子井戸の厚さゆらぎが構成する擬似量子ドットでは，図 4.13 に示すように，温度を連続的に変化させて，大きくエネルギーが動く単一 GaAs 擬似量子ドットの励起子発光遷移エネルギーを変え，小さくエネルギーが動く微小円板の円周方向の共振器モードであるウィスパリングギャラリーモード（whispering gallery mode）に同調することによって，励起

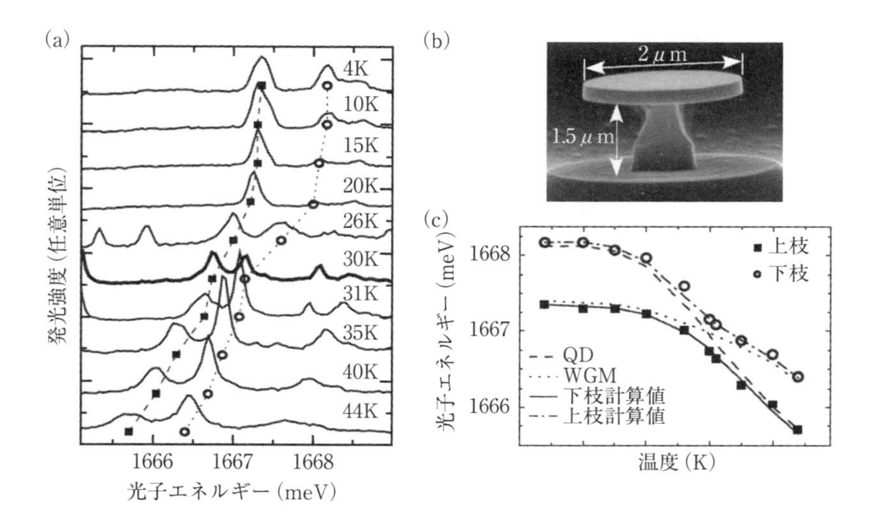

図 4.13　微小ディスク中の GaAs 量子ドットにおける真空ラビ分裂の実験による観察．(a) 異なる温度における微小ディスクで得られる発光スペクトル．(b) 直径 2 μm の微小ディスクの走査型電子顕微鏡写真．(c) 温度に対して描いた発光線のエネルギー．それぞれ共鳴から遠くでは量子ドット（QD）とウィスパリングギャラリーモード（WGM）に関連する 2 つの線の反交差現象を示している．（E. Peter, P. Senellart, D. Martrou, A. Lemaître, J. Hours, J.M. Gérard and J. Bloch：Phys. Rev. Lett. **95** (2005) 067401 より許可を得て転載）

子遷移と共振器モードの間の強結合状態が実証された[33]．30 K で励起子遷移と共振器モードの 1 つが共鳴し，共鳴時に（8.6）で表式を与えるラビ分裂は 400 μeV になる．このラビ分裂は励起子遷移の幅 280 μeV やウィスパリングギャラリーモードの幅 140〜250 μeV より大きく，2 つの線による明確な反交差と，共鳴時のラビ 2 重項の形成が，強結合状態の 2 つの特徴である．

図 4.14（a）に示すように，Si 薄膜内に空の円柱を 6 回対称性をもつように配置したうちから，3 つの空円柱を直線状に除いて作られた L3 型 2 次元フォトニック共振器の両端にある空円柱をわずかにずらすことで，$Q=45000$ の高い Q 値をもつ 2 次元フォトニック結晶が実現される[34]．実際，300〜400 μm^{-2}（$3〜4\times10^{10} cm^{-2}$）の面密度をもつ自己形成 InAs 量子ドッ

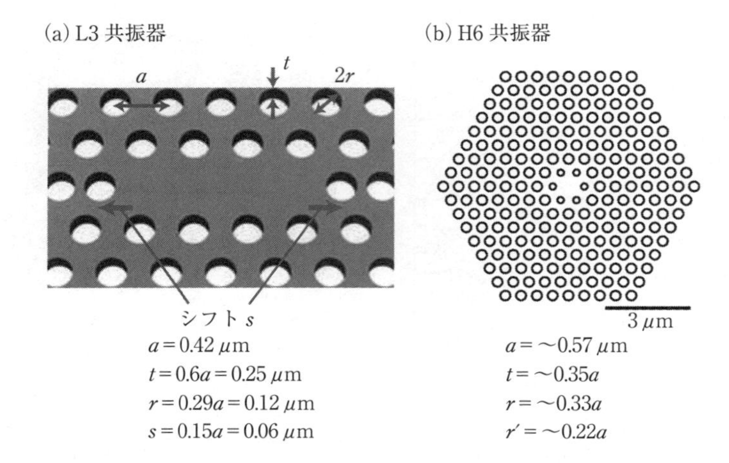

図 4.14　フォトニック結晶共振器. (a) L3 型, および (b) H6 型[36].
(Y. Akahane, T. Asano, B.-S. Song and S. Noda : Nature **425** (2003) 944 より許可を得て転載)

トを GaAs 薄膜の中央に成長させ, これを図 4.14 (a) に示すような L3 型 2 次元フォトニック共振器に加工して, 量子ドットの励起子と共振器モードの強結合が実現された[35]. 作成された 2 次元フォトニック共振器の構造は図 4.14 (a) と同じで, パラメーターは格子定数 $a = 300$ nm, 空孔の半径 $r = 0.27\,a$, 共振器の両端にある空孔のシフト量 $s = 0.20\,a$, GaAs 薄膜の厚み $t = 0.90\,a$ である. このとき, $Q = 13300$ の Q 値が観測され, 温度変化により励起子と共振器モードのエネルギー同調を行うことで, 励起子・共振器モードの明確なラビ分裂が観測された. また, 図 4.14 (b) に示すような H6 型あるいは H1 型の 2 次元フォトニック共振器も用いられている[36].

4.4　エネルギー離散化とエネルギー緩和

半導体中において, 高いエネルギーをもつ電子が伝導帯内でエネルギーを失っていく過程は，数十 fs から数 ps で起こっていることが知られている．こうした高速のエネルギー緩和過程は，電子濃度が十分低く，電子－電子散乱が問題にならない場合に，電子がブリルアンゾーン中の分散曲線上で，まず，縦波光学型フォノン（LO phonon：longitudinal optical phonon）を放出することで起こり，次に，より遅い過程である音響型フォノン（acoustic phonon）を放出することで起こると理解されている．

電子濃度が高く，電子－電子散乱がフォノン放出よりも速い場合には，電子は電子系で常に平衡になりながら，電子系の有効温度が低下していく様式でエネルギー緩和が起きる．

半導体が低次元化して量子ドットとなると，上述した半導体中の電子のエネルギー緩和のシナリオは異なると考えられている．量子ドットでは，電子のエネルギー準位は離散的で，バルク結晶で分散を形成するときのように連続的ではないためである．縦波光学型フォノンはエネルギー分散が小さく事実上単一のエネルギーをもつので，図 4.15 に示すように，電子の離散的になった量子準位間のエネルギー差と一致しないと（量子準位間のエネルギーは量子ドットのサイズに依存しているため，特定のサイズの場合を除いて縦波光学型フォノンのエネルギーと一致しない），縦波光学型フォノンは電子のエネルギー緩和に寄与しない．そうすると量子ドットでは，縦波光学型フ

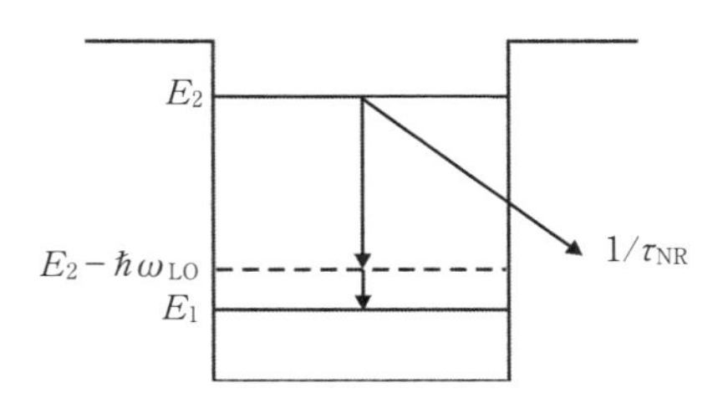

図 4.15　量子ドットでは，$E_2-E_1=\hbar\omega_{LO}$（縦波光学フォノンのエネルギー）が成り立つのは偶然である．成り立たなければ $1/\tau_{LO}$（電子の縦波光学型フォノンによる緩和速度）よりはるかに遅い $1/\tau_A$（電子の音響型フォノンによる緩和速度）と，$1/\tau_{NR}$（非放射緩和速度）の競合により発光効率が決まり，$1/\tau_{LO}>1/\tau_{NR}>1/\tau_A$ ならば発光効率が下がる．

ォノンによる緩和に比べて，2，3桁以上遅いと考えられる音響型フォノンが関与する緩和しか，電子のエネルギー緩和に効かないということになる．

電子のエネルギー緩和が遅くなると，発光デバイスとして量子ドットを利用する際に致命的になる可能性がある．その理由は，電流注入された半導体の発光効率は，注入された高いエネルギーをもつ電子のエネルギー緩和を経て放射緩和する速度と非放射緩和する速度との競争で決まっており，エネルギー緩和に時間がかかって前者が遅くなると，大部分の電子が非放射緩和し光らなくなるためである．こうした量子ドットを発光デバイスとして用いる際に，致命的とも思われるシナリオが西暦1990年代の初めに提案され，量子ドットにおけるフォノンボトルネック効果とよばれた[37],[38]．問題の重要性ゆえに，この提案の真偽についての実験，理論両面からの研究が行われてきたが，相矛盾した研究が報告され，明快に理解されてこなかった．

しかし，この問題に答える極めて明快な実験データが報告されている[39]-[41]．従来の相矛盾した実験データの多くは，光励起電子数が多く，電子-電子散乱を制御していない点に問題があった．電子-電子散乱を無視できるようにするためには，量子ドット中に，電子1個以下という弱励起下で時間分解発光スペクトルを得る実験を行うことが重要である．このため，以下に述べるような新たな実験的アプローチがとられた．

InP自己形成量子ドットに負のバイアスをかけて，量子ドットから光励起された正孔を抜き取ることにより非放射緩和速度を制御し，量子ドット中の離散的なエネルギー準位間の電子の光学型，および音響型フォノンを伴うエネルギー緩和と競合させることによって，定常のルミネッセンススペクトルおよびその励起スペクトル上に，フォノン緩和をフォノン構造として明瞭に観測することができる．

チタンサファイアレーザーを用いてInP量子ドット（先端のない円錐状で，サイズは底辺の直径が50 nm，高さが10 nm）の発光スペクトル内を共鳴励起した場合，レーザー光の低エネルギー側は発光するが，発光スペクト

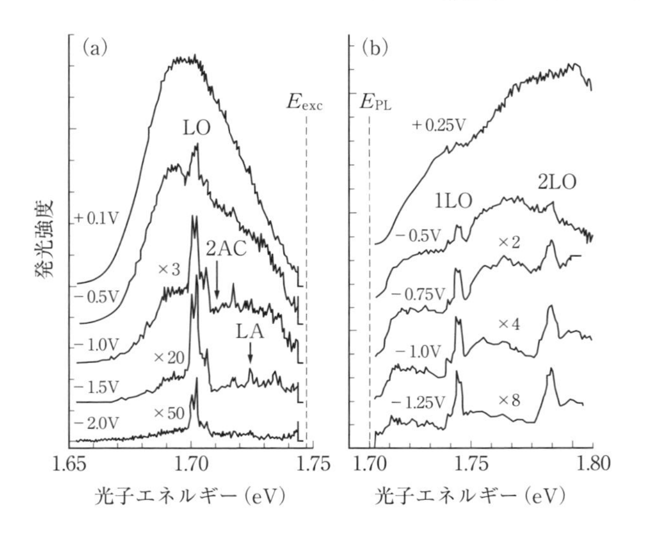

図 4.16　電場を加えた InP 量子ドットの発光スペクトル (a) と発光の励起スペクトル (b). 励起光のエネルギーを E_{exc}, 発光を観測したエネルギーを E_{PL} として, それぞれ破線で位置を表してある. LO は縦波光学型フォノンによる構造, LA は縦波音響型フォノンによる構造である. 2AC は 2 個の音響型フォノン放出に対応するエネルギーである. (I.V. Ignatiev, I.E. Kozin, S.V. Nair, H.－W. Ren, S. Sugou and Y. Masumoto：Phys. Rev. **B61** (2000) 15633 より許可を得て転載)

ルは滑らかである. この試料表面に負の電圧をかけると, 全体としての発光強度は減少し, 縦波光学型フォノンによる構造が顕著になる (図 4.16).

この縦波光学型フォノン構造は, 共鳴励起準位と最低エネルギーの量子準位のエネルギー差が縦波光学型フォノンのエネルギーに偶然一致した量子ドット中で, 共鳴励起された電子励起状態が縦波光学型フォノンを放出して低い電子状態に緩和し, 音響型フォノンを吸収・放出することなく発光する過程に対応していると考えられる. 逆に, 縦波光学型フォノン構造以外の発光部分は, 音響型フォノンの吸収・放出を伴って緩和した電子が発光する過程に対応しており, 縦波音響型フォノン (LA phonon：logitudinal acoustic phonon) や横波音響型フォノンの構造が発光スペクトル中に見えてくる.

InP 量子ドットの浅い井戸に捉えられた正孔がトンネル過程で解離される

ことに対応して，電圧をかけると発光が減少すると考えられる．このことにより，電場によりポテンシャル井戸から正孔がトンネル過程により引き抜かれる速度（非放射緩和速度）と，発光の速度や音響型フォノンによる緩和速度の分岐比から，発光スペクトル中の縦波光学型フォノン構造部の発光強度，縦波光学型フォノン構造以外の部分の発光強度が決まっていく．

バイアスを増加させながら発光スペクトル中の各部をストリークカメラを使って時間変化を調べると，図 4.17 に示すように，縦波光学型フォノン構造の部分で減衰時間が速くなり，非放射減衰に向かう様子がよく観測される．発光の立ち上がりの部分では，縦波光学型フォノン構造の部分でストリークカメラシステムの時間分解能で制約される立ち上がりを示すが，音響型

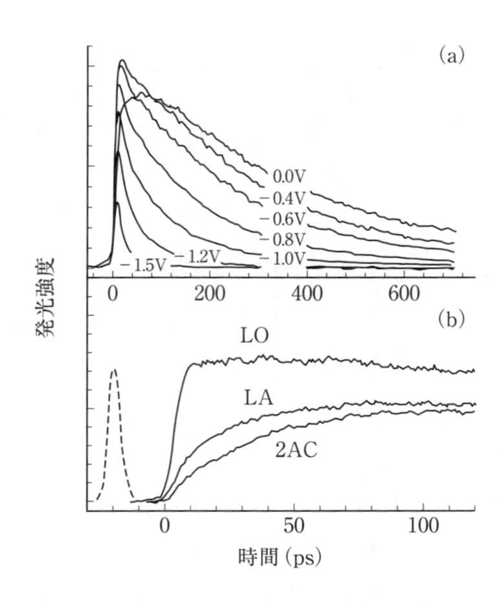

図 4.17　(a) InP 量子ドットの発光の時間変化．さまざまな電場下で，LO（縦波光学型）フォノン構造における時間変化．(b) ゼロ電場下で LO フォノン構造，LA（縦波音響型）フォノン構造および 2 つの音響型フォノンによる 2AC 構造での時間変化の立ち上がり部分．破線は装置全体の時間応答で，時間分解能 6 ps を表す．（I. V. Ignatiev, I. E. Kozin, S. V. Nair, H.－W. Ren, S. Sugou and Y. Masumoto：Phys. Rev. **B61** (2000) 15633 より許可を得て転載）

フォノンの構造部分では約 50 ps の立ち上がり時間を示し，フォノンボトルネック効果を示す理論計算[42]により予想される，「縦波光学型フォノン緩和に比べて 4 桁以上も遅い緩和速度で，緩和に 1 ns 以上かかる状況」にはなっていない．この実験結果は，従来の量子ドット中のキャリヤのフォノン緩和の理論的取り扱いに問題があることを示している．量子ドット中では，電子の音響型フォノンによる緩和が予想よりはるかに速く，フォノンボトルネック効果はほとんど問題にならない[40]．

参 考 文 献

[1]　霜田光一 著：「レーザー物理入門」（岩波書店，1983 年）

[2]　レーザー学会 編：「レーザーハンドブック 第 2 版」（オーム社，2005 年）

[3]　栖原敏明 著：「半導体レーザの基礎」（共立出版，1998 年）

[4]　伊藤良一，中村道治 共著：「半導体レーザー 基礎と応用」（培風館，1989 年）

[5]　応用物理学会 編，伊賀健一 編著：「応用物理学シリーズ 半導体レーザ」（オーム社，1994 年）

[6]　"*Semiconductor Quantum Dots - Physics, Spectroscopy and Applications*" ed. by Y. Masumoto and T. Takagahara (Springer - Verlag, 2002).

[7]　N. Kirstaedter, N. N. Ledentsov, M. Grundmann, D. Bimberg, V. M. Ustinov, S. S. Ruvimov, M. V. Maximov, P. S. Kop'ev, Zh. I. Alferov, U. Richter, P. Werner, U. Gösele and J. Heydenreich：Electron. Lett. **30** (1994) 1416.

[8]　D. Bimberg, N. N. Ledentsov, M. Grundmann, N. Kirstaedter, O. G. Schmidt, M. H. Mao, V. M. Ustinov, A. Yu. Egorov, A. E. Zhukov, P. S. Kopev, Zh. I. Alferov, S. S. Ruvimov, U. Gösele and J. Heydenreich：phys. stat. sol. (b) **194** (1996) 159.

[9]　H. Saito, K. Nishi, Y. Sugimoto and S. Sugou：Electron. Lett. **35** (1999) 1561.

[10]　G. T. Liu, A. Stintz, H. Li, K. J. Malloy and L. F. Lester：Electron. Lett. **35** (1999) 1163.

[11]　D. G. Deppe, K. Shavritranuruk, G. Ozgur, H. Chen and S. Freisem：Electron. Lett. **45** (2009) 54.

[12]　H. Saito, K. Nishi, I. Ogura, S. Sugou and Y. Sugimoto：Appl. Phys. Lett. **69** (1996) 3140.

[13] M. Eichfelder, W.-M. Schulz, M. Reischle, M. Wiesner, R. Roßbach, M. Jetter and P. Michler：Appl. Phys. Lett. **95** (2009) 131107.

[14] S. N. Elliott, P. M. Smowton, G. T. Edwards, G. Berry and A. B. Krysa：Proc. SPIE **7230** (2009) 72300X.

[15] S. Nakamura, M. Senoh and T. Mukai：Jpn. J. Appl. Phys. **32** (1993) L8.

[16] I. Akasaki, H. Amano, S. Sota, H. Sakai, T. Tanaka and M. Koike：Jpn. J. Appl. Phys. **34** (1995) L1517.

[17] S. Nakamura, M. Senoh, S. Nagahama, N. Iwasa, T. Yamada, T. Matsushita, H. Kiyoku and Y. Sugimoto：Jpn. J. Appl. Phys. **35** (1996) L74.

[18] Y. Narukawa, Y. Kawakami, M. Funato, Sz. Fujita, Sg. Fujita and S. Nakamura：Appl. Phys. Lett. **70** (1997) 981.

[19] S. Nakamura：Science **281** (1998) 956.

[20] S. Nakamura and M. R. Krames：Proc. IEEE **101** (2013) 2211.

[21] A. Satake, Y. Masumoto, T. Miyajima, T. Asatsuma, F. Nakamura and M. Ikeda：Phys. Rev. **B57** (1998) R2041.

[22] Y. Masumoto, T. Kawamura and K. Era：Appl. Phys. Lett. **62** (1993) 225.

[23] M. Ikezawa and Y. Masumoto：Phys. Rev. **B53** (1996) 13694.

[24] V.I. Klimov, A. A. Mikhailovsky, Su Xu, A. Malko, J.A. Hollingsworth, C.A. Leatherdale, H.-J. Eisler and M. G. Bawendi：Science **290** (2000) 314.

[25] V. I. Klimov：J. Phys. Chem. **B110** (2006) 16827.

[26] V. I. Klimov, S. A. Ivanov, J. Nanda, M. Achermann, I. Bezel, J. A. McGuire and A. Piryatinski：Nature **447** (2007) 441.

[27] D. Oron, M. Kazes and U. Banin：Phys. Rev. **B75** (2007) 035330.

[28] J. Nanda, S. A. Ivanov, H. Htoon, I. Bezel, A. Piryatinski, S. Tretiak and V.I. Klimov：J. Appl. Phys. **99** (2006) 034309.

[29] C. Dang, J. Lee, K. Roh, H. Kim, S. Ahn, H. Jeon, C. Breen, J. S. Steckel, S. Coe-Sullivan and A. Nurmikko：App. Phys. Lett. **103** (2013) 171104.

[30] J.-M. Lourtioz, H. Benisty, V. Berger, J.-M. Gérard, D. Maystre, A. Tchelnokov and D. Pagnoux 著，木村達也 訳：「フォトニック結晶 ― ナノ光デバイスを目指して ―」（オーム社，2012 年）（J.-M. Lourtioz, H. Benisty, V. Berger, J.-M. Gérard, D. Maystre, A. Tchelnokov and D. Pagnoux：“*Les Cristaux Photoniques ou la lumière en cage*”（Lavoisier SAS, 2003）（Original French language edition），“*Photonic Crystal - Toward Nanoscale Photonic Devices*” 2nd edition（Springer, 2008）（English language edition））

[31] J. M. Gérard：in “*Single Quantum Dots - Fundamentals, Applications and*

New Concepts" ed. by P. Michler (Springer - Verlag, 2003) p.268.
[32] J.M. Gérard, B. Sermage, B. Gayral, B. Legrand, E. Costard and V. Thierry - Mieg : Phys. Rev. Lett. **81** (1998) 1110.
[33] E. Peter, P. Senellart, D. Martrou, A. Lemaître, J. Hours, J. M. Gérard and J. Bloch : Phys. Rev. Lett. **95** (2005) 067401.
[34] Y. Akahane, T. Asano, B. - S. Song and S. Noda : Nature **425** (2003) 944.
[35] T. Yoshie, A. Scherer, J. Hendrickson, G. Khitrova, H. M. Gibbs, G. Rupper, C. Ell, O. B. Shchekin and D. G. Deppe : Nature **432** (2004) 200.
[36] H. Park, J. Hwang, J. Huh, H. Ryu, Y. Lee, and J. Kim : Appl. Phys. Lett. **79** (2001) 3032.
[37] U. Bockelmann and G. Bastard : Phys. Rev. **B42** (1990) 8947.
[38] H. Benisty, C.M. Sotomayor - Torrès and C. Weisbuch : Phys. Rev. **B44** (1991) 10945.
[39] I. V. Ignatiev, I. E. Kozin, S. V. Nair, H. - W. Ren, S. Sugou and Y. Masumoto : Phys. Rev. **B61** (2000) 15633.
[40] Y. Masumoto, I. V. Ignatiev, I. E. Kozin, V. G. Davydov, S. V. Nair, H. - W. Ren, J. - S. Lee and S. Sugou : Jpn. J. Appl. Phys. **40** (2001) 1947.
[41] I. V. Ignatiev, I. E. Kozin, V. G. Davydov, S.V. Nair, J. - S. Lee, H. - W. Ren, S. Sugou and Y. Masumoto : Phys. Rev. **B63** (2001) 075316.
[42] T. Inoshita and H. Sakaki : Phys. Rev. **B46** (1992) 7260.

第 5 章

表面を通じた化学結合
―蛍光イメージプローブへ―

安定によく光る量子ドットは，その表面を修飾することで生体分子に結合させることができ，蛍光イメージプローブとしての利用が期待されている．

5.1 蛍光イメージプローブとしての量子ドット

蛍光プローブという手法は，細胞生物学の分野で広く利用されている．有機蛍光体は蛍光プローブとして最も一般的に使われているが，光を当てると劣化が早く，蛍光スペクトルの幅が広くてかつ吸収スペクトルとの重なりが大きいため，長時間のイメージングや多色の検出を含む応用に限界がある．それに比べて半導体の量子ドットは，サイズに依存した強い蛍光波長をもつことに加え，有機蛍光体に比べて光劣化に対する耐性が高く，非常に長い時間使うことができるため，生きた細胞のイメージングに特に有用である[1],[2]．この理由のため，共焦点顕微鏡を用いて3次元の高分解能イメージングを行ったり，3次元イメージングの時間変化，すなわち時間－空間にわたる4次元のイメージングが可能となる．

化学的に作られたCdSe，CdS，CdTeのような半導体量子ドットは，2.2節で述べたように，単体では蛍光の量子効率がせいぜい10%程度だが，それをさらにZnSのような高いバンドギャップをもつ半導体材料で包むことによって，蛍光の量子効率を80%に上げることができる．量子ドットは直径が数 nm で，サイズに依存したエネルギーをもち，サイズが大きくなるとエネルギーギャップは小さくなる．紫外域から赤外域までの波長を蛍光する量子ドットはさまざまな組成，さまざまなサイズで作製することができ，有機蛍光体とは異なった性質をもっている．優秀な有機蛍光体である有機色素は一般的に吸収スペクトルが高エネルギー側に大きくは広がらず，その狭い吸収スペクトルの中でしか励起することはできない．それに比べて量子ドットは吸収スペクトルが高エネルギー側に大きく広がり，非常に広い波長領域で励起することができる．そのため，異なったサイズをもつため多色に光る量子ドットを，励起波長と蛍光波長との重なりを最小にして 1 つの波長で励起することができる．また，励起波長と蛍光波長が離れると励起波長による散乱を完全にカットできる．また，量子ドットは安定な蛍光体で，有機色素分子に比べて光劣化がずっと少ない．この特長は多くの生物学的標識の実験で実証された．光安定性があると長時間にわたって細胞や組織をイメージングできる．また，量子ドットは有機蛍光体に比べて 2 光子吸収の断面積が圧倒的に大きくて，厚い試料や生きたままの試料のイメージングに向いている．もう 1 つのおもしろい量子ドットの性質は，蛍光寿命が 17〜47 ns で，典型的な有機色素や蛍光を発するタンパク質の蛍光寿命の数 ns に比べてかなり長く，パルスレーザーを用いて量子ドットの標識を時間分解検出することで，タンパク質の蛍光がもたらすバックグラウンドノイズが極めて少ないイメージをとることができる[3]．

化学合成されたコア量子ドットやコアシェル量子ドットは，表面が疎水性のため無極性溶媒にしか溶けない．量子ドットを生体試料で有用なプローブにするためには，表面を親水性にしなくてはならない．水溶液中でコアシェル量子ドットを安定に保つ最も容易な手法は，CdSe/ZnS コアシェル量子ドット表面に結合した疎水性界面活性剤分子を，片方の端が ZnS シェルに結合する疎水性で，他方の端が親水性である分子に置換することである．このための最も使われている手法は，図 5.1 に示すように ZnS 表面に結合する

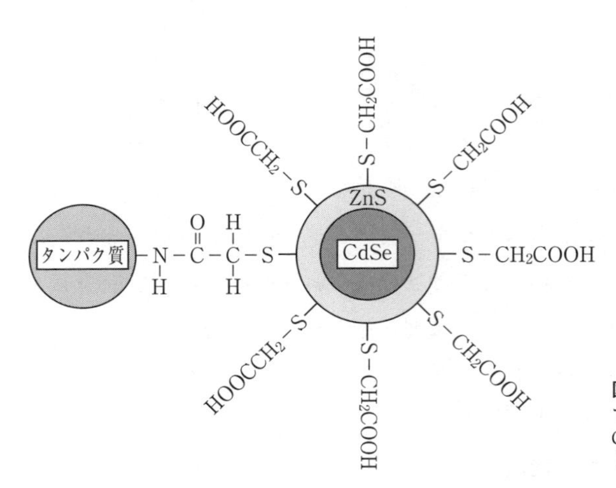

図5.1 メルカプト酢酸を通じてタンパク質に共有結合するCdSe/ZnSコアシェル量子ドット[4].

メルカプト基（mercapto group）ともよばれるチオール基（thiol group（－SH））を一端にもち，他端が親水性のカルボキシル基（carboxyl group（－COOH））をもつメルカプト酢酸（mercaptoacetic acid（SH－CH_2－COOH））などのメルカプトハイドロカルボン酸（mercaptohydrocarbonic acid（SH－…－COOH））で修飾させることで，量子ドットを水溶性にし，かつアミノ基（－NH_2）を通してタンパク質に結合させることである[4].

量子ドットを親水性にするもう1つの手法は，量子ドットの周りにシリカシェルを形成する表面シラン処理である[5],[6]. 最初に，量子ドット表面の配位子をメルカプトトリメトキシシラン（MPS：mercapto－trimethoxysilane）のようなチオール基のついたシランに交換し，次に，トリメトキシシラン（trimethoxysilane）基をシロキサン（siloxane）結合させる．さらに，シリカシェルが成長する間，他の形態のシランが加えられ，電荷を与え表面に官能基をつける．最もよく使われるのは，アミノプロピルシラン（APS：aminopropyl－silane），ホスホシラン（phospho－silane）とポリエチレングリコール（PEG：polyethylene glycol）－シラン（silane）である．シリカシェルは量子ドットに強く結合しているので，シラン処理された量子ドットは極めて安定である．この手法の欠点はシラン処理の過程が難しく，シリカシェルは時間が経つと加水分解されるということである．

生きた細胞のプローブや他の生体への量子ドットの応用には，量子ドットを水溶性にするだけでなく，生体分子の機能を損なうことなく量子ドットを生体分子に結合させる必要がある．図 5.2 に模式的に示すような，吸着，静電的引力，メルカプト（mercapto（－SH））交換，共有結合を含む手法が，生体分子を量子ドットに結合するのに用いられている[7]．

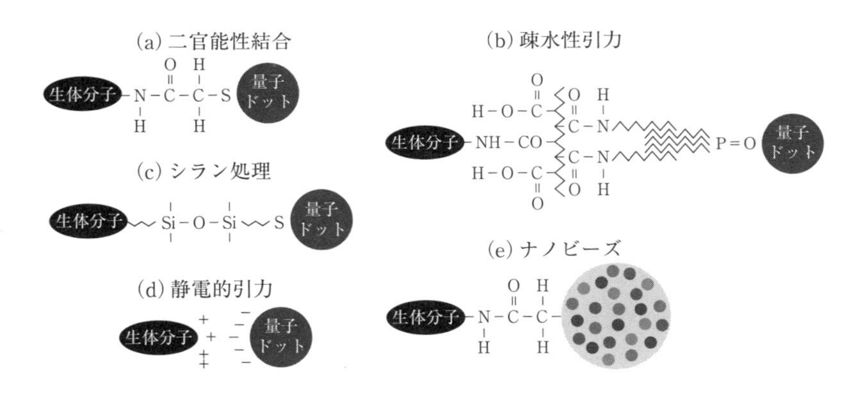

図 5.2 量子ドットを生体分子に結合させる手法[7]．(a) 二官能性結合，(b) 疎水性引力，(c) シラン処理，(d) 静電的引力，(e) ナノビーズ．複数の量子ドットをポリマーナノビーズに入れて，ナノビーズを生体分子に結合させると，量子ドットの発光の波長と強度の違いを生かした多重ラベリングが可能になる．

オリゴヌクレオチド（oligonucleotide）や血清アルブミン（serum albumin）のような小さな単純な生体分子は，容易に水溶性量子ドットの表面に吸着する．この吸着は特別なものではなく，イオン強度や pH，温度，生体分子の表面電荷に依存する．

タンパク質を，量子ドットの表面に静電的引力を使って結合するやり方もある．タンパク質がプラスに帯電した領域をもつようにして，それを量子ドットのマイナスに帯電した表面と静電的に引き合わせる方法である．静電的に結合したタンパク質と量子ドットは，極めて安定で蛍光効率も高い．

チオール基をもつ生体分子は，量子ドットの表面で，メルカプト（mercapto（－SH））交換過程により結合することができる．

もっと安定な結合が，生体分子と量子ドット表面の官能基との間でリンカー分子（間をつなぐために用いる分子）を使った共有結合によって得られる[4],[5]．もし量子ドットの表面がカルボキシル基，チオール基，あるいはアミノ基をもっているならば，生体分子をリンカー分子を用いて共有結合させることができる．例えば，リンカー分子として1－エチル－3（3－ジメチルアミノプロピル）カルボジイミド（EDC：1－ethyl－3－（3-dimethylaminopropyl）carbodiimide）を使うと，アミノ基やカルボキシル基と結合することができるし，4－（N－マレイミドメチル）－シクロヘキサンカルボン酸N－ヒドロキシスクシンイミドエステル（SMCC：4－（N－maleimidomethyl）－cyclohexanecarboxylic acid N－hydroxysuccinimide ester）は，チオール基やアミノ基と結合することができる．

このような方法を使って，量子ドットをさまざまな生体分子，例えばビオチン（biotin），オリゴヌクレオチド（oligonucleotide），ペプチド（peptide），アビジン（avidin）/ストレプトアビジン（streptavidin）やアルブミン（albumin）や抗体を含むタンパク質に結合することができる．たいていの場合，生体分子の生物学的な機能は量子ドットと結合することによって変化しない．

5.2　量子ドットの蛍光イメージプローブへの応用

5.2.1　試験管やシャーレ内での蛍光イメージプローブとしての量子ドット

蛍光免疫標識は，細胞生物学でよく利用されるが，量子ドットは高い蛍光の量子効率と安定性という強い光学的性質のため，特定の分子につけて理想的な蛍光免疫標識となる．量子ドットを細胞中や組織中の特定の分子につけ，特定の波長で励起し，量子ドットの蛍光の波長で観測することで，3次元イメージングを行うことができる．

細胞組織中の神経伝達経路の視覚化も，量子ドットを細胞の表面にある神経伝達物質の受容体に標識としてつけることで可能となっている．量子ドットを生きた細胞の目印として，細胞分裂や細胞分化を追跡するのにも用いられている．

癌細胞の動きは癌の転移と関係していることから，極めて重要である．このため，癌細胞の動きを分析する目的で，量子ドットを取り込ませた癌細胞の動きが調べられている．

生体組織においても，蛍光による共鳴エネルギー移動は，共鳴双極子－双極子相互作用を通じてドナーからアクセプターにエネルギー移動が起こる過程であり，ドナー分子あるいはアクセプター分子に量子ドットを結合させて，エネルギー移動を観測するのに用いられている．

5.2.2 生体内での蛍光イメージプローブとしての量子ドット

2光子吸収過程は1光子励起波長の2倍の波長を使うため，赤外領域の長波長の光が励起に使われる．1光子吸収帯からはるかに長波長の光を使うため吸収係数が小さく，2光子励起過程を主に用いる多光子顕微鏡は，集光されたレーザー光強度の2乗の強度分布で空間分解能が決まるので，高い空間分解能をもち，生物学的組織の中の深部まで光劣化や光損傷を最小に抑えて観察することができる．半導体量子ドットは，有機色素に比べて2光子吸収過程の断面積が2桁～3桁大きいため，厚い生体試料に対して有機色素に比べてより効率の高いプローブになり，多光子顕微鏡を用いて生きたままイメージングすることができる．

量子ドットは，マウスの腫瘍血管系を標的にするのにも使われている[8]．ペプチドが結合した量子ドットを用いると胚の血管を観察することができるようになり，腫瘍血管や腫瘍リンパ管を見ることができる．また，リン脂質で覆われた安定で強い蛍光プローブとして長時間はたらく量子ドットは，初期のアフリカツメガエルの胚に注入されて，発生の段階で細胞の分化を研究するのに使われる[9]．

生きた動物のイメージングも，量子ドットの蛍光を使った多光子顕微鏡を用いて実現することができる[10]．マウスの静脈中に注入された量子ドットにより，900 nm の励起波長で皮膚中 100 μm の深さまで観測することができる．また，量子ドットを異なったポリマーで包むことで組織を冒すことがなく，さまざまな生きた動物のイメージングに使われている．使われた量子ドットの蛍光は，動物が生きたまま 4ヶ月にわたって保たれていて，量子ドットは動物に対して有害な影響を示していない．しかし，より高等動物に長い間使うためには，量子ドットの毒性をより詳しく評価しなくてはならない．

さらに，生きた動物の体内にできた癌の標識とイメージングが，量子ドットによって行われている[11]．量子ドットは前立腺癌の癌細胞マーカー PSMA（prostate - specific membrane antigen）の抗体に結合されて，ヒトの前立腺癌細胞が移植されたマウスに注入されると，量子ドットの標識がついた PSMA 抗体は観察でき，癌の腫瘍に束縛されているのを，マウスが生きたまま明確にイメージできる．量子ドットの高い吸収係数と長い寿命により，イメージングは，緑の蛍光タンパク質を標識にする場合に比べてより明るく，より感度が高い．一方，緑の蛍光タンパク質では，組織からの蛍光やバックグラウンドに埋もれてしまう．

外科手術の間に量子ドットを使うことも可能で，マウスやブタのセンチネルリンパ節を近赤外に蛍光する量子ドットを使ってマッピングできる[12]．量子ドットは動物の皮膚内に注入されるとリンパ腺の中に入り，手術中にイメージングシステムを使って追跡され，外科医は量子ドットの流れをリアルタイムに追跡して，外科的手法によって正確に素早くセンチネルリンパ節の場所を決めることができる．このように量子ドットは，生体内における癌の研究や，ドラッグデリバリー（drug delivery），非侵入のホールボディイメージング（whole body imaging）にも大きな可能性をもっている．

参 考 文 献

[1] A. P. Alivisatos, W. Gu and C. Larabell：Annu. Rev. Biomed. Eng. **7**（2005）55.

[2] A. O. Choi and D. Maysinger：in "*Semiconductor Nanocrystal Quantum Dots - Synthesis, Assembly, Spectroscopy and Applications*" ed. by A.L. Rogach (Springer - Verlag, 2008), pp.349 - 365.

[3] X. Michalet, F. Pinaud, T. D. Lacoste, M. Dahan, M. P. Bruchez, A. P. Alivisatos and S. Weiss：Single Mol. **2**（2001）261.

[4] W. C. W. Chan and S. Nie：Science **281**（1998）2016.

[5] M. Bruchez Jr., M. Moronne, P. Gin, S. Weiss and A. P. Alivisatos：Science **281**（1998）2013.

[6] D. Gerion, F. Pinaud, S. C. Williams, W.J. Parak, D. Zanchet, S. Weiss and A. P. Alivisatos：J. Phys. Chem. **B105**（2001）8861.

[7] W. C. W. Chan, D.J. Maxwell, X. Gao, R. E. Bailey, M. Han and S. Nie：Current Opinion in Biotechnology **13**（2002）40.

[8] M. E. Åkerman, W. C. W. Chan, P. Laakkonen, S. N. Bhatia and E. Ruoslahti：Proc. Natl. Acad. Sci. USA **99**（2002）12617.

[9] B. Dubertret, P. Skourides, D. J. Norris, V. Noireaux, A. H. Brivanlou and A. Libchaber：Science **298**（2002）1759.

[10] D. R. Larson, W. R. Zipfel, R. M. Williams, S. W. Clark, M. P. Bruchez, F. W. Wise and W. W. Webb：Science **300**（2003）1434.

[11] X. Gao, Y. Cui, R.M. Levenson, L.W. K. Chung and S. Nie：Nat. Biotechnol. **22**（2004）969.

[12] S. Kim, Y. T. Lim, E. G. Soltesz, A. M. D. Grand, J. Lee, A. Nakayama, J. A. Parker, T. Mihaljevic, R. G. Laurence, D. M. Dor, L. H. Cohn, M. G. Bawendi and J. V. Frangioni：Nat. Biotechnol. **22**（2004）93.

第 6 章

外界との相互作用
―光多重メモリーへ―

量子ドットは，サイズが数 nm から数十 nm と小さいので外界との相互作用が大きい．このため，永続的ホールバーニング，間欠的発光現象やスペクトル拡散といった，分子やイオンにしか見られなかった現象が観測される．これらの現象が出現する機構だけでなく，永続的ホールバーニング現象の応用についても述べる．また，単一の量子ドットを観測する単一量子ドット分光法や，単一量子ドット分光でしか得られない情報についても紹介する．

6.1 永続的ホールバーニング

量子ドットよりもずっと小さなイオンや，分子を含むガラスや結晶中の吸収スペクトルは，イオンや分子を取り巻く周囲の環境の違いに影響されて不均一広がりを示す．したがって，周囲の環境のわずかな変化により，イオンや分子の光遷移エネルギーが変化する．これは，イオンや分子の光遷移エネルギーが周囲の環境に非常に敏感であることを示している．このように，不均一に広がった吸収スペクトル帯の中を，狭い線幅のレーザーで励起すると吸収スペクトル中に穴（スペクトルホール）が開いて，永続的に（励起状態の寿命よりも長時間）この状態が続くことがある．この現象を永続的ホールバーニングとよぶ[1]．

永続的ホールバーニングがなぜ起こるのかというと，不均一広がりを示す，吸収スペクトル帯の中の１つの光遷移エネルギーをもつイオンや分子の集合を光により共鳴的に励起する（これをサイト選択励起という）と，励起されたイオンの価数や分子の構造がわずかに変化したり，これらのサイトの近くの母体や界面の構造や電荷分布が変わることで光遷移エネルギーが変化するためである．一方，イオンや分子と比較して，はるかに大きな系である量子ドットにおいても永続的ホールバーニング現象が認められた[2]-[4]．

量子ドットの周囲に電子や正孔のトラップ（捕獲中心）があると，サイト選択励起された量子ドット中の電子または正孔が有限の確率で捕獲される．そして，量子ドットの界面や周辺に局在した電子や正孔と，量子ドット中に作られる電子・正孔対や励起子とが互いにクーロン相互作用を及ぼし合い，何も捕獲されていない状態に比べてエネルギーが変化してしまう．こうした

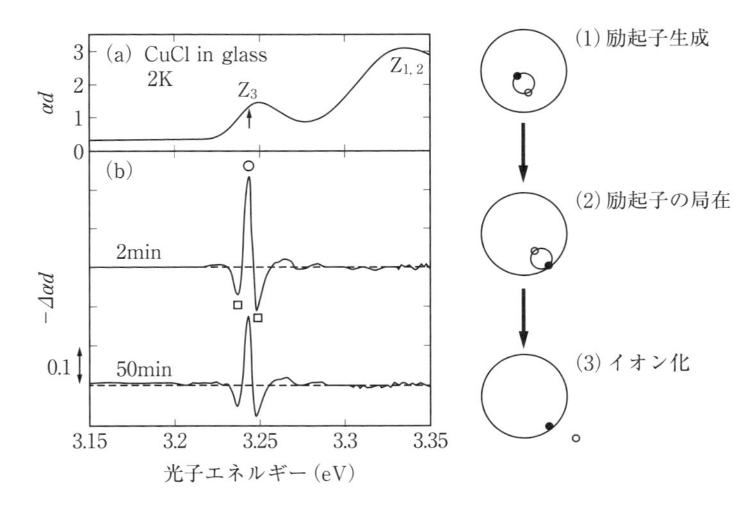

図 6.1　左図は，ガラス中の CuCl 量子ドット（平均半径＝2.5 nm）の永続的ホールバーニングスペクトル（2 K）．(a) は吸収スペクトルで，矢印の位置を励起後，2 分経過後と 50 分経過後の吸収スペクトルの変化を (b) に示す．共鳴ホール（○）の両脇にアンチホールとよばれる吸収の増加（□）が観測される．右図は量子ドットが光励起され，イオン化されて永続的ホールバーニングに至る過程を示す．（Y. Masumoto, S. Okamoto, T. Yamamoto and T. Kawazoe：phys. stat. solidi（b）**188**（1995）209，Y. Masumoto：J. Lumin.**70**（1996）386，および舛本泰章：日本物理学会誌 **54**（1999）431 より許可を得て転載）

状況が低温で保たれると，吸収スペクトル中に永続的なホールが開くことになる．この光イオン化機構の概念図と実験で観測された永続的ホールバーニングスペクトルの例を，図 6.1 に示す[5].

この例は，スペクトルが最も単純に見えるシリケイトガラス中の CuCl 量子ドットの場合であるが，CuCl 量子ドットのような弱い閉じ込め系だけでなく，CdTe[6]，CdSe[5]，CdS[7]-[9] や CuI[10] の量子ドットのような強い閉じ込め系や，CuBr 量子ドット[11],[12] のような強い閉じ込めと弱い閉じ込めの中間に位置する系においても，永続的ホールバーニングは観測できる[13]．したがって，周囲にトラップがあるような量子ドットでは普遍的に観測できる現象だといえる．

不均一広がりを示す吸収スペクトル帯の中の一部を励起したとき，一般的に観測される過渡的ホールバーニングでは，その大きさが励起状態の占有確率に比例しているため，その寿命は光励起状態の寿命により決定される．したがって，直接許容遷移型の半導体結晶において，寿命は ns 程度である．“永続的”ホールバーニングとは，励起状態の寿命よりも寿命が長いという意味であり，CuCl 量子ドットの発光の寿命を測ると数百 ps であるため，液体ヘリウム温度で数時間以上持続するホールは，確かに“永続的”なのである．これは，励起状態からの緩和が始状態とは別の準安定な基底状態へと起こり，この基底状態が低温において永続的に保たれることにより一般的に説明される．もし，サイズ以外の不均一広がりの原因がなければ，量子ドットで過渡的ホールバーニングが起こったとしても，“永続的”ホールバーニングが起きることはない．

量子ドットの“永続的”ホールバーニングは，サイズ以外の不均一広がりの原因が確実に存在していることを示している．これは具体的にいうと，量子ドットの界面や周辺に局在した電子や正孔の空間分布の自由度である．低温での永続的ホールの大きさは，時間の対数に比例した減衰を示す．このことは，減衰定数が何桁にもわたって連続的に広く分布することを意味し，高さと厚みが分布する障壁のトンネル効果によって説明できる．具体的に起こっている現象としては，量子ドット中の電子や正孔がトンネル効果によって周囲の母体のポテンシャル障壁を通り抜け，母体のトラップに捕獲されることが考えられる．このとき，量子ドットはイオン化することになる[14]．

光イオン化した量子ドット中には，電子または正孔が1個残り，次の光励起によって作られる1対の電子・正孔と合わせて3体の励起が生成される．この3体の励起は，ルミネッセンスホールバーニングによって，量子サイズ効果を受けた負に帯電した励起子（荷電励起子：2個の電子と1個の正孔が束縛した負のトリオン）や，正に帯電した励起子（荷電励起子：1個の電子と2個の正孔が束縛した正のトリオン）として確認された[15],[16]．ルミネッセンスホールバーニングとは，狭い線幅のレーザーで励起した後に，別の光の励起で発生した発光スペクトルの一部が減少し，ホールが形成される現象のことをいう．

図6.2に示すように，NaCl結晶中に成長させたCuCl量子ドットにおいて，レーザーの励起エネルギー位置に発光スペクトルの鋭いホールと低エネルギー側にいくつかの構造が確認された．励起波長依存性により，これらの構造の中に並進運動エネルギーが量子化された束縛励起子（A^0X），負に帯電した励起子（負のトリオン，X^-），および正に帯電した励起子（正のトリオン，X^+）の構造があると同定された．

あらかじめ紫外光で励起されて光イオン化した量子ドットは，次の光励起によって負に帯電した励起子（負のトリオン）や正に帯電した励起子（正のトリオン）を形成し発光するが，共鳴的に量子ドットに永続的ホールバーニングを起こして，エネルギーが変わるとルミネッセンススペクトルに共鳴ホールができる他，この量子ドットが示す負に帯電した励起子（負のトリオン）や正に帯電した励起子（正のトリオン）の発光が減少すると考えられる．

紫外光の積算励起強度が増加するにつれて，負に帯電した励起子（負のト

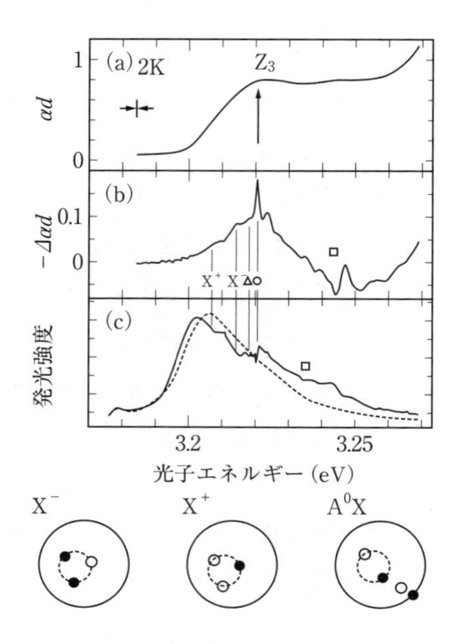

図 6.2　上図（a）NaCl 結晶中の CuCl 量子ドットの吸収スペクトル．（b）矢印の位置を色素レーザーで照射後の吸収スペクトルの変化と，（c）ルミネッセンスの変化．図中の記号はそれぞれ，共鳴ホール（○），閉じ込められた音響フォノンのサイドバンド（△），吸収の増大（□），負に帯電した励起子（負のトリオン，X^-），正に帯電した励起子（正のトリオン，X^+）を表す．下図は負に帯電した励起子（負のトリオン，X^-），正に帯電した励起子（正のトリオン，X^+），中性アクセプターに束縛された励起子（A^0X）の模式図．●は電子，○は正孔を示す．中性アクセプターに束縛された励起子のルミネッセンス構造は，色素レーザーの光子エネルギーが 3.23 eV より高エネルギー側にあるとき見えてくる[13]．（T.Kawazoe and Y.Masumoto：Phys. Rev. Lett. **77**（1996）4942 より許可を得て転載）

リオン）や正に帯電した励起子（正のトリオン）の発光強度が増加することや，負に帯電した励起子（負のトリオン）や正に帯電した励起子（正のトリオン）の発光強度の温度依存性が，永続的ホールバーニングの温度依存性と類似していることから，永続的ホールバーニング現象において量子ドットのイオン化が重要な役割を担っていることを証明している．また，量子ドット中の負に帯電した励起子（負のトリオン）や正に帯電した励起子（正のトリオン）の存在は，1 個の量子ドットに 1 個の電子または正孔を注入したとき，励起子のエネルギーを変えうること，すなわち，量子ドットの光学遷移エネルギーを変えうることを意味し，1つの光子による量子ドットのエネルギー制御の可能性を示している．

同じようなルミネッセンススペクトルの永続的ホールバーニング現象が，ポーラスSi[17]，アルミナ細孔中に成長されたInP量子細線[18]，SiO_2ガラス中にイオン打ち込みで形成されたGaAs量子ドット[19]でも観測されている．

量子ドットの永続的ホールバーニング現象は，量子ドットというゲストと量子ドットを含む母体というホスト両者に依存しており，多様で，ホールバーニングの機構も光イオン化機構が唯一のものではない可能性がある．しかし，光イオン化機構では，図6.1の右側に示すような過程で永続的ホールバーニングが出現すると考えられる．すなわち，吸収スペクトルと比較して発光スペクトルはストークスシフト（吸収スペクトルと発光スペクトルのピークエネルギーの差）を示すため，光励起された量子ドット中に生成された励起子は量子ドット表面に局在化すると考えられ，さらに電子（正孔）が表面にトラップされる．

正孔（電子）は，量子ドットと母体が構成するポテンシャル障壁をトンネル過程によって透過し，結晶やガラスの母体中のトラップ準位へ捕獲される．この量子ドットの光イオン化過程によって，量子ドット中に残った電子（正孔）と近い距離に新たに作られる電子・正孔対は相互作用し，量子ドットのエネルギーは光イオン化前のエネルギーと異なり，スペクトル中にホールが開くことになる．時間分解分光によっても，光生成された励起子が局在し，また，電子・正孔へ分解して量子ドットがイオン化する振舞が明らかにされた[20]．

このように，量子ドットの永続的ホールバーニング現象とは，量子ドットの界面に1電子（正孔）がトラップするだけで1電子励起のエネルギーが大きく変化する現象であり，量子ドットでこの現象が起こるためには，量子ドット周辺と量子ドットという狭い空間に閉じ込められた少数電子・正孔間の大きな相互作用が重要になってくる．

6.2　光多重メモリー

それでは，量子ドットの永続的ホールバーニングの形成効率はどの程度であろうか？　永続的ホールバーニングは空間の１点のエネルギー軸上に何箇所も穴を開けられるために，光多重メモリーに応用が期待されている．光多重メモリーに応用するとき，高いスペクトルホールの形成効率をもつ材料が求められる．ガラスや結晶中に分子やイオンを分散させた材料のスペクトルホールの形成効率は，１つの光子を吸収することにより生じるホールの面積を１つの分子，もしくはイオンの吸収面積で規格化した値を量子効率として定義できる．

同じように，量子ドットのスペクトルホールの形成の量子効率としては，１つの光子の吸収により，生じるスペクトルホールの大きさを１つの量子ドットの吸収で規格化した値を用いると，CuCl 量子ドットのスペクトルホールの形成効率について，低温でガラス中の CuCl 量子ドットにおいて最大 0.097 という大きな値が得られた．この結果は，これまでに報告された永続的ホールバーニングの量子効率の中で最大である[21]．

光メモリーへの応用では，情報はスペクトルホールとして記録される．読み出される信号の大きさは，記録されたスペクトルホールの大きさに比例する．すなわち，記録に用いる光の強さが同じならば，読み出される信号の大きさは，スペクトルホールの形成効率と１個当りの分子，イオンあるいは，量子ドットの光吸収スペクトル中の面積に比例する．10^3～10^6 個の原子で構成される１個の量子ドットの吸収面積は，１個の分子やイオンの吸収面積よりも桁違いに大きい．この事実は，量子ドットが有望な光多重メモリー材料であることを示している．光多重メモリーへの応用の可能性を示す一例として，CuCl 量子ドットを用いて 29 個のスペクトルホールが記録された例を図

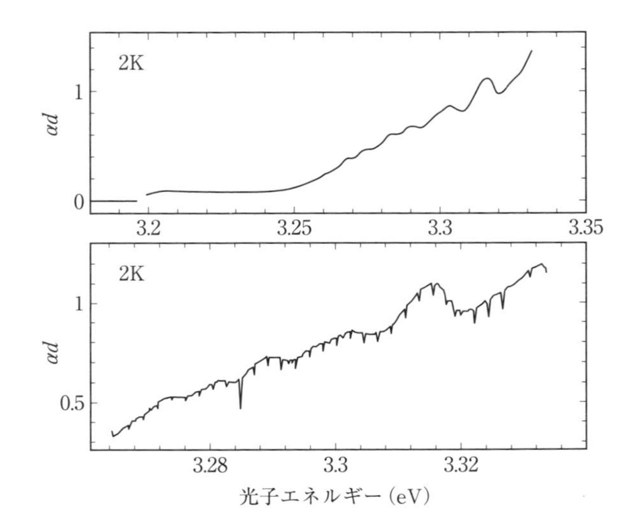

図 6.3　光多重永続的ホールバーニングの実例．NaCl 結晶中の立方体形状の CuCl 量子ドットの吸収スペクトルと，3.268 eV から 3.33 eV までのエネルギー範囲を 29 箇所，等間隔に色素レーザーを照射後に測定した吸収スペクトル．3.283 eV の位置は 3 倍の積算励起強度で照射し，3.328 eV の位置は撃ちもらしている．こうしたホールバーニングの痕跡は低温で数時間以上保たれる．(舛本泰章：日本物理学会誌 **54** (1999) 431 より許可を得て転載)

6.3 に示す．

量子ドットの光イオン化と界面や周囲へのキャリヤの捕獲が起きた後，図 6.4 に示すように，捕獲されたキャリヤを光励起によって母体の伝導帯に上げると，キャリヤは再び量子ドットに帰って，量子ドットに残されていたキャリヤと再結合して発光するというシナリオが描ける．この過程が起こると，トラップされたキャリヤを光励起によって母体の伝導帯に上げるときの光よりも，エネルギーの高い発光が起こることになる．

長波長の光励起によって短波長の光を発する現象を，輝尽発光とよぶ[22]．実際に，NaCl 結晶中に成長した CuCl 量子ドットにおいて，輝尽発光現象が初めて観測された[23]．輝尽発光は，低温で CuCl 量子ドットを HeCd レーザー (325 nm) で励起し，量子ドットの界面や周囲にキャリヤを捕獲さ

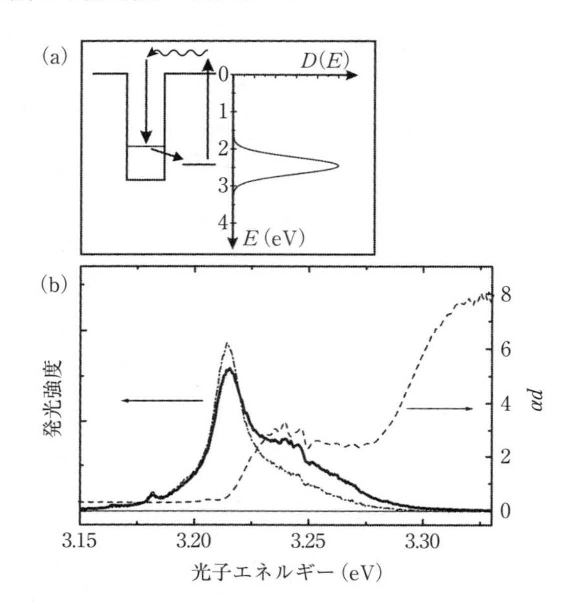

図 6.4　(a) 量子ドットにおける輝尽発光の機構．量子ドットの光イオン化で界面や周囲へのキャリヤのトラップが起き，トラップされたキャリヤを光励起により母体の伝導帯に上げると，再び量子ドットに帰って，量子ドットに残されていたキャリヤと再結合して発光する．実験的に求められたトラップの状態密度分布を右側に示す．(b) 2 K における NaCl 結晶中の CuCl 量子ドットの吸収スペクトル（破線），発光スペクトル（一点鎖線）と輝尽発光スペクトル（実線）．(Y. Masumoto and S. Ogasawara：Jpn. J. Appl. Phys. **38** (1999) L623 より許可を得て転載)

せた後，半導体レーザー（670 nm）などで励起することで観測された．次に輝尽発光強度の励起光強度依存性，時間発展，温度依存性，波長依存性に，量子ドットにおける輝尽性発光特性と永続的ホールバーニング特性との類似性が見られ，同じ機構がはたらいていると結論づけられた．輝尽発光の効率と Cu^+ ダイマー（2 量体）の濃度が強い正の相関を表すことが示され，また，NaCl 結晶中に含まれる 1 価の Cu イオン（Cu^+）のモノマーが正孔（または電子）のトラップとしてはたらいて，短波長励起された量子ドットから放出された正孔（または電子）が捉えられ，Cu^{2+}（または Cu^0）を経由して，長波長光の照射によって量子ドットに残された電子（または正孔）

と再結合発光するという機構が解明されている.

量子ドットを用いた輝尽発光素子の応用として，赤外から可視，紫外の広い領域にわたった特定の波長の励起光に対し応答する，低雑音高感度イメージングプレートが作製できる可能性がある.

6.3 永続的ホールバーニングのサイト選択分光としての応用

量子ドットの永続的ホールバーニング現象には，サイト（サイズ）選択分光という精密分光への応用もある．粒径分布のために，不均一に広がった量子ドットの吸収スペクトルの一部を選択的（波長選択 = 粒径選択）に励起することにより，スペクトルホールを作り，量子ドット中の電子・正孔，励起子の量子状態やフォノンのエネルギーのサイズ依存性を詳細に調べることが可能である．いくつか例を挙げると，量子ドット中に閉じ込められた音響型フォノンのサイズ効果の観測[24],[25]，量子化された励起状態の観測，特に，立方体形状の CuCl 量子ドットに閉じ込められた励起子高次量子数状態の観測[26],[27]，および励起子存在下での量子ドット中の縦波光学フォノンのソフト化（エネルギーが小さくなること）の観測などがある[28],[29].

NaCl 結晶中の CuCl 量子ドットは励起子吸収スペクトル中に振動構造を示すことがあり，この振動構造は立方体形状の量子ドット（量子箱）中に励起子が閉じ込められるとして説明できる[30]．低温で，スペクトル幅の狭いレーザー光で励起子吸収帯内を励起すると，共鳴エネルギー位置にシャープな永続的ホールバーニングが観測される他，量子箱に閉じ込められた量子数 n_x, n_y, n_z の励起子準位 $(n_x, n_y, n_z) = (2,1,1), (2,2,1), (3,1,1)$，または $(2,2,2)$ で光吸収を起こし，$(1,1,1)$ の状態に緩和した励起子が永続的ホールバーニングになる様子が図 3.9 のように観測されている[26],[27]．これは，量子箱に閉じ込められた高次量子数の状態が観測された例である.

分子，イオンや固体中の不純物中心の電子励起状態の振動エネルギーが電子基底状態の振動エネルギーと異なることは，ボルン‐オッペンハイマー近似（Born‐Oppenheimer approximation）の結果として広く知られている．吸収と発光スペクトルに観測されるフォノン構造のエネルギーは，断熱ポテンシャルの曲率の違いを反映して鏡像対称とはならない．これは，電子状態の違いにより格子振動が変調を受けることを意味しているため，分子，イオンや固体中の不純物中心のような非常に小さな系で初めて観測された現象といえる．量子ドットが電子励起状態にあるときを，基底状態にあるときと比較すると，図6.5に見られるように縦波光学フォノンのエネルギー $\hbar\omega_{\mathrm{LO}}$ が10%ほど小さくなる（ソフトニング）．これは，小さな量子ドット中の1励起子の存在ですら，フレーリッヒ型の電子‐格子相互作用（Fröhlich elec-

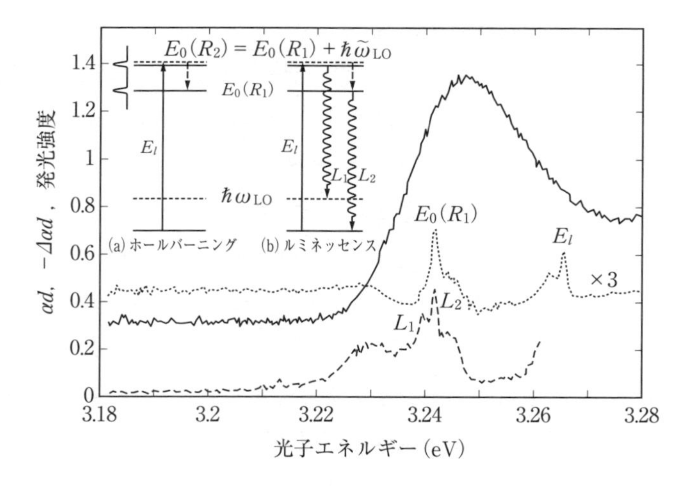

図6.5　CuCl量子ドットの吸収スペクトル（実線），共鳴発光スペクトル（破線）および永続的ホールバーニングスペクトル（点線）．縦波光学フォノンのフォノンサイドバンドは，E_l の同じエネルギーを励起して，共鳴発光のフォノンサイドバンドを観測した場合と，永続的ホールバーニングの擬フォノンサイドバンドを観測した場合で異なる．これは，電子基底状態にある場合と励起状態にある場合で縦波光学フォノンのエネルギーが異なり，永続的ホールバーニングが後者を観測するのに対して，共鳴発光が前者，後者両方を観測しているとして理解できる．（舛本泰章：日本物理学会誌 **54**（1999）431より許可を得て転載）

tron - phonon interaction）を通じて縦波光学フォノンのエネルギーを変えてしまうという分子的振舞を意味する[28],[29].

永続的ホールバーニングは，量子ドットのスペクトル均一幅を求める際にも利用できる．永続的ホールバーニングによって，CuCl 量子ドット中の量子化された励起子準位の均一幅を温度の関数として求めることができ，量子化された励起子と量子化された音響型フォノンとの相互作用を調べることができる[31]．低温で，CuCl 量子ドットの励起子吸収帯中に微弱光で共鳴ホールを注意深く掘ると，その半値幅は非常に狭く 0.14 meV であり，量子ドット中に閉じ込めれられた音響型フォノンがサイドバンドホールとして十分に分離して観測される．温度を上げて測ると，共鳴ホールに比べてその閉じ込めれられた音響型フォノンによるサイドバンドホールは大きくなり，最終的にはお互いに融合し，分離不能なバンドとなり，さらに幅が広がっていく．共鳴ホールの半値幅の温度依存性は，励起子の線幅の温度依存性がバルク半導体で観測される温度に比例する依存性 ($\Gamma = \Gamma(0\,\mathrm{K}) + AT$) ではなく，量子化されたフォノンがボース分布を反映し活性化されて，励起子の均一幅に寄与できるようになり，均一幅が広がり始める．

ホールバーニングのようなスペクトル領域からの研究は，ゼロフォノン線やフォノンサイドバンドの形状を見るのに適している．しかし，0.1 meV 以下の非常に狭いゼロフォノン線の線幅は通常の回折格子分光器がもつスペクトル分解能の限界に近い．分光器による，スペクトル分解能に制限されない時間領域からの均一幅を測定する方法としてフォトンエコーがあり，励起子の位相緩和時間を求め，その逆数から均一幅を得ることができる．特に，低温で永続的ホールバーニングを示す量子ドットでは，第 8 章で述べるように，その寿命の長い準位を用いて信号を蓄積する“蓄積フォトンエコー法”を使って，微弱光によって位相緩和時間を測定することが可能である[32]．蓄積フォトンエコーの時間波形は，永続的ホールバーニングのスペクトルと互いにフーリエコサイン変換の関係にあり，微弱光を用いることにより励起キャリヤ間の散乱による均一幅の広がりを避けることができるようになる.

6.4 単一量子ドット分光

単一分子分光では，単一分子で観測されるホールバーニングが観測されている[33]. ホールバーニングとはいっても吸収帯の中に穴が開くのではなく，発光の励起スペクトルを測定したとき，単一分子の吸収線が観測しているエネルギー領域から消える現象が観測される. 時間が経つと，また吸収線が前と同じエネルギーに現れるため，この位置の吸収を観測していると，吸収が間欠的に起こっているように見える.

量子ドットは分子に比べてはるかに多数の原子から構成され大きいため，光遷移の強度を決める遷移双極子も大きい. そのため，単一量子ドットの発光や吸収は単一分子の発光や吸収に比べて大きく，単一量子ドットの発光や吸収を捉えることは単一分子の発光や吸収を捉えることに比べて容易である. 量子ドットの光スペクトルの均一幅 Γ と，量子ドットの集合の光スペクトルの幅である不均一幅 Γ_{i} の比 $\Gamma_{\mathrm{i}}/\Gamma$ を仮に 1000 とすると，単一量子ドットの発光や吸収が互いに重なり合わないで分離して観察されるためには，光励起される体積中の量子ドット数を数十個程度にする必要がある. 単一量子ドットを光学的に観測するため，すなわち，単一量子ドットの発光や吸収を計測するために重要なのは，量子ドットを含む試料中で光照射される体積，または受光する体積を小さくし，かつ量子ドットの密度を低減することで，この体積中の量子ドットの数を 1 個，あるいは数個～数十個程度に減らすことである. 観測される体積中にある量子ドットを必ずしも 1 個にしなくてもよいのは，複数の量子ドットのスペクトルを干渉フィルターや分光器でスペクトル分解することで分離することが可能だからである.

光励起される体積を小さくするために，周縁光線が光軸となす角度の正弦で定義される開口数（NA：numerical aperture）のレンズを用いて，波長 λ

の単色光を集光する際のスポットの直径はおよそ λ/NA で与えられるので，光学顕微鏡の対物レンズを用いて可視光を集光できるスポットの直径はおよそ 1 μm に限界がある．単層の量子ドットの試料を想定すると，単一量子ドットの発光や吸収が互いに重なり合わないで分離して観察されるためには，量子ドットの密度を 1μm×1μm の面積の面内に 10 個程度，すなわち $10/(1\ \mu\mathrm{m})^2 = 10^9\ \mathrm{cm}^{-2}$ の面密度にする必要がある．このような低密度の量子ドット試料では，図 6.6（a）に示すような通常の光学顕微分光システム，共焦点光学顕微分光システムによって単一量子ドットの発光を捉えることが可能である[34]．量子ドットの密度を小さくさせることが容易な半導体結晶基板上に 1 層だけ形成された量子ドットと，化学的にコロイドとして形成された後に希釈された量子ドットが，単一量子ドット分光の格好の対象とな

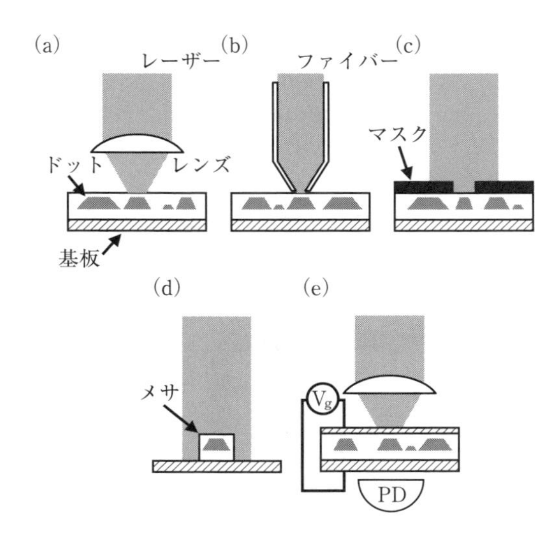

図 6.6　単一量子ドットを光学的に観測する手法の例．（a）希薄な量子ドットを対象としたミクロンサイズの分解能をもつ光学顕微鏡．（b）サブミクロンサイズ以下の分解能をもつ近接場光学顕微鏡．（c）サブミクロンサイズの光学窓が開いた金属マスクの利用．（d）光学的に観測する領域内の量子ドットの数を低減するための試料のメサ加工．（e）単一量子ドットの吸収線幅より狭い線幅の波長可変レーザーを用い，電場変調を用いた吸収測定．PD はフォトダイオード．

る．図 6.6（b）に示す近接場光学顕微分光システムを使うと，励起スポットと検出スポットの直径をもう 1 桁半小さくすることができるが，空間分解能を上げるほど，近接場光学顕微鏡に用いる光ファイバー内の光と光ファイバー外の光との結合効率は減少する[35]．有効的に量子ドットの密度を低減するため，図 6.6（c）に示すようなサブミクロンサイズの窓が開いた金属マスクの使用[36]や，図 6.6（d）に示すような量子ドットを含む小さな領域をリソグラフィーにより微細加工してメサ（台地）として残す手法[37]もある．

単一量子ドットの分光に用いられた顕微分光計測システムの一例を，図 6.7 に示す[38]．試料は自己形成 InP 量子ドットであり，ヘリウム温度まで冷却可能なクライオスタット中に保持され，アルゴンレーザーで励起された量子ドットが示す発光を，長作動距離型の顕微鏡対物レンズで集光する．顕微発光イメージは，干渉フィルターや色ガラスフィルターを通じて電子冷却型電荷結合素子（CCD：charge coupled device）カメラで観測される．顕微鏡は共焦点型になっており，顕微鏡内に結像面（イメージ面）が存在し，こ

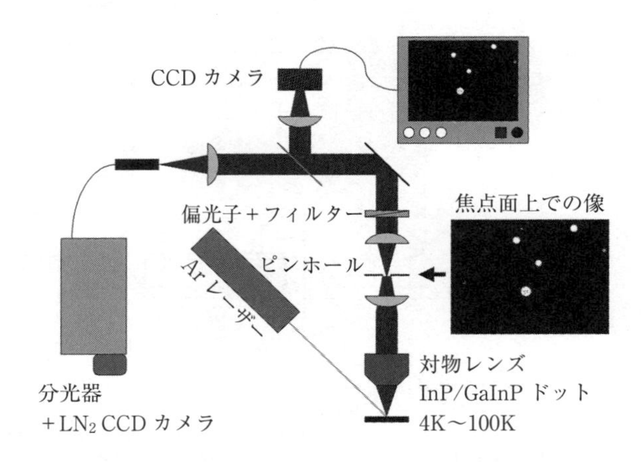

図 6.7　共焦点顕微鏡を用いた量子ドットの顕微分光の模式図．（杉﨑満，任紅文，舛本泰章：固体物理 **35**（2000）335 より許可を得て転載）

の面上にピンホールを置くと，顕微発光イメージのうちピンホールで切り取られた部分の発光を取り出して分光することが可能になる．すなわち，ピンホールを外せば顕微発光イメージを観測することができ，量子ドットの濃度が十分低いとき，単一量子ドットをピンホールで取り出して，分光器と液体窒素冷却型電荷結合素子（CCD）や電子冷却型電荷結合素子（CCD）を用いて発光スペクトルを観測することができる．

単一量子ドットの光スペクトルを観測するためには，次に述べるように発光は零位法として大変優れている．励起スポットの中に量子ドットがなければ，極めて弱い信号となる単一量子ドットの発光は現れず，背景となる母体からの発光はエネルギーが異なり，観測するエネルギー領域に現れないので信号としてゼロとなる．励起スポットの中に量子ドットがあれば，弱いけれども単一量子ドットの発光だけが信号として現れる．一方，単一量子ドットの吸収スペクトルを観測することは，励起光のゆらぎと大差ない単一量子ドットの吸収による励起光強度の減少分を検出することであり，大変に難しい．

単一量子ドットの吸収スペクトルを得ることが，発振波長を変化できる極めて線幅の細い安定した半導体レーザー光を，非球面レンズや金属マスクを用いてミクロンからサブミクロンのスポットに集光させ，試料を透過したすべてのレーザー光をフォトダイオードにより検出しながら，半導体レーザーの波長を変調させるか[39],[40]，あるいは図6.6（e）に示すように，試料に加えた交流電場により量子ドットの共鳴エネルギーを変調させる[41],[42]，という変調分光の手法をとることで実現されている．すなわち，単一量子ドットの吸収スペクトルを求めるには，単一量子ドットの細い吸収線幅よりも十分細い線幅の，安定な波長可変レーザーを用いてミクロンからサブミクロンのスポットに集光させ，レーザーか量子ドットの共鳴エネルギーを変調し，この変調周波数でロックイン検出することで零位法を実現させることが必要である．単一量子ドットの吸収スペクトル中の光吸収量は，発光スペクトル中の発光強度が任意単位であるのと違って，光吸収の絶対量を意味するため，単一量子ドットの吸収スペクトルから単一量子ドットの光学遷移の遷移双極子が直接に求められる．6.2 nm 厚の GaAs 量子井戸中に形成された，1 原子層だけ厚い島状の単一擬似量子ドットに捕えられた励起子の場合は 50 ～ 100 Debye[39],[40]，20 nm の直径と 7 nm の高さをもつ自己形成 InAs 量子ドットの場合は 26 Debye[41]の遷移双極子の大きさが得られている．

単一量子ドットの発光分光により，量子ドットの形状の異方性や周囲の母体結晶の異方性が，量子ドット中の励起子発光の偏光特性を支配する様子が観測できる[42]-[44]．結晶軸[001] 方向に 2.8 nm 厚の GaAs 量子井戸は，ヘテロ接合界面の形成時に 2 min の間成長中断をして，ヘテロ接合界面の安定化を待って成長させると，10 原子層の領域と 11 原子層の領域が量子井戸面内で大きく成長する．このとき，成長した 11 原子層の領域には量子閉じ込め効果の結果，11 meV だけ低いエネルギーの励起子が面内にも閉じ込められ，擬似量子ドットとして機能することとなる．11 原子層の領域は [001] 軸に垂直な [110] と $[\bar{1}10]$ の方向とで広がりが大きく異なり，片方に長く伸びる．こうした成 長中断を施した量子井戸試料の表面に厚さ 100 nm の Al 膜をつけ，最小 0.2 μm の穴を電子ビームリソグラフィーで形成すると小孔をもつ金属マスクとして機能し，数個の量子ドットの細い発光線を観測することができる[42]．

こうして得られた単一 GaAs 擬似量子ドットの励起子の発光スペクトルと，励起子発光の励起スペクトルを図 6.8 に示す．励起子の発光スペクトル E_0 は [110] 方向および $[\bar{1}10]$ 方向に直線偏光しており，互いに直交した偏光成分は 25 μeV だけの微細構造エネルギー分裂を示す．励起子発光の励起スペクトルに見られる E_1, E_2, E_3 , E_4 のピークは励起状態を示すが，これらもすべて [110] 方向および $[\bar{1}10]$ 方向に直線偏光しており，2 つの直線偏光成分は微細構造エネルギー分裂を示す．この微細構造エネルギー分裂は，[001] 面内の量子ドットの 2 つの軸 [110] と $[\bar{1}10]$ とで長さが大きく異なる

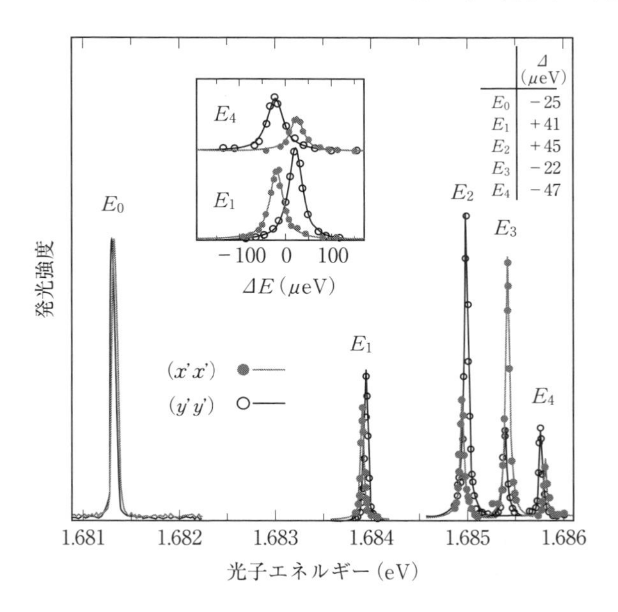

図 6.8 単一 GaAs 擬似量子ドットの E_0 と，表示された発光スペクトルと，E_1, E_2, E_3, E_4 と表示された発光の励起スペクトル．挿入図は E_1 と E_2 のスペクトルの拡大図．黒丸と白丸は，いずれも励起光と発光の直線偏光の方向が平行で [110] または [$\bar{1}$10] 方向を向いている．右上の表は E_0, E_1, E_2, E_3, E_4 のエネルギー分裂量を示す．(D. Gammon, E. S. Snow, B. V. Shanabrook, D. S. Katzer and D. Park：Phys. Rev. Lett. **76** (1996) 3005 より許可を得て転載)

ために，励起子を構成する電子と正孔の間にはたらく長距離交換相互作用が，電子と正孔が [110] 方向に離れて配置した場合と [$\bar{1}$10] 方向に離れて配置した場合とで異なることにより説明されている[43],[44]．

InP 量子ドットを $In_{0.5}Ga_{0.5}P$（以下 InGaP と略記）を障壁層として自己形成すると，InGaP 層に形成される 2 種類の異方性が，InP 量子ドット中の励起子発光の偏光異方性をもたらす．InGaP 混晶は成長条件により In 原子と Ga 原子がランダムにならず，分子線エピタキシー（MBE：molecular beam epitaxy）成長のとき，[1$\bar{1}$0] 方向に数十 nm おきに GaP と InP が集まる自然超格子となる場合と，有機金属気相エピタキシー（MOVPE：metalorganic vapor phase epitaxy）成長のとき，[111] 方向に GaP/InP 単層超格子が形成される場合がある．InGaP 層中に形成される超格子方向とそれに直交した方向とでの結晶異方性は，InP 量子ドットにひずみの異方性を及ぼし，MBE 成長による自己形成 InP 量子ドットの場合には，図 6.9 に示すように，単一 InP 量子ドット中の励起子の発光が $[1\bar{1}0]$ 方向に直線偏光した成分と，[110] 方向に直線偏光した成分が左の例では 400 μeV，右の例では 190 μeV ほどエネルギー分裂した発光スペクトルを示

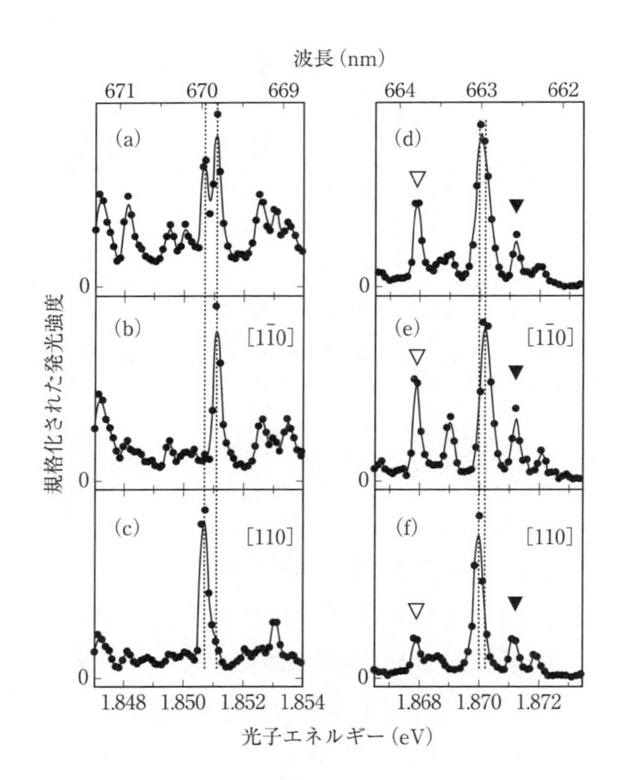

図 6.9　8 K で測定された単一 InP 量子ドットの規格化された発光スペクトル．(a)，(d) は偏光子を透過させない無偏光の発光スペクトル．(b)，(e) は直線偏光子の偏光方向が $[1\bar{1}0]$ を向き，(c)，(f) は直線偏光子の偏光方向が [110] を向いている直線偏光の発光スペクトル．（M. Sugisaki, H.－W. Ren, S.V. Nair, K. Nishi, S. Sugou, T. Okuno and Y. Masumoto：Phys. Rev. **B59** (1999) R5300 より許可を得て転載）

す[45],[46]．InP 量子ドットの励起子発光も InGaP 層の発光も，直線偏光度 $\rho = (I_{[1\bar{1}0]} - I_{[110]})/(I_{[1\bar{1}0]} + I_{[110]})$ は正となる．ここで，$I_{[1\bar{1}0]}$ は $[1\bar{1}0]$ 方向に直線偏光した成分の発光強度，$I_{[110]}$ は [110] 方向に直線偏光した成分の発光強度である．InP 量子ドットの励起子発光の直線偏光も直線偏光に依存したエネルギー分裂も，$[1\bar{1}0]$ 方向に数十 nm おきに GaP と InP が集まる自然超格子から，InP 量子ドットがひずみを受けて発生すると考えられている．

一方，MOVPE 成長の場合，図 6.10 に示すように，単一 InP 量子ドットの励起子発光は [110] に直線偏光する場合が多くなる[46],[47]．InGaP 層の発光も $\rho = (I_{[1\bar{1}0]} - I_{[110]})/(I_{[1\bar{1}0]} + I_{[110]})$ は負となる．MBE 成長の InP 量子ドットの場合と，MOVPE 成長の InP 量子ドットの場合とでは，InP 量子ドットの励起子発光の直線偏光度 $\rho = (I_{[1\bar{1}0]} - I_{[110]})/(I_{[1\bar{1}0]} + I_{[110]})$ が正負逆となる．しかし，この両方の場合とも，InP 量子ドットの発光と InGaP 層の発光の直線偏光度の正負はそろっており偏光度の大きさも明確な相関があり，InP 量子ドットの励起子の直線偏光度は周りの InGaP の構造異方性から受

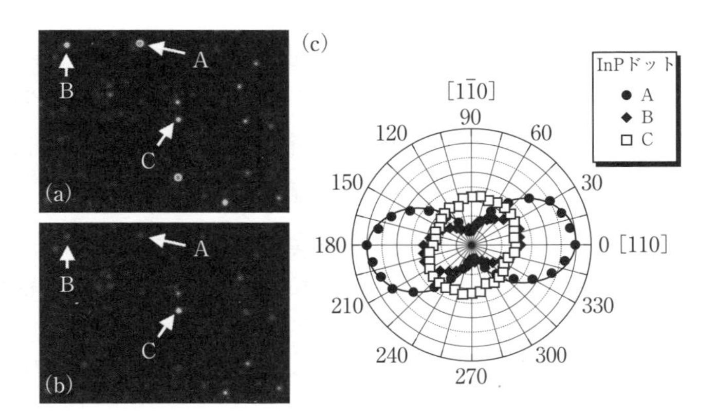

図 6.10 (a) [110]，および (b) $[1\bar{1}0]$ 方向の直線偏光で観測した InP 量子ドットの顕微発光イメージ．表示領域のサイズは 40 μm×53 μm．(c) 量子ドット A〜C における積分発光強度の観測に用いた直線偏光方向による依存性．実線は，$I(\theta) = X\sin^2\theta + Y\cos^2\theta$ を用いてフィットした結果を表す．(M. Sugisaki, H.‐W. Ren, K. Nishi and Y. Masumoto : Solid State Commun. **117** (2001) 679 より許可を得て一部を改変ののち転載)

けるひずみの異方性により決められ，エネルギー微細構造分裂は，異方的な電子・正孔の交換相互作用から生じている．

6.5 間欠的発光現象とスペクトル拡散

単一量子ドット分光は，大きさ，形状，周囲の環境などで生じる不均一広がりを除くための大変優れた方法であり，1 個の量子ドットが光子を吸収し，発光する過程を追跡して量子ドットの比較的ゆっくりしたスペクトル拡散（量子ドットのエネルギーが時間と共に変化しゆらいでいる現象）を実際に観測できる場合がある．逆に，ホールバーニングや共鳴発光などのサイト選択分光は，単一のエネルギーをもつ量子ドットの集団の振舞を見ていても，個々の量子ドットがスペクトル拡散した総和もスペクトルに入り込むため，均一幅に対するスペクトル拡散の寄与の可能性を取り除くことがなかなか難しい．

単一分子分光に続いて，単一量子ドット分光で見い出されたスペクトルジャンプ，スペクトル拡散やランダムテレグラムノイズは単一量子ドット分光の面白さと有効性の実証である．この現象は化学的に成長させた CdSe 量子ドット[48]-[50]だけでなく，自己形成 InP の量子ドット[51]-[54]，自己形成 CdSe 量子ドット[55]，自己形成 InAlAs 量子ドット[56]においても観測されており，一般性がある．しかし，半導体結晶基板上にひずみによって形成された自己形成量子ドットでは，間欠的発光を示すのはほんの一部である．また，CdSe 量子ドットでは表面をよりエネルギーギャップの高い ZnS で覆うと，間欠的発光を示す割合が激減することが確認されている[48]．

これらの特徴や励起強度依存性から，量子ドットの周囲の欠陥に光励起キャリヤがトラップされ[51]，この状況下でイオン化した量子ドット中ではオージェ非放射過程によって発光しなくなるという研究[48],[57]がある．間欠的発光の機構は，量子ドットの中だけで起きているのではなく，周囲の欠陥との間の光励起キャリヤのやり取りで間欠的発光が出現すると考えられる．

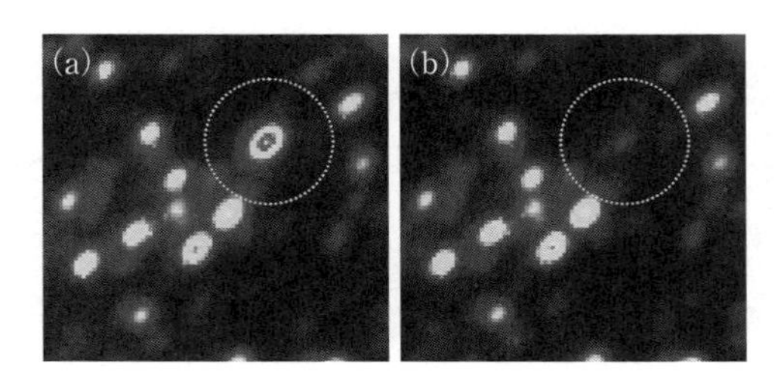

図6.11　明滅現象を示すInP量子ドットの顕微発光像．点線で囲まれた量子ドット以外の発光強度は，変化していない．～100 mW/cm^{2}のレーザーを照射すると，(a) と (b) の状態を，数百msから数sの間隔でランダムに行き来する様子が観測される．測定温度は6 K，表示領域のサイズは18 μm×18 μm．（杉﨑満，任紅文，舛本泰章：固体物理 **35** (2000) 335，およびM. Sugisaki, H.-W. Ren, K. Nishi and Y. Masumoto：Phys. Rev. Lett. **86** (2001) 4883より許可を得て転載）

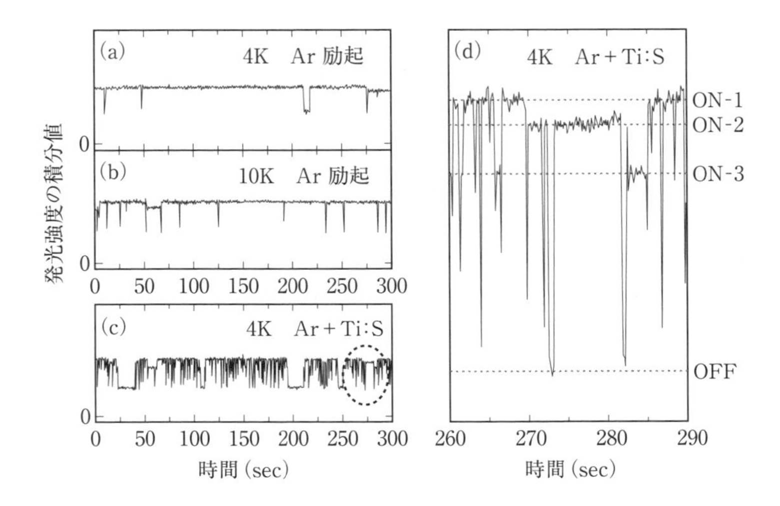

図6.12　温度 (a) 4 K，および (b) 10 Kにおける，明滅現象を示す単一量子ドットの積分発光強度の時間変化．(c) アルゴンレーザー（Arと表示）に加え，チタンサファイアレーザー（Ti:Sと表示）の近赤外光を同時照射すると，明滅間隔が狭くなる．(d) 図(c) の点線で囲まれた領域の拡大図．複数のON状態が存在する．（M. Sugisaki, H.-W. Ren, S.V. Nair, J.-S. Lee, S. Sugou, T. Okuno and Y. Masumoto：J. Lumin. **87-89** (2000) 40，および杉﨑満，任紅文，舛本泰章：固体物理 **35** (2000) 335より許可を得て転載）

自己形成 InP 量子ドットにおいて，間欠的発光の機構が解明された研究を紹介しよう[53],[54]．明滅している InP 量子ドットの顕微発光画像を図 6.11 に示す．試料中の同じ場所を観測した 2 枚の画像は，点線で囲まれた量子ドットが光っているときと暗いときを示しているが，これ以外の量子ドットの発光強度は全く同じである．点線で囲まれた量子ドットは明滅を数百 ms から数秒間隔で行ったり来たりするが，その時間間隔は図 6.12 に示すように全くランダムである．

この InP 量子ドットの明滅現象で，いくつかの特徴が観測された．明滅は温度や励起レーザー強度が高いと頻度が高くなり，発光波長より長波長で 1.5 eV より短波長の近赤外の光を照射すると著しく増加する．この場合の

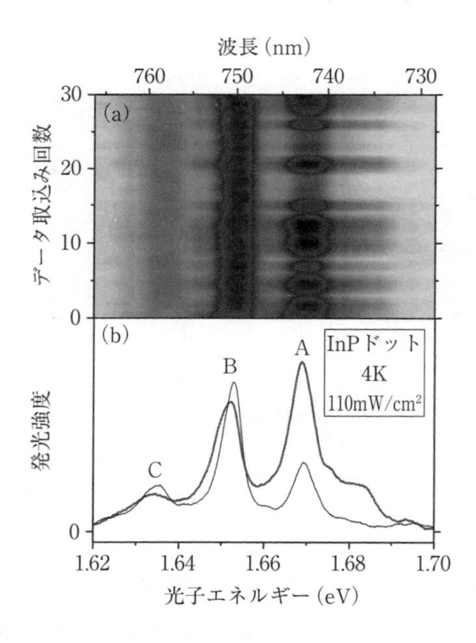

図 6.13　(a) 明滅現象を示す量子ドットの顕微発光スペクトルをシャッター速度 1 s で 30 回連続測定し，発光強度を等高線表示した画像．(b) ON 状態（細い実線），および OFF 状態（太い実線）になったときの顕微発光スペクトル．量子ドットにかける電場を変えても ON 状態，および OFF 状態に対応する顕微発光スペクトルを再現することができる．（杉﨑満，任紅文，舛本泰章：固体物理 **35** (2000) 335，および M. Sugisaki, H.-W. Ren, K. Nishi and Y. Masumoto：Phys. Rev. Lett. **86** (2001) 4883 より許可を得て転載）

明滅とは，発光強度が数個の値の間をデジタルに変化する現象である．また，試料の表面にひっかき傷をつけると，その近くに明滅する量子ドットが生まれることが確認された．さらに，明滅するドットの発光スペクトルを調べると，図6.13に示すように，明のときの発光スペクトルに比べて滅のときにはAと記された発光ピークの強度が著しく減少すると共に，B，Cと記された発光ピークがわずかに短波長側にシフトし，かつ滅のときの発光スペクトルが，この量子ドットに電場をかけたときの発光スペクトルと一致することが示された．

上記のような明滅現象の特徴は，明滅するInP量子ドットの近傍に浅い欠陥が存在し，光励起に伴って量子ドット中に生成されたキャリヤがこの欠陥に捕獲され，量子ドットに電場がかかって滅の状態になると考えれば説明できることを示している．1.5 eVより短波長の近赤外の光を照射すると著しく明滅が増加することから，1.5 eVの照射強度に関連した欠陥が存在している可能性が考えられる．

量子ドット近傍の1.5 eVの照射強度に関連した浅い欠陥の存在は，同じように作製されたInP量子ドットにおいて，1.5 eVの近赤外光の照射でアンチストークス発光が観測されることによっても支持されている[58]．量子ドットに局所電場がかかると電子・正孔の波動関数の重なりは減少し，量子ドットからの発光が減少するのである．明滅現象を示す量子ドットの発光強度が数個のデジタル値の間を変化することは，キャリヤ捕獲に関わる欠陥が量子ドット周辺に複数個存在していることを示している．明滅現象とその機構を調べる上で単一量子ドット分光が決定的な役割を果たしたという事実は，単一量子ドット分光の有効性を示している．

不均一に広がったスペクトル中の一部を励起するとき，スペクトル中でその周りの部分に励起が広がる現象もスペクトル拡散とよぶ．スピンの共鳴吸収線でも分子の光スペクトルでも局所場が時間的にゆらぐと，このスペクトル拡散が起こる．単一分子分光でp-ターフェニル中にドープされたペンタセン分子の共鳴吸収線のエネルギーが時間的にゆらぐ様子が観測されている[59]. 共鳴吸収線のエネルギーの変動はゆっくりと連続的に変化するのではなく, 時間的にジャンプを起こし, この頻度は温度の上昇と共に高くなる. 単一ペンタセン分子の共鳴吸収線のエネルギーは, 母体結晶中の局所場の変動を受けて変化していく.

CdSe 量子ドットでも, 単一量子ドット分光によってスペクトル拡散が観測されている[49]. 単一分子と同様に単一量子ドットの発光スペクトルは時間的にジャンプを起こす. また, 外部電場を印加すると, 単一量子ドットの発光スペクトルは $\Delta E = \alpha(F_{\text{int}} + F_{\text{applied}})^2$ でよく記述されるエネルギーシフトを示す. ここで α は比例係数, F_{applied} は外部電場, F_{int} は, 内部電場とも見なせるフィッティングパラメーターを示す. このことにより, 量子ドットの界面や周囲に捉えられた電子・正孔が局在電場を作り出し, これが量子ドットに量子閉じ込めシュタルク効果を及ぼし, また量子ドットが光吸収を起こすと, 有限の確率で励起された電子・正孔が周りの捉えられた電子・正孔の配置を時間的に変えることにより, 局在内部電場の大きさや向きを変化させて量子ドットの共鳴エネルギーが変化すると考えられる. この現象も, 分子と同様に量子ドットの共鳴エネルギーが周囲の影響を非常に強く受けて変動していることを表している. すなわち, スペクトル拡散があると, 単一量子ドット分光で観測したスペクトル幅を均一幅と見なすには問題がありうることを示している. なぜなら, 量子ドットの短時間でのスペクトル拡散が, 単一量子ドット分光により観測したスペクトル幅に含まれるからである.

参 考 文 献

[1]　永続的ホールバーニング現象の説明としては, “*Persistent Spectral Hole-Burning : Science and Applications*” ed. by W. E. Moerner (Springer-Verlag, 1988) が詳しい. 日本語の解説としては, 中塚宏樹 : 応用物理 **63** (1994) 141 が

ある．
［2］ Y. Masumoto, L. G. Zimin, K. Naoe, S. Okamoto and T. Arai：Mater. Sci. Eng. **B27**（1994）L5.
［3］ K. Naoe, L. G. Zimin and Y. Masumoto：Phys. Rev. **B50**（1994）18200.
［4］ 研究の初期段階の解説として，舛本泰章：固体物理 **29**（1994）691 がある．また，量子ドットの永続的ホールバーニング現象発見前後の事情については，Y. Masumoto, L. G. Zimin, K. Naoe, S. Okamoto, T. Kawazoe and T. Yamamoto：J. Lumin. **64**（1995）213 に詳しい．
［5］ Y. Masumoto, S. Okamoto, T. Yamamoto and T. Kawazoe：phys. stat. sol.（b）**188**（1995）209.
［6］ Y. Masumoto and K. Sonobe：Phys. Rev. **B56**（1997）9734.
［7］ J. Qi and Y. Masumoto：Solid State Commun. **99**（1996）467.
［8］ M. V. Artemyev, S. V. Gaponenko, I. N. Germanenko and A. M. Kapitonov：Chem. Phys. Lett. **243**（1995）450.
［9］ S. V. Gaponenko, I. N. Germanenko, A. M. Kapitonov and M. V. Artemyev：J. Appl. Phys. **79**（1996）7139.
［10］ Y. Masumoto, K. Kawabata and T. Kawazoe：Phys. Rev. **B52**（1995）7834.
［11］ Y. Masumoto, T. Kawazoe and T. Yamamoto：Phys. Rev. **B52**（1995）4688.
［12］ J. Valenta, J. Moniatte, P. Gilliot, B. Hönerlage, J. B. Grun, R. Levy and A. I. Ekimov：Phys. Rev. **B57**（1998）1774.
［13］ 総説論文として Y. Masumoto：J. Lumin. **70**（1996）386, Y. Masumoto：Jpn. J. Appl. Phys. **38**（1999）570，および舛本泰章：日本物理学会誌 **54**（1999）431 を参照.
［14］ 量子ドットの光イオン化として，他にオージェ過程による光イオン化がガラス中の CdS 量子ドットで提唱されている（D. I. Chepic, Al. L. Efros, A. I. Ekimov, M. G. Ivanov, V. A. Kharchenko, I. A. Kudriavtsev and T. V. Yazeva：J. Lumin. **47**（1990）113）.
［15］ Y. Masumoto and T. Kawazoe：J. Lumin. **66＆67**（1996）142.
［16］ T. Kawazoe and Y. Masumoto：Phys. Rev. Lett. **77**（1996）4942.
［17］ D. Kovalev, H. Heckler, B. Averboukh, M. Ben－Chorin, M. Schwartzkopff and F. Koch：Phys. Rev. **B57**（1998）3741.
［18］ E. A. Zhukov, Y. Masumoto, E. A. Muljarov and S. G. Romanov：Solid State Commun. **112**（1999）575.
［19］ Y. Kanemitsu, H. Tanaka, Y. Fukunishi, T. Kushida, K. S. Min and H. A. Atwater：Phys. Rev. **B62**（2000）5100.

［20］　T. Okuno, H. Miyajima, A. Satake and Y. Masumoto：Phys. Rev. **B54**（1996）16952.

［21］　T. Kawazoe and Y. Masumoto：Jpn. J. Appl. Phys. **37**（1998）L394.

［22］　輝尽発光については，K. Takahashi：in“*Phosphor Handbook*”ed. by S. Shionoya and W. M. Yen（CRC Press, 1998）p.553 を参照.

［23］　Y. Masumoto and S. Ogasawara：Jpn. J. Appl. Phys. **38**（1999）L623.

［24］　S. Okamoto and Y. Masumoto：J. Lumin. **64**（1995）253.

［25］　J. Zhao and Y. Masumoto：Phys. Rev. **B60**（1999）4481.

［26］　N. Sakakura and Y. Masumoto：Phys. Rev. **B56**（1997）4051.

［27］　N. Sakakura and Y. Masumoto：Jpn. J. Appl. Phys. **36**（1997）4212.

［28］　L. Zimin, S. V. Nair and Y. Masumoto：Phys. Rev. Lett. **80**（1998）3105.

［29］　J. Zhao, S. V. Nair and Y. Masumoto：Phys. Rev. **B63**（2000）033307.

［30］　T. Itoh, S. Yano, N. Katagiri, Y. Iwabuchi, C. Gourdon and A. I. Ekimov：J. Lumin. **60**＆**61**（1994）396.

［31］　Y. Masumoto, T. Kawazoe and N. Matsuura：J. Lumin. **76**＆**77**（1998）189.

［32］　S. Saikan, T. Nakabayashi, Y. Kanematsu and N. Tato：Phys. Rev. **B38**（1988）7777.

［33］　単一分子分光の総説として，W. E. Moerner and T. Basché：Angew. Chem. **32**（1993）457 を参照.

［34］　K. Brunner, G. Abstreiter, G. Böhm, G. Tränkle and G. Weimann：Phys. Rev. Lett. **73**（1994）1138.

［35］　H. F. Hess, E. Betzig, T. D. Harris, L. N. Pfeiffer and K. W. West：Science **264**（1994）1740.

［36］　D. Gammon, E. S. Snow, B. V. Shanabrook, D. S. Katzer and D. Park：Phys. Rev. Lett. **76**（1996）3005.

［37］　J.－Y. Marzin, J.－M. Gérard, A. Izraël, D. Barrier and G. Bastard：Phys. Rev. Lett. **73**（1994）716.

［38］　杉﨑満，任紅文，舛本泰章：固体物理 **35**（2000）335.

［39］　T. H. Stievater, X. Li, J. R. Guest, D. G. Steel, D. Gammon, D. S. Katzer and D. Park：Appl. Phys. Lett. **80**（2002）1876.

［40］　J. R. Guest, T.H. Stievater, X. Li, J. Cheng, D. G. Steel, D. Gammon, D. S. Katzer, D. Park, C. Ell, A. Thränhardt, G. Khitrova and H. M. Gibbs：Phys. Rev. **B65**（2002）241310(R).

［41］　A. Högele, S. Seidl, M. Kroner, K. Karrai, R. J. Warburton, B. D. Gerardot and P. M. Petroff：Phys. Rev. Lett. **93**（2004）217401.

[42] B. Alén, F. Bickel, K. Karrai, R. J. Warburton and P. M. Petroff : Appl. Phys. Lett. **83** (2003) 2235.
[43] E.L. Ivchenko and G. E. Pikus : "*Superlattices and Other Heterostructures - Symmetry and Optical Phenomena*" Solid - State Sciences 110 (Springer - Verlag, 1995) chapter 5.
[44] T. Takagahara : in "*Semiconductor Quantum Dots - Physics, Spectroscopy and Applications*" ed. by Y. Masumoto and T. Takagahara (Springer - Verlag, 2002) chapter 2.
[45] M. Sugisaki, H. - W. Ren, S. V. Nair, K. Nishi, S. Sugou, T. Okuno and Y. Masumoto : Phys. Rev. **B59** (1999) R5300.
[46] M. Sugisaki : in "*Semiconductor Quantum Dots - Physics, Spectroscopy and Applications*" ed. by Y. Masumoto and T. Takagahara (Springer - Verlag, 2002) chapter 4.
[47] M. Sugisaki, H. - W. Ren, K. Nishi and Y. Masumoto : Solid State Commun. **117** (2001) 679.
[48] M. Nirmal, B. O. Dabbousi, M. G. Bawendi, J. J. Macklin, J .K. Trautman, T. D. Harris and L. E. Brus : Nature **383** (1996) 802.
[49] S. A. Empedocles and M. G. Bawendi : Science **278** (1997) 2114.
[50] S. A. Blanton, M. A. Hines and P. Guyot - Sionnest : Appl. Phys. Lett. **69** (1996) 3905.
[51] P. Castrillo, D. Hessman, M. - E. Pistol, J. A. Prieto, C. Pryor and L. Samuelson : Jpn. J. Appl. Phys. **36** (1997) 4188.
[52] M. - E. Pistol, P. Castrillo, D. Hessman, J. A. Prieto and L. Samuelson : Phys. Rev. **B59** (1999) 10725.
[53] M. Sugisaki, H. - W. Ren, S. V. Nair, J. - S. Lee, S. Sugou, T. Okuno and Y. Masumoto : J. Lumin. **87 - 89** (2000) 40.
[54] M. Sugisaki, H. - W. Ren, K. Nishi and Y. Masumoto : Phys. Rev. Lett. **86** (2001) 4883.
[55] V. Türck, S. Rodt, O. Stier, R. Heitz, R. Engelhardt, U. W. Pohl, D. Bimberg and R. Steingrüber : Phys. Rev. **B61** (2000) 9944.
[56] H. D. Robinson and B. B. Goldberg : Phys. Rev. **B61** (2000) R5086.
[57] Al. L. Efros and M. Rosen : Phys. Rev. Lett. **78** (1997) 1110.
[58] I. V. Ignatiev, I. E. Kozin, H. - W. Ren, S. Sugou and Y. Masumoto : Phys. Rev. **B60** (1999) R14001.
[59] W. E. Moerner : Science **265** (1994) 46.

第 7 章

量子ドットの光非線形
― 光スイッチ，高効率太陽電池へ ―

量子ドットで顕著となる光非線形性，多励起子効果について解説し，量子ドットを光スイッチと高効率太陽電池に応用する利点について述べる．

7.1 量子ドットの光非線形性

ナノメートルサイズの量子ドットは，サイズを変えることで量子準位の共鳴エネルギーを変化でき，量子準位はエネルギー幅が狭く，狭い空間に閉じ込められた複数の電子・正孔系は極めて強く相互作用し，この結果，微弱光によっても強い光非線形性を生み出す．これらの特徴はすべて，微弱光ではたらく光スイッチとして量子ドットを応用しようとするとき，有利にはたらく．

状態密度飽和は光非線形性を生み出す一因である．ひずみ誘起 GaAs 量子ドットの非線形発光を題材として，この状態密度飽和が励起光強度を変えたとき，どのように発光強度に影響するか述べよう[1]．半導体表面に自己形成量子ドットを成長させると，ひずみが深さ方向に図 2.7 に示すように伝播し，膨張する部分のポテンシャルエネルギーは下がるので表面付近に成長された量子井戸内に 3 次元量子閉じ込め領域ができる．こうして形成された量子ドットをひずみ誘起量子ドットとよぶ．

量子井戸内に形成されたひずみ誘起量子ドットの特徴は，欠陥がなく成長方向のサイズが均一であり，量子井戸内の 2 次元面方向に電子に対しても正孔に対しても2次元調和関数型ポテンシャルをもつので，等間隔の量子準位が発光スペクトル中に量子数と共に確定できることである．したがって，確定された同じ量子数をもつ電子と正孔の量子準位間の発光の非線形成分を測定し，個々の準位の光非線形的な振舞を調べることができる．2次元調和関数型のポテンシャル中における量子数 n の準位を占めうる電子の状態数は，スピンの自由度を入れて $2n$ 個であり，この数以上の電子は入れることができない．励起光強度を増しても，電子と正孔の量子数 n の準位の間からの発光は $2n$ 個の状態数以上には増加せず飽和する．

実際，GaAs（3.9 nm）/AlGaAs 量子井戸を含む試料の表面に，より大き

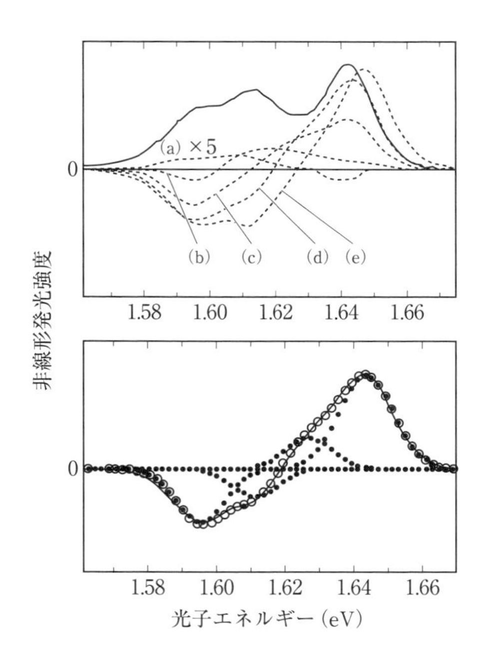

図7.1　上図：ひずみ誘起 GaAs 量子ドットの発光（実線）と非線形発光（破線）．1.642 eV のピークは量子井戸の発光で，1.594 eV は量子ドットの発光．非線形発光の（a），（b），（c），（d），（e）はそれぞれ 2.5 mW，15 mW，30 mW，40 mW，80 mW の励起に対応する．下図：40 mW の励起時の非線形発光を量子ドットの第1準位，第2準位，第3準位，量子井戸に分けたフィッティングを黒丸で示す．これらの成分の総和を白丸で示す．（K. Nishibayashi, T. Okuno, T. Mishina, S. Sugou, H.－W. Ren and Y. Masumoto：Jpn. J. Appl. Phys. **40**（2001）2084 より許可を得て転載）

な格子定数をもつ InP 自己形成量子ドットを成長させると，GaAs 量子井戸にひずみ誘起量子ドットができる．図 7.1 の実線がその発光スペクトルで，量子井戸からの発光の低エネルギー側にひずみ誘起量子ドットからの発光領域が広がる．比較のため，その発光の非線形成分を抽出したものが破線である．測定は，励起光源の Nd：YVO_4 の CW レーザーを一度 2 つに分け，異なる周波数（ω_1 および ω_2）をもつチョッパーを通した後に試料上で再び混合し，発光信号の和周波成分（$\omega_1 + \omega_2$）をロックイン増幅器により検出することで行われる．光の非線形成分の符号は，負のときに励起光強度の増加に対して発光の飽和，正のときには線形以上の発光の増加を意味する．

量子ドットの各準位における非線形成分の強度依存が，図 7.2 に示されているが，各準位が順次飽和していくことがわかる．ひずみ誘起量子ドットの発光は，電子･正孔対の緩和による上準位からの供給と，下準位への緩和と再結合発光による減少によって説明できる．n 番目の準位がとりうる電子の状態数は $2n$ 個であり，この量子状態の“空席”の状態に電子は緩和する．すなわち，ひずみ誘起量子ドットの非線形発光は電子･正孔対の緩和時間，発光寿命，量子状態の飽和に起因する．それらを考慮したモデル計算により実験結果を説明することができ，ひずみ誘起量子ドットの準位間の緩和時間を見積もることができる．

量子準位からのキャリヤの緩和時間が速ければ，状態密度飽和による量子ドットの光非線形性を使った超高速光スイッチを考えることができる．通信波長帯の近赤外光領域へと超高速光スイッチに使う波長領域を拡大することは，応用上重要であろう．

IV－VI 族半導体である PbSe は，電子と正孔の有効質量がほぼ同じで小さく，電子と正孔のボーア半径が共に 23 nm であり，励起子のボーア半径は 46 nm と極めて大きい．そのため，量子ドットにした場合に電子と正孔がそれぞれ個別に同じように強く閉じ込められ，強い閉じ込めを受ける量子ドットとしては典型的である．半径が小さくなると，非常に大きな量子準位

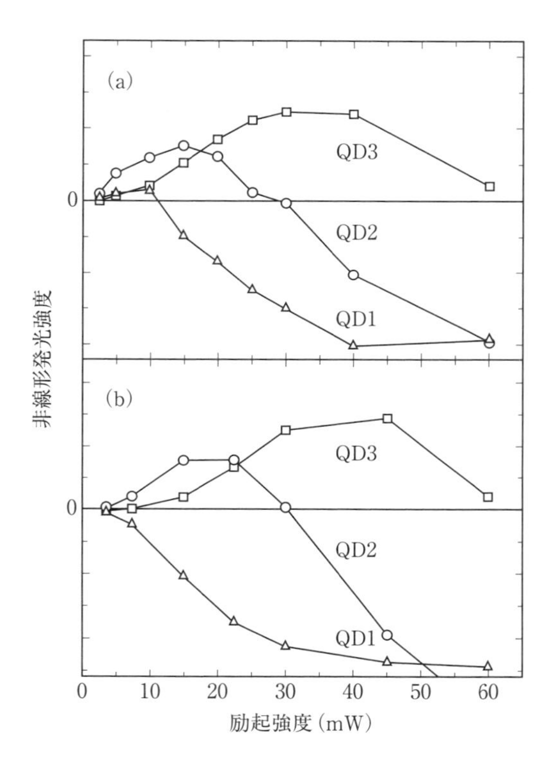

図 7.2 ひずみ誘起 GaAs 量子ドットの第 1 準位, 第 2 準位, 第 3 準位の非線形発光強度を励起光強度の関数として示す. (a) は実験結果で, (b) は準位間の緩和時間を 3 ps としたときの非線形発光強度の計算. (K. Nishibayashi, T. Okuno, T. Mishina, S. Sugou, H.-W. Ren and Y. Masumoto: Jpn. J. Appl. Phys. **40** (2001) 2084 より許可を得て転載)

の高エネルギーシフトが期待でき, 1〜2 μm の波長領域 (0.6〜1.2 eV) に吸収帯をもちうるため, 波長拡大に適当な材料系である. 量子ドットのサイズを変えるだけで, 単一の材料で近赤外光領域から可視光領域をカバーする高速光スイッチになる可能性をもつ[2].

図 2.11 は, リン酸ガラス中に成長させた PbSe 量子ドットの室温における吸収スペクトルを示している. これより, 半径が 2.9 nm〜1.4 nm にな

る，サイズ分布の小さい PbSe 量子ドット試料を作製することが可能である．これらの試料は，0.84 eV から 1.47 eV の近赤外光領域をカバーする明瞭な励起子吸収ピーク（図中の上向きの矢印）をもつため，感度のよい光スイッチになりうる．

PbSe 量子ドットの光スイッチ特性を調べるため，2 波長のポンププローブ法で透過率変化の時間発展が測定された．1 個の量子ドット中に複数の励起子が生成されることがないような低い励起密度（約 5 μJ/cm^2）でポンプし，プローブ光を励起子吸収ピークと一致するように選び，室温における透過率変化の時間発展を調べてみると，図 7.3 のように，PbSe 量子ドットの

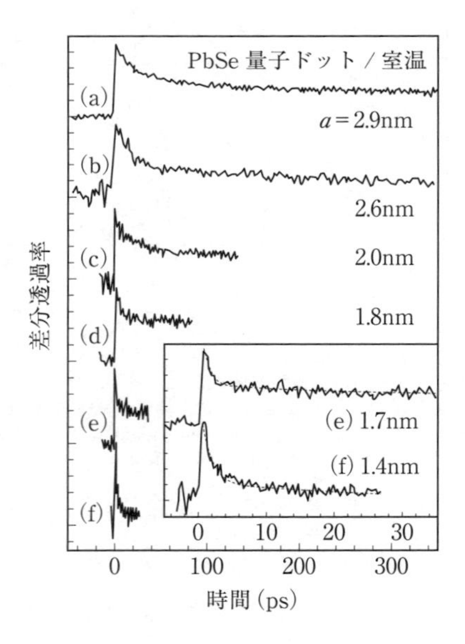

図 7.3　PbSe 量子ドットにおける過渡吸収の時間変化（室温）．ポンプ光のエネルギーは 3.1 eV で，プローブ光のエネルギーは，それぞれの量子ドットの吸収スペクトル中の最も低いエネルギーの光学遷移に対応する．時間波形は 2 成分指数関数減衰で表され，速い成分の減衰時定数は（a）25 ps，（b）14 ps，（c）11 ps，（d）5 ps，（e）1 ps，（f）1 ps である．（T. Okuno, Y. Masumoto, M. Ikezawa, T. Ogawa and A. A. Lipovskii：Appl. Phys. Lett. **77**（2000）504 より許可を得て転載）

半径が小さくなるほど速い時間減衰が得られる．おのおのの減衰曲線は，2成分の指数関数減衰でよく表されており，半径が小さくなると短い寿命成分は 25 ps から 1 ps にほぼ単調に減少して，長い寿命成分は 30 ps～1000 ps 程度の値を示している．短寿命成分は，局在発光準位への遷移と非放射過程によって決まると考えられ，長寿命成分は，局在準位の寿命であると考えられる．さらに，バンド内遷移を用いた光スイッチ特性も明らかにされている．

図 2.11 にある吸収スペクトルは，最も低いエネルギーの吸収ピークの高エネルギー側に，励起状態の吸収ピーク（下向き矢印）も存在する．バンド間を励起し，図中の上向きの矢印と下向きの矢印の間のバンド内遷移をプローブ（0.84 eV，1.5 μm）しても，透過率変化を観測することができる．そこで得られた減衰信号波形は，36 ps の単一指数関数減衰でフィットでき，長寿命成分は観測されない．このことは，PbSe 量子ドットのバンド内遷移が，近赤外領域の光スイッチデバイスとして応用可能であることを示している．

7.2 少数電子･正孔系の相互作用 ― 励起子分子と多励起子状態 ―

量子ドットという狭い空間に閉じ込められた少数電子・正孔系には，励起子，励起子分子，3 個の励起子からなる 3 励起子，トリオン（2 個の電子と 1 個の正孔からなる負に帯電した励起子，および 1 個の電子と 2 個の正孔からなる正に帯電した励起子）がある．狭い空間に閉じ込められているために少数の電子・正孔間の相互作用は大きくなり，バルク結晶では見られることがない以下のような少数電子・正孔系が実現する．図 7.4 にこれらの特徴を模式的に示し，以下に個別に説明する．

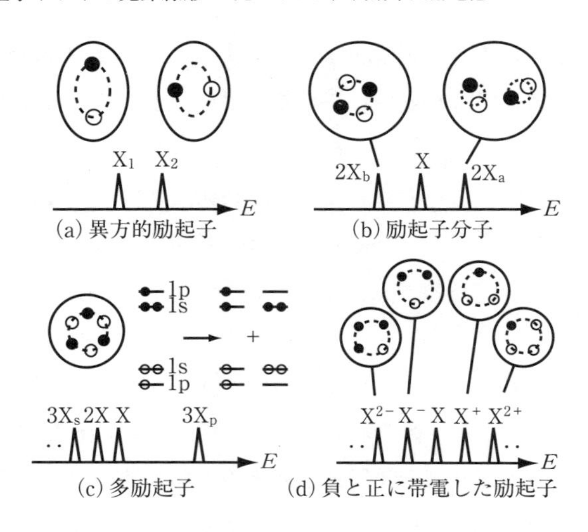

図 7.4　(a) 異方的励起子，(b) 励起子分子，(c) 多励起子，(d) 負と正に帯電した励起子の模式図と発光または吸収スペクトル．●は電子，○は正孔を示す．(川畑有郷，鹿児島誠一，北岡良雄，上田正仁 編集：「物性物理学ハンドブック」(朝倉書店，2012 年) より許可を得て転載)

(i) 量子ドットの異方性を反映した励起子の微細構造が出現する[3]-[7]．

6.4 節で述べたように量子ドットの構造はしばしば異方的で，これが電子と正孔の間の交換相互作用エネルギーの異方性をもたらす．いいかえると，量子ドットの構造の異方性は，図 7.4 (a) に示すように電子と正孔の間の空間的な配置に影響することで，偏光に依存して励起子のエネルギーがわずかにシフトする．量子ドットを取り巻く母体の異方性が，量子ドットの光学的異方性になる場合もある[5],[6]．

(ii) 励起子分子の束縛エネルギーが高くなり，反結合励起子分子（反結合 2 励起子状態）が現れる[8]-[11]．

量子ドット中に閉じ込められた 2 励起子が結合した系 —— 励起子分子（図 7.4 (b) 中の $2X_b$）は，バルク結晶中にある場合より大きな束縛エネルギーを有する．量子ドット中にある励起子分子の束縛エネルギーは，変分法やハミルトニアン行列の対角化法によって理論的に計算されているが，励起

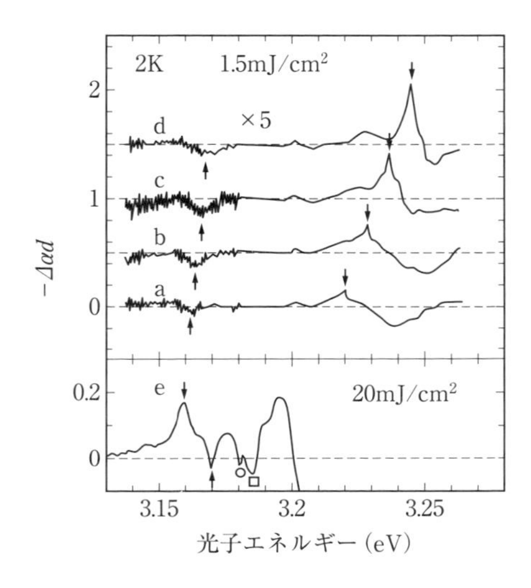

図 7.5 ナノ秒ポンプ光照射時と非照射時の NaCl 結晶中の CuCl 量子ドットの吸収スペクトルの差分．十分に狭い線幅をもつナノ秒ポンプ光のエネルギー位置を下向きの矢印（a：3.2204 eV，b：3.2288 eV，c：3.2372 eV，d：3.2457 eV）で示し，誘導吸収の位置を上向きの矢印で示す．e はバンド間遷移に相当するナノ秒ポンプ光照射時と非照射時の吸収スペクトルの差分で，上向きの矢印が誘導吸収を表し，下向きの矢印が光学利得を表す．丸印は I_1 束縛励起子，四角は励起子分子の 2 光子吸収に対応する構造．（Y. Masumoto, S. Okamoto and S. Katayanagi：Phys. Rev. **B50**（1994）18658 より許可を得て転載）

子のボーア半径で規格化された量子ドットの半径 a/a_B の大きさに依存して，それぞれ近似の適用範囲に限りがある[12]‐[14]．実験では，弱い閉じ込めの典型例である CuCl 量子ドットを対象として，ポンプ光のエネルギーを変えてサイト選択励起下で観測される発光スペクトルの小さな構造や，サイト選択励起下で励起子吸収帯中に掘れるホールと励起子から，励起子分子へ遷移して起きる誘導吸収構造の同時観測（図 7.5）で励起子分子の束縛エネルギーが測定され，サイズ減少と共に高くなっていくことが確認できる[15]．求められた励起子分子の束縛エネルギーのサイズ依存性を図 7.6 は示しており，サイズが小さくなるにつれて励起子分子束縛エネルギーは単調に増大していき，バルク結晶の励起子分子束縛エネルギーの約 3 倍にまで大きくなる．多くの III‐V 族自己形成量子ドットにおいて，単一量子ドット発光ス

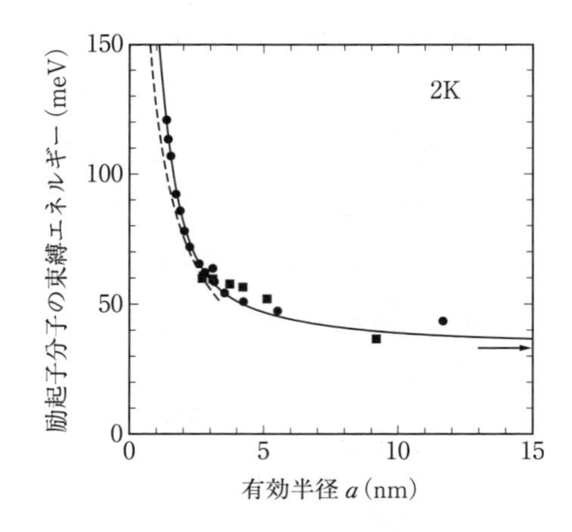

図 7.6　CuCl 量子ドットの有効半径に依存する励起子分子束縛エネルギー．有効半径は，励起子の重心が $a^*=a-a_B/2$ の半径中に閉じ込められることによる励起子の有限なサイズの補正をしたものである．実線のフィットは $A/a^{*2}+B/a^*+33$ meV による現象論的フィットで，破線は理論計算 [14] による．（Y. Masumoto, S. Okamoto and S. Katayanagi：Phys. Rev. **B50**（1994）18658 より許可を得て転載）

ペクトル中に，励起子分子は励起子の低エネルギー側にピークとして現れる．図 7.7 に単一 InP 量子ドット発光が示されている[16]．励起強度を上げるにつれて低エネルギー側の発光ピークが非線形に大きくなり，一方，高エネルギー側の発光ピークは飽和していく．高エネルギー側の発光ピークは InP 量子ドット中に閉じ込められた励起子に，低エネルギー側の発光ピークは励起子分子に対応しており，励起子分子束縛エネルギーが量子ドットごとに異なって，平均値 3 meV はバルク InP 結晶中の励起子分子束縛エネルギーの約 3 倍であることが明らかになっている．励起子分子束縛エネルギーが，低次元化に伴って増加することを示している．

反結合 2 励起子状態（図 7.4（b）中の $2X_a$）は量子ドットに特有であり，量子ドットの光非線形性に対して重要な寄与があると考えられている[17]．後述するように，弱い閉じ込めの典型例である CuCl 量子ドットにおいては，ピコ秒サイト選択励起下で観測される誘導吸収に，反結合 2 励起子状態

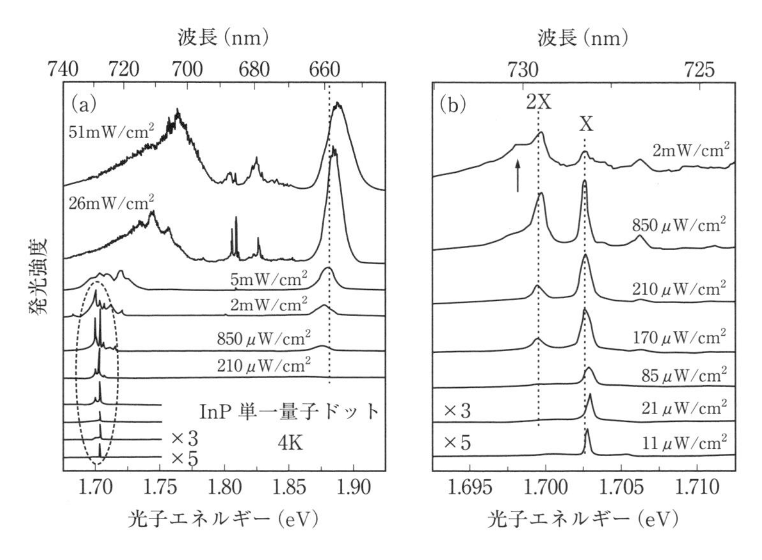

図 7.7 (a) InP 単一量子ドットからの 4 K での顕微発光スペクトルの励起強度依存性. 下から上に行くに従って, 励起強度を上げている. (b) (a) 図の点線で囲んだ領域の拡大図. X, 2X は, それぞれ, 量子ドットに閉じ込められた 1 励起子, および励起子分子 (2 励起子) 基底状態からの発光である. 上向きの矢印で示された構造は 3 励起子状態からの発光である. (M. Sugisaki, H.-W. Ren, S. V. Nair, K. Nishi and Y. Masumoto : Solid State Commun. **117** (2001) 435, および杉﨑満, 任紅文, 舛本泰章 : 固体物理 **35** (2000) 335 より許可を得て転載)

が観測されている[18]. 強い閉じ込め領域に属している CdS 量子ドットにおいても, 2 種類の電子・正孔対状態が見出されている[13].

(iii) **3 励起子を含む多励起子状態が現れる**[16]-[19].

弱い閉じ込めの典型例である CuCl 量子ドットにおいては, ピコ秒サイト選択励起下で観測される誘導吸収に, 3 励起子状態が観測されている[18]. 多くの III-V 族自己形成量子ドットでは, 図 3.5 に示すように単一量子ドット発光スペクトル中, 励起子, 励起子分子の両側に 3 励起子 (図 7.4 (c) 中の $3X_s$ と $3X_p$) を含む多励起子状態が 2 つの発光ピークとして出現する[16],[19].

(iv) **電子と励起子あるいは正孔と励起子の複合状態が現れる.**

弱い閉じ込めの典型例である CuCl 量子ドットにおいては, 光励起の後に電子または正孔のみが残されて光イオン化した量子ドット中に，次の光励起によって生成された電子・正孔対が加わると3体の励起が生成される．これら3体の励起は，量子サイズ効果を受けた2個の電子と1個の正孔からなる負のトリオン（負に帯電した励起子）や，1個の電子と2個の正孔からなる正のトリオン（正に帯電した励起子）として，発光スペクトル中にレーザー励起エネルギーに対応する鋭いホールの低エネルギー側に2つのホールとして出現する（ルミネッセンスホールバーニング）[20]．

III－V族自己形成量子ドットでは，2個の電子と1個の正孔からなる負のトリオン（負に帯電した励起子，図7.4（d）の中のX^{-}），3個の電子と1個の正孔からなる負に帯電した励起子X^{2-}，多数個の電子と1個の正孔からなる負に帯電した励起子は，単一量子ドット発光スペクトル中励起子よりも低エネルギー側に現れる[21]-[24]．逆に，1個の電子と2個の正孔からなる正のトリオン（正に帯電した励起子，X^{+}），1個の電子と3個の正孔からなる正に帯電した励起子X^{2+}，1個の電子と多数個の正孔からなる正に帯電した励起子は，励起子より高エネルギー側に現れる．正と負に帯電した励起子において，発光エネルギーが高エネルギー側，低エネルギー側になるのは，正孔が電子よりも局在性が高いことに依存する．2個の電子と1個の正孔からなる負のトリオン（負に帯電した励起子）の励起状態は，電子と正孔のスピン配置で分裂して量子ビートの時間的な振動としても現れる[25]．

量子ドットの永続的ホールバーニング，間欠的発光現象，スペクトル拡散のいずれの場合でも，現象の出現には，量子ドット周辺と量子ドットという狭い空間に閉じ込められた少数電子・正孔間の大きな相互作用が重要であることを述べた．また，量子ドット中に閉じ込められた新しい少数電子・正孔系の例として，2個の電子と1個の正孔からなる負のトリオン（負に帯電した励起子）や1個の電子と2個の正孔からなる正のトリオン（正に帯電した励起子）についても紹介した．これらの少数電子・正孔間の大きな相互作用は，量子準位のエネルギーシフトを引き起こすために光非線形性の原因となる．

量子ドット特有の新しい少数電子・正孔系の例，多励起子状態のうち2励起子状態と3励起子状態が過渡的ホールバーニングによって見出された例を，それぞれ以下に解説する．弱い閉じ込めの典型例である，CuCl量子ドットに関する励起子共鳴励起下におけるサイズ選択ピコ秒ポンププローブ測定により，量子ドット中の反結合2励起子状態に起因する顕著な誘導吸収が見られる[18],[26]．この反結合2励起子状態は3次元的な量子閉じ込めの起こる量子ドットに特有であり，量子ドットの光非線形性に重要な寄与があるとされている[17],[18]．

図7.8（a）の実線はNaCl結晶中のCuCl量子ドットの吸収スペクトル，

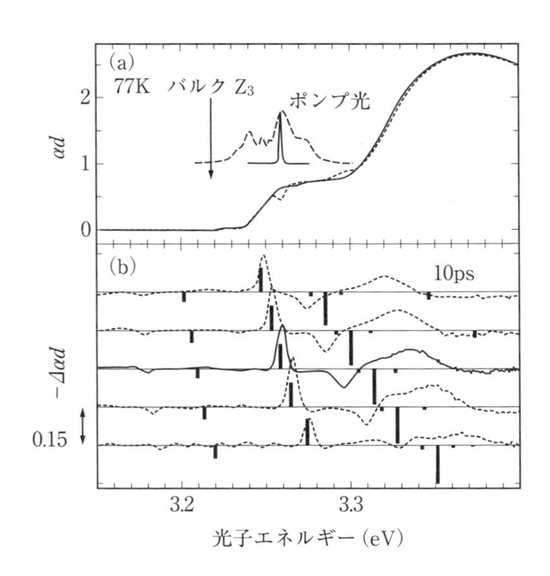

図7.8　NaCl結晶中のCuCl量子ドットの吸収スペクトル（a）とサイト選択ポンププローブ分光スペクトル（b）．（a）で実線は吸収スペクトル，破線はサイト選択ピコ秒ポンプ光励起後，1 psでの吸収スペクトル．（b）の実線は（a）に対応する吸収変化，破線はピコ秒ポンプ光のエネルギーを変えたときの吸収変化で，5つの吸収変化スペクトルは上から下に，それぞれ2.65，2.46，2.32，2.19および2.03 nmの半径のCuCl量子ドットを励起したことに対応する．太い縦棒は理論の計算結果で，長さは遷移の振動子強度に対応する．（a）の中の挿入図には，spectral filtering後と前のポンプ光のスペクトルをそれぞれ実線と破線で示す[27]．（M. Ikezawa, Y. Masumoto, T. Takagahara and S.V. Nair：Phys. Rev. Lett. **79**（1997）3522より許可を得て転載）

破線は励起後 10 ps 後の吸収スペクトルである．励起パルスのエネルギーは Z_3 励起子を共鳴励起するように選び，粒径を選択して励起するためにサブピコ秒パルスのスペクトルの中から一部を切り出し（spectral filtering），ピコ秒パルスとして使用している．図 7.8（b）では，（a）に対応する差分吸収スペクトルを実線で，異なる励起エネルギーの場合の差分吸収スペクトルを破線で示している．また，量子ドット中に閉じ込められた 2 励起子のエネルギーに関する理論計算と実験結果を比較している．

ここで，プラス側の縦棒は吸収の減少を表し，マイナス側は吸収の増加を表している．マイナス側の縦棒の位置は，量子ドットの形状を球状と仮定して計算された量子ドット中の励起子から 2 励起子状態への遷移のエネルギーを表しており，縦棒の長さはそれぞれの遷移の振動子強度を表している．スペクトルホールの高エネルギー側にある大きなマイナス側の縦棒は，量子ドット中の 1 励起子状態から反結合 2 励起子状態（2 つの励起子がゆるく結合した励起子分子の励起状態，図 7.4（b）中の $2X_a$）への遷移を表している．

観測された遷移エネルギーの実験値と理論値との一致は必ずしもよいとはいえないが，① 3.18 eV 付近に見られる励起子分子基底状態（結合 2 励起子状態，図 7.4（b）中の $2X_b$）への誘導吸収と比べ，反結合 2 励起子状態への遷移が大きな振動子強度をもつ，②そのエネルギー変化は励起光エネルギー変化の 2 倍という依存性をもつ，という点において実験と理論のスペクトルの特徴は一致している．このように特徴が一致していることから，空間的な閉じ込め効果によって量子ドット中に反結合 2 励起子状態の存在が確認されている．さらにこの解釈は，誘導吸収帯の時間変化のデータとも矛盾していない．

励起エネルギーの高エネルギー側に誘導吸収として現れる量子ドット中の反結合 2 励起子状態の存在は，量子ドットに 1 つの励起子があるときに，さらに 2 つめの励起子を作るためにより大きなエネルギーが必要になることを示している．計算結果を直観的に理解するために，図 7.9 を見ながら次のよ

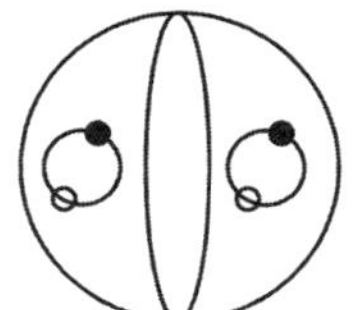

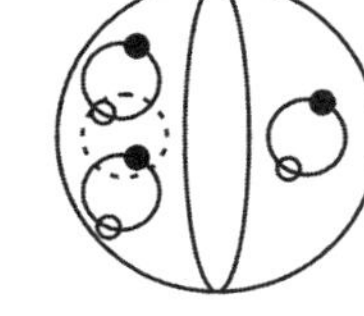

図 7.9　弱い閉じ込め領域の量子ドット中の反結合 2 励起子，3 励起子状態の模式図．（舛本泰章：日本物理学会誌 **54**（1999）431 より許可を得て転載）

うに考えてみるとよい．

この状態は 2 個の励起子の反結合状態であるため，2 個の励起子は互いに反発し合って量子ドット中で空間的に別れて存在していると考えられる．したがって，2 個の励起子の反結合状態のエネルギーは量子ドットの体積を 2 つに分割し，それぞれの中に励起子を 1 つ閉じ込めると考えると，$E_{2\mathrm{X_a}} = 2E_{\mathrm{bk}} + 2\sqrt[3]{4}(E_{\mathrm{X}} - E_{\mathrm{bk}})$ で表される．これにより量子ドット中の 1 励起子から反結合 2 励起子への遷移は，$E_{2\mathrm{X_a}} - E_{\mathrm{X}} = E_{\mathrm{bk}} + (2\sqrt[3]{4} - 1)(E_{\mathrm{X}} - E_{\mathrm{bk}})$ のエネルギーで起こると予想される．ここで，$E_{2\mathrm{X_a}}$ は量子ドット中の反結合 2 励起子のエネルギー，E_{bk} はバルク結晶中の励起子エネルギー，E_{X} は量子ドット中の励起子のエネルギーを表す．この係数 $2\sqrt[3]{4} - 1 = 2.2$ は実験値 2 と比較的よい一致を示している．

2 励起子以上の励起子が閉じ込められた状態のエネルギーはどのようになるのか興味がもたれるが，例えば，3 励起子状態も図 7.10 に示すように，強励起下での誘導吸収スペクトルおよび 2 色のエネルギーの異なる励起パルスを用いた 2 段階の選択励起下の誘導吸収スペクトルに現れてくる．3 励起子状態を 1 つの励起子分子（結合 2 励起子状態）と 1 つの励起子の反結合状態で，それぞれを量子ドットの体積の半分に閉じ込めると，励起子分子基底状態（結合 2 励起子状態）から 3 励起子状態への遷移のエネルギーは

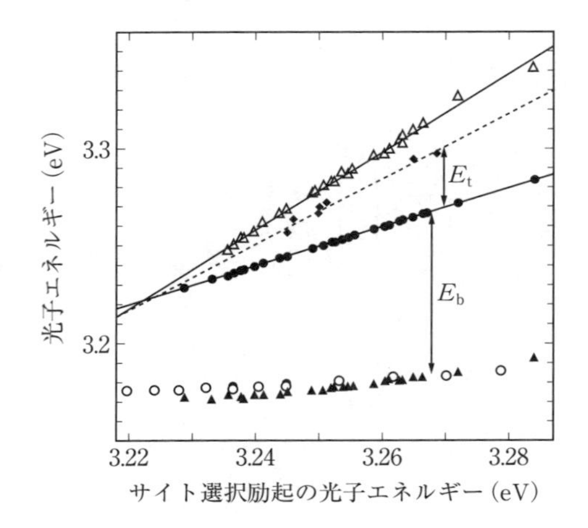

図 7.10　サイト選択励起光の光子エネルギーを変えたとき，差分吸収スペクトル中に見える構造の光子エネルギー．黒丸はポンプ光のエネルギーにスペクトルホールができたことを表す．白三角はポンプ光の高エネルギー側に見える誘導吸収帯のエネルギー，黒三角はポンプ光の低エネルギー側に見える誘導吸収帯のエネルギーを表し，それぞれ 1 励起子から励起子分子（2 励起子）の反結合励起状態，結合基底状態への光学遷移に対応する．白丸は，文献［15］により求められた励起子分子の結合基底状態による誘導吸収帯のエネルギーを表す．黒ダイアは，高密度励起下で観測される結合 2 励起子基底状態から 3 励起子状態への光学遷移による誘導吸収帯のエネルギーに対応する．図中の E_b は励起子分子の束縛エネルギーで $E_b=2E_X-E_{2X_b}$，E_t は $E_t=E_{3X}-E_{2X_b}-E_X$ である．（M. Ikezawa, Y. Masumoto, T. Takagahara and S.V. Nair：Phys. Rev. Lett. **79**（1997）3522 より許可を得て転載）

$E_{3X}-E_{2X_b}=E_{bk}+\sqrt[3]{4}(E_X-E_{bk})+E_{bk}$ と予想され，この係数 $\sqrt[3]{4}=1.6$ と実験値 1.6 の一致はよい．ただし，結合 2 励起子状態のエネルギーを E_{2X_b}，3 励起子状態のエネルギーを E_{3X} で表す．

同様に，強い閉じ込めを示す量子ドット中に閉じ込められた離散数の励起キャリヤの問題，例えば，2 ペア状態（2 励起子状態），3 ペア状態（3 励起子状態），マルチペア状態（多励起子状態），トリオン（2 個の電子と 1 個の正孔からなる負に帯電した励起子，および 1 個の電子と 2 個の正孔からなる正に帯電した励起子）状態などは，ホールバーニングだけでなく単一量子ドット分光によっても解明された[21],[19]．

7.3 オージェ再結合と多励起子生成

強励起下のバルク半導体では，生成された3体以上の電子，正孔は互いにクーロン相互作用し，この結果，図7.11（a）に模式的に示すように電子・正孔対がオージェ再結合という非放射過程で消滅し，残りの電子または正孔がエネルギーの高い状態にたたき上げられる現象が起こる．オージェ再結合は，電子と正孔の再結合時に再結合エネルギーが光子として発せられるのではなく，別の電子あるいは正孔に渡されるという過程である．この過程では，エネルギーと運動量の保存則が成り立つ．その結果，別の電子あるいは正孔は高いエネルギーに励起される．また，図7.11（b）に模式的に示すように，高いエネルギーの光子を吸収して形成された高いエネルギーをもつ電子が，伝導帯の底に散乱する際の余剰エネルギーを価電子帯の電子に与えて伝導帯に励起し，多電子・正孔対（多励起子）が生成するインパクトイオン化も知られている．この過程でもエネルギーと運動量の保存則が成り立つ．

これらの非線形現象，オージェ過程とその逆過程であるインパクトイオン化は，エネルギーと運動量の保存則が制約となって強励起下以外ではバルク半導体ではわずかな効率でしか起きないが，ナノメートルサイズの量子ドットの狭い空間に閉じこめられた3体以上の電子，正孔の場合には，互いに極めて強くクーロン相互作用し，かつ運動量の不確定性の大きさのため運動量

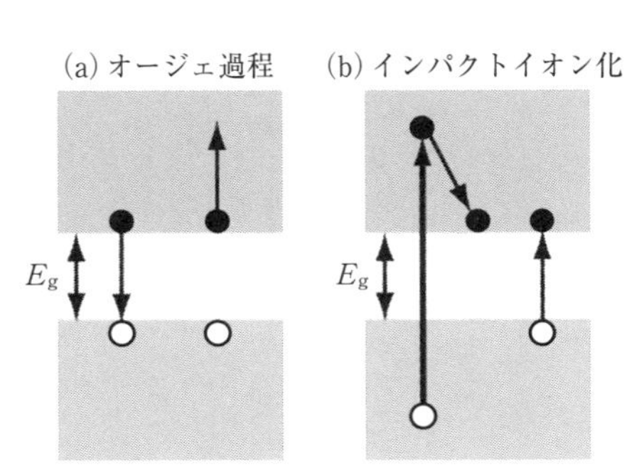

図 7.11 （a）オージェ過程と（b）インパクトイオン化の模式図．

保存則がゆるくなる結果，オージェ過程もインパクトイオン化も高効率に起きる．ガラスに埋め込まれたCdS量子ドットで，低励起でもオージェ過程によりCdS量子ドット中の電子がガラス中にたたき上げられる速度が励起強度Iの1.8乗に比例し，量子ドットの半径aの-4.5乗に比例するのが観測されている[29]．量子ドットでは，電子と正孔の最も低い量子準位間の遷移エネルギーの2倍を超える1光子から光生成された高いエネルギーの電子が，伝導帯の底の対応する最も低い電子の量子準位に散乱する際，余剰エネルギーを価電子に与えて電子の量子準位に励起し，1光子から多励起子を高効率に生成できる可能性がある．この特徴は，11.1節で述べるように，量子ドットを太陽電池に応用しようとするとき大変に有利にはたらく．

量子ドットが多励起子を含み，かつドット表面における非放射過程で移動するエネルギーが小さくて問題にならないような場合には，オージェ過程（オージェ再結合の過程のこと）が主要な非放射過程として多励起子の減衰を支配することになる．バルク半導体では，オージェ過程は$C_{\mathrm{A}}n_{\mathrm{eh}}{}^3$によって表される．ここで$C_{\mathrm{A}}$はオージェ定数で，$n_{\mathrm{eh}}$は電子・正孔対（励起子）の密度である．この場合，減衰時定数としては$\tau_{\mathrm{A}}=(C_{\mathrm{A}}n_{\mathrm{eh}}{}^2)^{-1}$となり，$n_{\mathrm{eh}}$に対して連続的に変化する．しかし，量子ドット中にある電子・正孔対（励起子）の数は整数となるので，オージェ減衰時定数も離散的な値となる．量子ドットにおける多電子・正孔対（多励起子）からの減衰は次のような連立微分方程式で表せる[30]．

$$\left.\begin{aligned}\frac{dn_N}{dt}&=-\frac{n_N}{\tau_N}\\ \frac{dn_{N-1}}{dt}&=\frac{n_N}{\tau_N}-\frac{n_{N-1}}{\tau_{N-1}}\\ &\vdots\\ \frac{dn_1}{dt}&=\frac{n_2}{\tau_2}-\frac{n_1}{\tau_1}\end{aligned}\right\}\qquad(7.1)$$

ここで $n_i\,(i=1,2,\cdots,N)$ は i 個の電子・正孔対を含む量子ドットの試料中の濃度で，τ_i は i 個の電子・正孔対の寿命である．

上の連立微分方程式を解くと，量子ドット中の時間に依存した平均電子・正孔対（励起子）数は，時刻0で i 個の電子・正孔対を含む量子ドットの試料中の濃度を A_i とすると $\langle N(t)\rangle = \sum_{i=1}^{N} A_i \exp(-t/\tau_i)$ となる．時刻ゼロの量子ドット中の電子・正孔対（励起子）の数 m は，ポアッソン分布

$$P(m) = \frac{\langle N\rangle_0^m}{m!} e^{-\langle N\rangle_0} \quad (m=1,2,\cdots,N) \tag{7.2}$$

に従う．ここで，$\langle N\rangle_0$ は量子ドット中の時刻ゼロの平均電子・正孔対（励起子）数である．A_i は時刻ゼロの i 個の電子・正孔対（励起子）の試料中の濃度なので

$$A_i = n_i(t=0) = n_{\mathrm{QD}} P(i) \quad (i=1,2,\cdots,N) \tag{7.3}$$

と与えられる．ここで n_{QD} は試料中の量子ドット濃度である．

量子ドットにおけるオージェ過程は離散的な値となったオージェ減衰時定数を反映し，整数となる電子・正孔対数により決まった「量子化された階段」として，CdSe の量子ドットによって実験的に観測されている[31]．フェムト秒の過渡吸収の実験によれば，図 7.12 に示すように，時間分解の 1S 吸収帯の過渡吸収から得られた $\langle N(t)\rangle$ の減衰は単一指数関数ではないが，いくつかの単一指数関数の和によって記述される．これは量子ドット中に1対，2対，3対の電子・正孔対（励起子）があり，図中の挿入図に示すように階段を落ちるように3対から2対，1対，0対の電子・正孔対（励起子）になっていき，それぞれのオージェ減衰の時定数が理論値の $\tau_3 : \tau_2 : \tau_1 = 0.25 : 0.44 : 1$ に近いことで説明できる．オージェ再結合速度は，電子・正孔対（励起子）の濃度の2乗に比例するはずなので，この減衰時定数の比は量子閉じ込めオージェ減衰として理解できる．また，量子ドットのサイズが変わったときにオージェ減衰の時定数はサイズの3乗に比例することが示されており，これもオージェ過程を考えることによって理解できる．

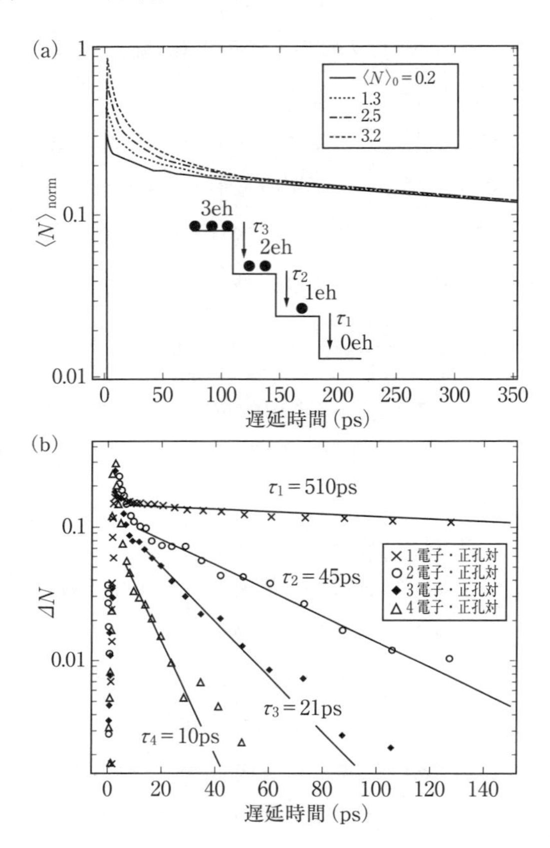

図 7.12　(a) 時間分解過渡吸収法で測定された，励起強度に依存する CdSe 量子ドット（平均半径 2.3 nm）中の電子・正孔対の数の時間依存性．時間の後半の減衰の部分で規格化されている．規格化された量子ドット中の平均の電子・正孔対の数を，$\langle N \rangle_{norm}$ で表す．挿入図は，量子閉じ込めオージェ再結合を量子化された階段で模式的に示す．(b) (a) に示す電子・正孔対の数の時間依存性から求められた，1 対，2 対，3 対および 4 対の電子・正孔対の数 ΔN の時間依存性．（V. I. Klimov：J. Phys. Chem. **B104** (2000) 6112 より許可を得て転載）

インパクトイオン化による多励起子生成は，多くの量子ドットで時間分解過渡吸収により観測されてきた[32],[33]．図 7.13 に室温で励起光の光子エネルギー $\hbar\omega$ を，PbSe 量子ドットの最もエネルギーの低い 1 s 励起子光学遷移エネルギー E_g(QD) = 0.64 eV の 2.4 倍（$\hbar\omega = 2.4\,E_g$(QD)）および 7.8 倍

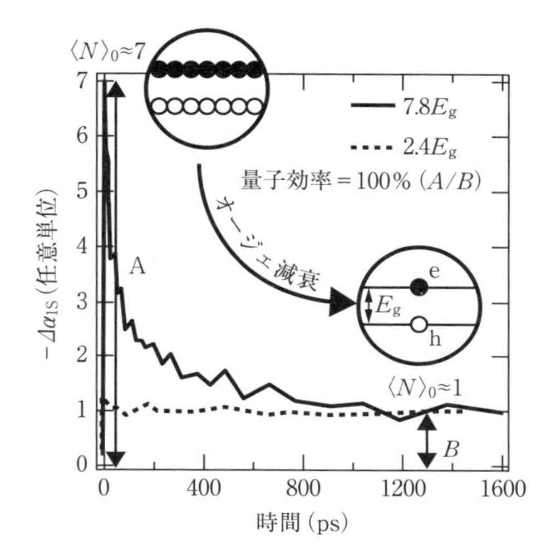

図 7.13 PbSe 量子ドットの 1S－1S 遷移エネルギーの 2.4 倍および 7.8 倍のエネルギーで励起したときの時間分解過渡吸収トレース．多励起子生成の量子効率は図中の 100％（A/B）で与えられる．（V. I. Klimov：J. Phys. Chem. **B110**（2006）16827 より許可を得て転載）

（$\hbar\omega = 7.8\,E_g$(QD)）で励起した後，E_g(QD)のエネルギーで測定した時間分解過渡吸収トレースを示す．エネルギーの保存則から，インパクトイオン化による新たに 1 対の電子・正孔対が形成されるための必要条件は $\hbar\omega > 2E_g$(QD) である．

励起エネルギーが $\hbar\omega = 2.4\,E_g$(QD) として，量子ドット当り平均 0.1 個以下の励起子しか生成されない弱励起の場合には，時間分解過渡吸収トレースはほぼ一定である．これは，量子ドット中には最大 1 個の励起子しか生成されていないときの吸収の減少分である．量子ドット中の平均の励起子数 $\langle N\rangle_0 < 0.1$ は，量子ドットの吸収断面積と励起光の光子束密度の積で与えられる．励起エネルギーを変えないで励起強度を強くすると，励起子分子を含めて多励起子が生成される．量子ドット中の励起子数 m は（7.2）で与えられるポアッソン分布 $P(m)$ に従うので，量子ドット中に励起子分子が生成される確率 $P(2)$ も含めて，多励起子の確率 $\sum_{m=2}^{\infty} P(m)$ と 1 個の励起子が生成される確率 $P(1)$ の比に応じて，時間分解過渡吸収トレースに時間初期の高速減衰が現れる．また，量子ドット中にある励起子の数の平均は，$\sum_{m=1}^{\infty} mP(m) / \sum_{m=1}^{\infty} P(m) = \langle N\rangle_0/(1 - e^{-\langle N\rangle_0})$ で与えられるが，励起強度を上げる

と，この励起子の数の平均に比例して時間初期の時間分解過渡吸収が増加する．

一方，励起エネルギーを $\hbar\omega = 7.8\,E_g(\mathrm{QD})$ とすると，計算上は量子ドット当り平均 0.1 個以下の励起子しか生成されない弱励起の場合にも，多励起子のオージェ減衰による時間分解過渡吸収トレースに時間初期の高速減衰が現れ，高速減衰が終わった後に，量子ドット中に残る 1 個の励起子による吸収の減少に対応してほぼ一定となる．この場合には，励起強度を減少させても時間初期に見られる時間分解過渡吸収トレースの高速減衰は残り，時間初期の時間分解過渡吸収は $\langle N\rangle_0/(1 - e^{-\langle N\rangle_0})$ で表されない．このことは，高いエネルギーの光子で量子ドットを励起すると，インパクトイオン化により多励起子が生成され，励起子の数はポアッソン分布には従わないことを示している．そして，初期時間の時間分解過渡吸収の振幅 A と，時間の後半で一定になった時間分解過渡吸収の振幅 B から励起子生成の量子効率が求められる．励起子生成の量子効率は図 7.13 中に示す QE ＝ 100％ (A/B) で与えられる．

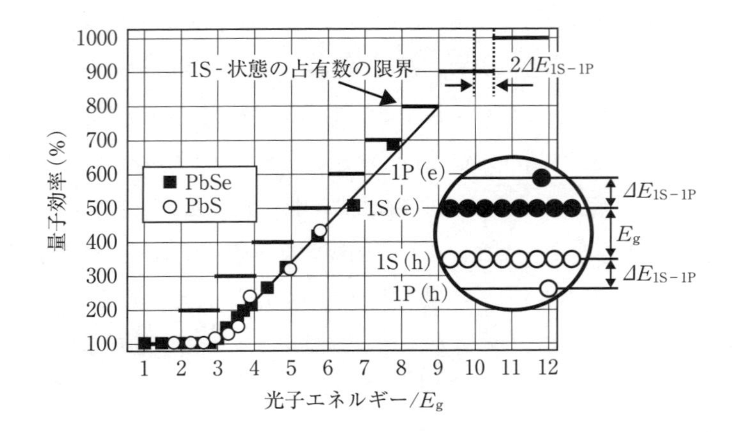

図 7.14　量子ドットにおける電子・正孔対の理想的な生成量子効率（＿）の光子エネルギー依存性と，実験的に求めた PbSe 量子ドット（■）と PbS 量子ドット（○）における電子・正孔対の生成量子効率．（V. I. Klimov：J. Phys. Chem. **B110**（2006）16827 より許可を得て転載）

図7.14には，理想的な量子ドットの電子・正孔対の生成量子効率の光子エネルギー依存性である床関数[$\hbar\omega/E_g$(QD)]（ガウス記号）と，実験的に上記の求め方で求めたPbSe量子ドットとPbS量子ドットの電子・正孔対の生成量子効率を示す．2.8 E_g(QD)を超える高いエネルギーの光子で量子ドットを励起すると，インパクトイオン化により多励起子が生成される．光子エネルギーが2.8 E_g(QD)を超えると量子効率は傾き，114%/E_g(QD)をもって線形に向上し，7.8 E_g(QD)のときには700%にも至ると報告されている．量子ドット中の多励起子生成を高効率太陽電池に結びつけるには，数十psの程度で起こるオージェ減衰が起こる前に，電子と正孔に分離して取り出すことが必要である．

参 考 文 献

[1] K. Nishibayashi, T. Okuno, T. Mishina, S. Sugou, H.-W. Ren and Y. Masumoto：Jpn. J. Appl. Phys. **40** (2001) 2084.

[2] T. Okuno, Y. Masumoto, M. Ikezawa, T. Ogawa and A. A. Lipovskii：Appl. Phys. Lett. **77** (2000) 504.

[3] D. Gammon, E. S. Snow, B. V. Shanabrook, D. S. Katzer and D. Park：Phys. Rev. Lett. **76** (1996) 3005.

[4] M. Bayer, A. Kuther, A. Forchel, A. Gorbunov, V. B. Timofeev, F. Schäfer, J. P. Reithmaier, T. L. Reinecke and S. N. Walck：Phys. Rev. Lett. **82** (1999) 1748.

[5] M. Sugisaki, H.-W. Ren, S.V. Nair, K. Nishi, S. Sugou, T. Okuno and Y. Masumoto：Phys. Rev. **B59** (1999) R5300.

[6] M. Sugisaki, H.-W. Ren, K. Nishi and Y. Masumoto：Solid State Commun. **117** (2001) 679.

[7] V. D. Kulakovskii, G. Bacher, R. Weigand, T. Kümmell, A. Forchel, E. Borovitskaya, K. Leonardi and D. Hommel：Phys. Rev. Lett. **82** (1999) 1780.

[8] L. Bányai and S.W. Koch："*Semiconductor Quantum Dots*"（World Scientific, 1993).

[9] U. Woggon："*Optical Properties of Semiconductor Quantum Dots*"（Springer-Verlag, 1997).

［10］ *"Semiconductor Quantum Dots - Physics, Spectroscopy and Applications"* ed. by Y. Masumoto and T. Takagahara（Springer - Verlag, 2002）.
［11］ 大槻義彦 編：「現代物理最前線 6」（共立出版，2002 年）"人工原子，量子ドットとは何か"（舛本泰章 執筆）
［12］ T. Takagahara：Phys. Rev. **B39**（1989）10206.
［13］ Y. Z. Hu, S. W. Koch, M. Lindberg, N. Peyghambarian, E. L. Pollock and F. F. Abraham：Phys. Rev. Lett. **64**（1990）1805.
［14］ Y. Z. Hu, M. Lindberg and S. W. Koch：Phys. Rev. **B42**（1990）1713.
［15］ Y. Masumoto, S. Okamoto and S. Katayanagi：Phys. Rev. **B50**（1994）18658.
［16］ M. Sugisaki, H. - W. Ren, S. V. Nair, K. Nishi and Y. Masumoto：Solid State Commun. **117**（2001）435.
［17］ S. V. Nair and T. Takagahara：Phys. Rev. **B55**（1997）5153.
［18］ M. Ikezawa, Y. Masumoto, T. Takagahara and S. V. Nair：Phys. Rev. Lett. **79**（1997）3522.
［19］ E. Dekel, D. Gershoni, E. Ehrenfreund, D. Spektor, J. M. Garcia and P. M. Petroff：Phys. Rev. Lett. **80**（1998）4991.
［20］ T. Kawazoe and Y. Masumoto：Phys. Rev. Lett. **77**（1996）4942.
［21］ L. Landin, M. S. Miller, M. - E. Pistol, C.E. Pryor and L. Samuelson：Science **280**（1998）262.
［22］ R. J. Warburton, C. Schäflein, D. Haft, F. Blckel, A. Lorke, K. Karrai, J. M. Garcia, W. Schoenfeld and P. M. Petroff：Nature **405**（2000）926.
［23］ A. Hartmann, Y. Ducommun, E. Kapon, U. Hohenester and E. Molinari：Phys. Rev. Lett. **84**（2000）5648.
［24］ B. Urbaszek, R. J. Warburton, K. Karrai, B. D. Gerardot, P. M. Petroff and J. M. Garcia：Phys. Rev. Lett. **90**（2003）247403.
［25］ I. E. Kozin, V. G. Davydov, I. V. Ignatiev, A. V. Kavokin, K. V. Kavokin, G. Malpuech, H.-W. Ren, M. Sugisaki, S. Sugou and Y. Masumoto：Phys. Rev. **B65**（2002）241312（R）.
［26］ M. Ikezawa and Y. Masumoto：Jpn. J. Appl. Phys. **36**（1997）4191.
［27］ 総説論文として，Y. Masumoto：J. Lumin. **70**（1996）386，Y. Masumoto：Jpn. J. Appl. Phys. **38**（1999）570，および 舛本泰章：日本物理学会誌 **54**（1999）431 を参照.
［28］ 杉﨑満，任紅文，舛本泰章：固体物理 **35**（2000）335.
［29］ D. I. Chepic, Al. L. Efros, A. I. Ekimov, M. G. Ivanov, V. A. Kharchenko, I. A. Kudriavtsev and T. V. Yazeva：J. Lumin. **47**（1990）113.

[30]　V. I. Klimov：in “*Semiconductor and Metal Nanocrystals*” ed. by V. I. Klimov (Marcell Dekker, 2004) part I, chapter 5, pp.193－199.
[31]　V. I. Klimov：J. Phys. Chem. **B104** (2000) 6112.
[32]　R. D. Schaller and V. I. Klimov：Phys. Rev. Lett. **91** (2004) 186601.
[33]　V. I. Klimov：J. Phys. Chem. **B110** (2006) 16827.

第 8 章

電子状態のコヒーレンスとコヒーレント制御 ―量子計算へ―

量子ドット中の量子状態のエネルギー離散性を反映して，電子状態はエネルギー幅が狭くコヒーレンス時間が長い．本章では，量子ドットの電子状態のエネルギー幅や，コヒーレンス時間を測定する手法と測定例を解説する．次に，量子ドットの電子状態のコヒーレント制御と量子計算への応用の研究について紹介する．

8.1　電子状態のコヒーレンス

量子ドットの作製方法にはさまざまなものがあるが，どの方法を使ってもドットのサイズや形状を完全に制御することは難しく，サイズ分布や形状分布が存在する．量子サイズ効果のために，量子ドット中の量子化エネルギー準位はサイズや形状に依存したブルーシフトを示す．量子化エネルギー準位は，量子ドットの原子のような性質を反映して δ（デルタ）関数状の狭いスペクトルを示すが，量子ドットの集合はサイズや形状の分布によって，不均一広がりによる広い光スペクトルを示すと考えられている．その他にもスペクトルの不均一広がりの原因に，ひずみ，界面の様子だけでなく量子ドットを包含する母体の影響も考えられる．このような不均一広がりの幅を不均一幅とよび，その原因をすべて取り除いた量子ドットの光学スペクトルの幅を均一幅とよぶ．

量子ドットの光学スペクトルの均一幅は，δ 関数のようにゼロなのであろうか？　現実の量子ドットにおいて光スペクトルの均一幅は，δ 関数のようなゼロではなく，量子ドット特有の位相緩和（横緩和ともよぶ）による有限の幅をもっており，バルク結晶の光スペクトルの均一幅と比べて広い場合がある．励起子の位相（横）緩和時間は，放射寿命，不純物や欠陥による散乱時間，量子ドットの表面や界面での散乱時間，フォノンによる散乱時間，励起子相互間や励起子と電子や正孔との間の散乱時間により決定される．

量子ドットのフォノンによる位相緩和は，均一幅の温度依存性を与える．小さな量子ドットにおいて，電子，励起子だけでなくフォノンもサイズ量子化されるため，電子－フォノン，励起子－フォノン相互作用は特異なものとなる．したがって，量子ドットの性質を理解する上で量子ドットの光スペクトルの均一幅は，基礎的で最も重要な性質をもつばかりでなく，応用的にも均一幅の逆数に比例して光非線形性の増大をもたらしたり，非常に狭い均一幅は長い位相緩和時間を意味するため，量子計算に必要な量子状態の多様なコヒーレント制御を可能にする大変に重要な情報といえる．

8.1.1 量子ドットの均一幅のスペクトル領域での測定

量子ドットの光スペクトルの均一幅を求めるために，量子ドットの集合が示す不均一広がりを有する光スペクトルからホールバーニング（hole burning）や，フルオレッセンスラインナローイング（FLN：fluorescence line narrowing）などのサイト選択分光，単一の量子ドットの光スペクトルを調べる単一量子ドット分光，さらに，時間領域から量子ドットの位相緩和時間を測定するフォトンエコーに代表されるコヒーレント分光がある．この節では，量子ドットの光スペクトルの均一幅を測定する手法を紹介し，低温極限で均一幅の温度依存性を研究した例を挙げて詳しく解説する．

量子ドットの光スペクトルの均一幅は，ガラス，結晶やポリマー中で成長させた量子ドットにおいて，その研究の初期にはホールバーニングおよびFLNで研究されてきた．ホールバーニング分光法は，不均一に広がった吸収スペクトルに線幅の狭いレーザー光を照射することで，図8.1に示すような吸収飽和によってスペクトラルホール（spectral hole）とよばれる吸収の減少が得られ，この幅から不均一広がりの中に隠れていた均一幅を求めることが可能である．

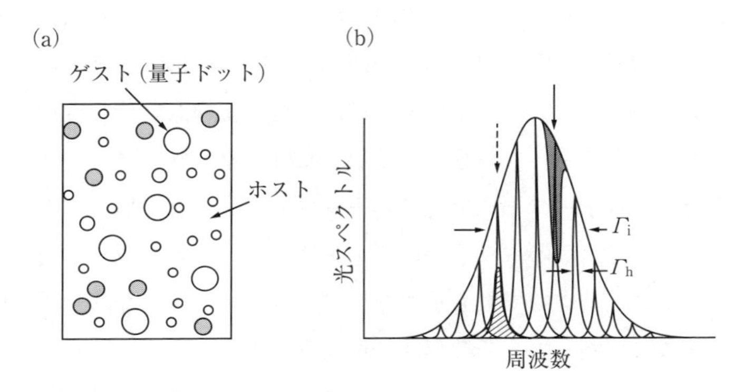

図 8.1　(a) サイズの分布のある量子ドットを狭い線幅のレーザーで励起すると，特定のサイズのドットのみが励起される．(b) サイズの分布のある量子ドットの光スペクトルは不均一広がり Γ_i を示し，均一幅より狭い線幅のレーザーで光スペクトル中の下向きの実線および破線の矢印の位置を励起すると，均一幅 Γ_h の 2 倍の幅をもつホールバーニング（灰色で表示）が吸収スペクトル中に，フルオレッセンスラインナローイング（斜線で表示）が発光スペクトル中にそれぞれ観測される．（大槻義彦 編：「現代物理最前線 6」（共立出版，2002 年）の“人工原子，量子ドットとは何か”より許可を得て転載）

量子ドットの不均一幅の主な原因は量子ドットのサイズ分布なので，ホールバーニング分光によって特定のサイズをもつ量子ドット中の電子・正孔や励起子を選択的に共鳴励起することが可能である[1]．図 8.1 に示すように FLN 分光法を用いても，線幅の狭いレーザー光を吸収帯に照射したときの発光スペクトルのスペクトル幅により均一幅を求めることができる．量子ドットの場合には，レーザー光で共鳴励起された量子ドットからの発光を，不均一広がりをもつ発光帯に重ねて観測することになる[2]．ホールバーニング分光法，FLN 分光法いずれの場合においても，観測されたスペクトル幅のほぼ半分が均一広がりを与える．

単一の量子ドットの発光スペクトルが 0.1 meV 程度かこれより狭い線幅をもつ例があることが，自己形成 InAs 量子ドットや化学的に成長された

CdSe 量子ドットで明らかになっている[3],[4]. 0.1 meV より狭い線幅の均一幅の測定では，上述のスペクトル領域の測定よりも，フォトンエコーを使った時間領域の測定が有効な場合もある．実際，単一量子ドット分光で 0.1 meV より狭い光スペクトルが相次いで報告されてから，より狭い線幅（より長いコヒーレンス時間）を有する量子ドットの研究が行われてきている．

文献で発表された量子ドットの種類，測定法，測定された均一幅またはその上限の値を表 8.1（p.173）に示す．この表から読みとれることは，同じ CdSe 量子ドットでも 100 meV～32 μeV まで分布しており，母体に代表される量子ドットの作製条件によって均一幅が大きく異なる点である．また，単一量子ドットの分光において，均一幅の上限だけしか得られないケースが多い点である．これは，均一幅が分光器のスペクトル分解能より狭い場合で，単一の量子ドットを計測して不均一広がりを排除しても，スペクトル領域で測定するには分解能を上げる必要があるという自明の事実に基づいている．

量子ドットの光スペクトルの均一幅が 0.1 meV 以下のとき，スペクトル領域で分解能に余裕をもって測定した例に，化学的に合成され，ZnSe で表面を覆われた CdSe 量子ドットを対象とし，0.4 μeV の 2 台の波長可変レーザーダイオードを用いて，ホールバーニングとそのスペクトルの測定によって，均一幅を 32 μeV と求めた研究（$T=2$ K）がある[5].

8.1.2 量子ドットの均一幅の時間領域での測定

スペクトル領域で狭い線幅の均一幅は，時間領域では位相緩和時間が長いことを意味し，かえって測定しやすい．フォトンエコーは，時間領域で位相緩和時間を測定する一般的な手法であり，第 1 の光パルスが不均一に広がった周波数をもつ光遷移双極子の位相をそろえて励起させ，それらが位相緩和時間 T_2 で緩和した後，第 2 の光パルスが不均一広がりによって時間的にばらばらになった遷移双極子を時間反転することにより，位相をそろえる（rephase とよぶ）ことでフォトンエコーが放出される．

第1光パルスと第2光パルスの時間差を t_{12} とすると，第2光パルスの照射の後 t_{12} の時間を経て，不均一広がりで広がった遷移双極子の位相差が再びゼロに収束し，位相のそろった遷移双極子はマクロな電気分極を作ることによりフォトンエコーが放出されることになる．このとき，電気分極は位相緩和を受けていない遷移双極子の大きさに比例するため，t_{12} を大きくするとき，フォトンエコーの大きさが減衰する時間が遷移双極子の位相緩和時間と相関することになる．

フォトンエコーとして広く使われてきた物質中の遷移双極子の位相緩和時間測定法[6]が，量子ドットの光スペクトルの均一幅の測定に使用されている．位相（横）緩和時間 T_2 が求まると，均一幅は半値全幅 $\Gamma_{\mathrm{h}} = 2\hbar/T_2$ で与えられる．この方法によって，ポリマー中に含まれる化学的に合成された CdSe や InP 量子ドットの均一幅の温度依存性や，自己形成 InGaAs 量子ドットの均一幅の温度依存性を測定できる[7]-[10]．

第6章で量子ドットの永続的ホールバーニングについて解説したが，永続的ホールバーニングが起こると，蓄積フォトンエコーの測定が可能となる[11]-[13]．蓄積フォトンエコーの長所は，繰り返し光パルス対による蓄積効果によって，微弱光を用いてもフォトンエコー信号を捉えられることで，フォトンエコーでたびたび問題になる励起キャリヤ間の衝突による位相緩和が，全く問題にならない強度でのフォトンエコー測定が可能である点にある．

図8.2を使い，直観的になぜ蓄積フォトンエコーで光スペクトルの均一幅が測定できるのかを説明しよう．図中に，不均一に広がっている幅の広いガウス型の吸収スペクトル（実線）と，幅の狭い均一広がりのスペクトル（破線）が表されている．今，同じコヒーレントな光パルス対 P_1 と P_2 が時間差 t_{12} で図の光スペクトルを励起したとすると，P_1 で励起された遷移双極子は位相（横）緩和時間 T_2 の間はコヒーレントに（位相を保ったまま）振動を継続し，第2パルス P_2 と干渉することになる．このとき，干渉によりス

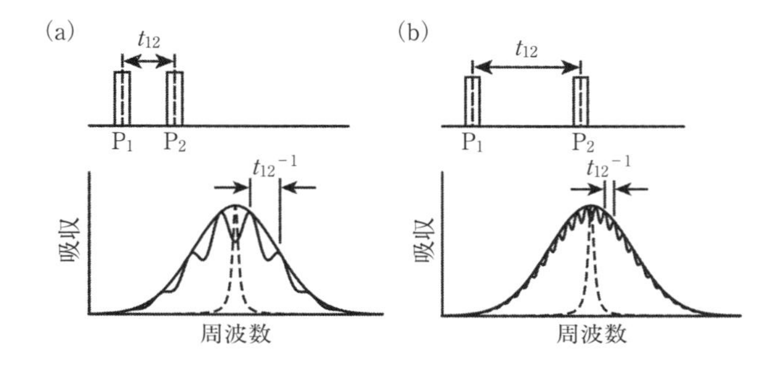

図 8.2　試料に続いて照射される，2 つの同じコヒーレント光パルスにより作られた不均一広がりをもつスペクトル中の干渉パターン．(a) は光パルス間の時間差 t_{12} が短い場合で，(b) は光パルス間の時間差 t_{12} が長い場合．破線は不均一広がりをもつスペクトル中の均一幅をもつスペクトル．(大槻義彦 編：「現代物理最前線 6」の“人工原子，量子ドットとは何か”より許可を得て転載)

ペクトル中に $1/t_{12}$ の周波数間隔の光強度の濃淡ができることになる．

不均一に広がりをもつ光スペクトルに単色光を照射したとき，光の吸収でできる幅は均一幅で決められるため，スペクトル中にできる濃淡の周波数間隔が均一幅より狭いとき，この均一幅で平滑化されてしまうことになる．したがって，スペクトル中の濃淡の変調振幅は，濃淡の周波数間隔と均一幅の大小関係によって支配される．この結果，蓄積フォトンエコー信号は分極の位相緩和時間，すなわち均一幅の逆数で減衰することになる．

フォトンエコーを測定するには，励起光，エコー信号光の間に位相整合条件が満足されなければならない．3 本の励起光の波数を $\boldsymbol{k}_1$，$\boldsymbol{k}_2$，$\boldsymbol{k}_3$，エコーパルスの波数を $\boldsymbol{k}_\mathrm{e}$ とすると，蓄積フォトンエコー測定では，同軸でない配置（$\boldsymbol{k}_1 \neq \boldsymbol{k}_2$，$\boldsymbol{k}_3 = \boldsymbol{k}_1$）でエコーの観測方向として $\boldsymbol{k}_\mathrm{e} = \boldsymbol{k}_2$ の条件がしばしば用いられる．この場合，エコーパルス $\boldsymbol{k}_\mathrm{e}$ はプローブパルス $\boldsymbol{k}_2$ と干渉することになる．

プローブパルス $\boldsymbol{k}_2$ の電場と，これに比べてずっと弱いエコーパルス $\boldsymbol{k}_\mathrm{e}$ の電場の和の 2 乗に比例する光強度を受ける検出器は，プローブパルス $\boldsymbol{k}_2$ の電場とエコーパルス $\boldsymbol{k}_\mathrm{e}$ の電場の積に比例して，エコー強度は $\exp(-2t_{12}/T_2)$

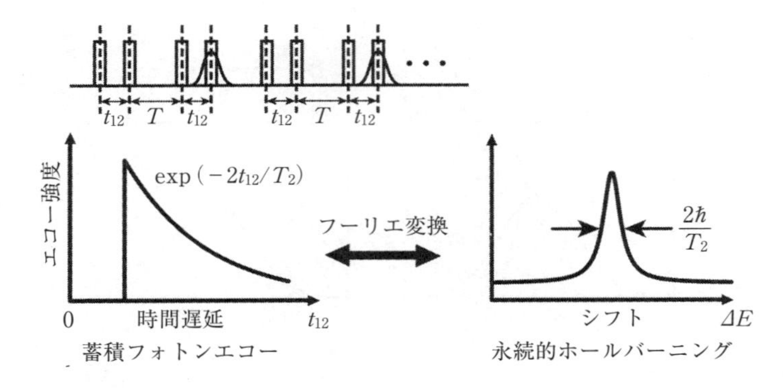

図 8.3　ヘテロダイン検波蓄積フォトンエコーで観測された時間波形のフーリエコサイン変換は，エネルギー軸上に永続的ホールバーニングスペクトルを与え，逆にエネルギー軸上の永続的ホールバーニングスペクトルのフーリエコサイン変換は蓄積フォトンエコーの時間波形を与える．（大槻義彦 編：「現代物理最前線 6」の “人工原子，量子ドットとは何か” より許可を得て転載）

に比例して減衰することになる[12]．この時間軸上で指数関数として表される減衰とエネルギー軸上で半値全幅 $2\hbar/T_2$ をもつローレンツ関数は互いにフーリエ変換の関係にあり（図 8.3），位相緩和時間 T_2 から均一幅として半値全幅 $2\hbar/T_2$ を得ることができる．

試料に当たった励起光やプローブ光の散乱に隠されやすいエコー信号を，

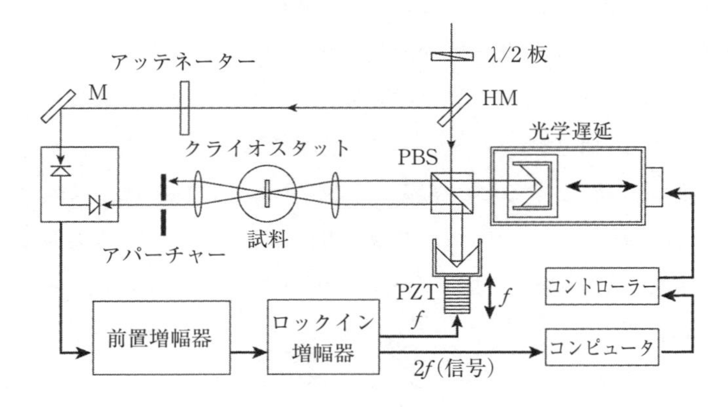

図 8.4　ヘテロダイン検波蓄積フォトンエコーの実験配置図．（Y. Masumoto, M. Ikezawa, B.－R. Hyun, K. Takemoto and M. Furuya：phys. status solidi（b）**224**（2001）613 より許可を得て転載）

感度よく検出するのに用いられる，蓄積フォトンエコー測定で使われた位相変調法による実験配置について説明する[14]．図 8.4 に示すように，ピコ秒あるいはフェムト秒光パルスをビームスプリッターによって 2 つに分け，それぞれを光学遅延上の反射鏡と圧電素子付の反射鏡により反射した後，$\boldsymbol{k}_1$，$\boldsymbol{k}_2$ の波数をもった状態で試料に集光し，$\boldsymbol{k}_1$ 方向からエコー信号を検出させる．このとき，$\boldsymbol{k}_2$ の波数をもった光は圧電素子によって光路長を半波長程度変調しておくと，エコー信号強度もこの周波数で変調されるため，ロックイン増幅器で強度が変調されることがない $\boldsymbol{k}_1$ の波数をもった光から分離されて検出できるようになる．

永続的ホールバーニングが起きると，蓄積フォトンエコーが観測される．実際には，量子ドットにおける蓄積フォトンエコーはガラス中に形成された CuCl 量子ドットと CuBr 量子ドットで見つかった[15],[16]．弱い閉じ込め量

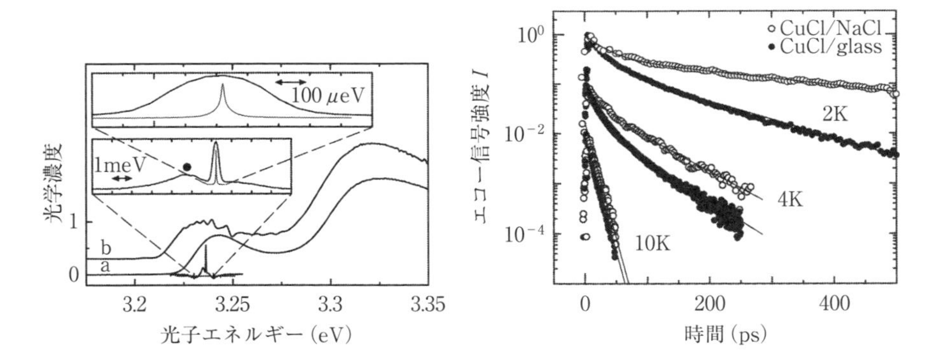

図 8.5　(左図) ガラス中の CuCl 量子ドットの吸収スペクトル a および NaCl 結晶中の CuCl 量子ドットの吸収スペクトル b (2 K)．挿入図はガラス中の CuCl 量子ドットの永続的ホールバーニングスペクトルで，ゼロフォノンホールと黒丸で示されたドットに閉じ込められた音響型フォノンによるホールサイドバンドからなる．挿入図は順々に横軸を拡大され，細い実線は蓄積フォトンエコーの減衰から求められたゼロフォノン線をローレンツ関数で示す．(右図) 3 つの温度におけるガラス (黒丸)，および NaCl 結晶 (白丸) 中の CuCl 量子ドットにおける蓄積フォトンエコーの精密な測定．10 K では 2 種類の量子ドットの蓄積フォトンエコーは単一指数関数で減衰し，その減衰は互いに重なるが，2 K では明確な差が現れ，2 成分の指数関数で減衰する．遅い指数関数の減衰成分は上から 310 ps，117 ps，65 ps，55 ps，9.5 ps，9.5 ps である．(M. Ikezawa and Y. Masumoto：Phys. Rev. **B61** (2000) 12662 より許可を得て転載)

子ドットの典型的な例であるNaCl結晶およびガラス中のCuCl量子ドットにおける，蓄積フォトンエコーの精密な測定が行われている．図8.5に，その測定例を示す[17]．エコーの減衰は2K，4Kの低温では母体（NaCl結晶，ガラス）によって異なるが，10Kまで温度が上がると母体に依存しなくなる．低温のとき減衰は2成分からなり，速い減衰成分はスペクトル中に見られる閉じ込めを受けた音響型フォノンの幅の広いサイドバンド成分を反映し，遅い減衰成分がゼロフォノン線のスペクトル幅を表す．遅い減衰の時定数の2倍が位相緩和時間 T_2 を表し，1KではNaCl結晶中のCuCl量子ドットの T_2 は1.3nsにまで達する．同様に，異なる試料であるガラス中のCuCl量子ドットで，蓄積フォトンエコーによって2Kで130psといった長い T_2 が求められている[18]．

図8.6に，NaCl結晶およびガラス中でのCuCl量子ドットの蓄積フォト

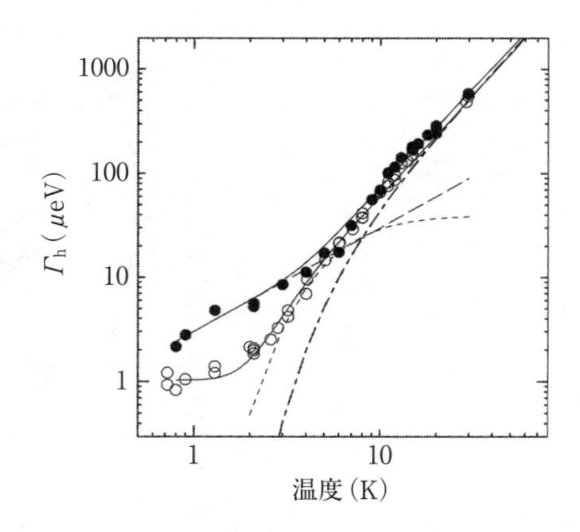

図8.6　NaCl結晶およびガラス中のCuCl量子ドットの蓄積フォトンエコーにより求めた，励起子の均一幅の温度依存性の測定結果．白丸はNaCl結晶中のCuCl量子ドットの蓄積フォトンエコーから求められた励起子均一幅の温度依存性で，黒丸はガラス中のCuCl量子ドットの蓄積フォトンエコーから求められた励起子均一幅の温度依存性である．5K以上では2種類のCuCl量子ドットの均一幅の温度依存性は一致するが，5K以下では明確な違いが見られる．一点鎖線はドットに閉じ込められた音響型フォノンによる線幅の温度依存性で，長い破線と点線はそれぞれ，ガラスとNaCl結晶中の2準位系からの寄与を表す．（M. Ikezawa and Y. Masumoto：Phys. Rev. **B61** (2000) 12662より許可を得て転載）

ンエコーによって求められた，励起子の均一幅の温度依存性を示す[17]．CuCl 量子ドットにおいて，0.7 K で 1 μeV に達するほどの非常に狭い均一幅は量子ドットの特異性を明示している．1 μeV の均一幅は発光寿命による自然幅に比べてわずかに広い．この図に示すような低温領域での，特異な温度依存性は，閉じ込められた音響フォノン（エネルギー：$\hbar\omega_A$）との相互作用（閉じ込められた音響フォノンを吸収し放出する 2 フォノン過程）の寄与 $\sinh^{-2}(\hbar\omega_A/2kT)$ を考慮するだけでは説明することはできず，極低温領域での，さらに小さいエネルギー励起（エネルギー：$\hbar\omega_A'$）である 2 準位系（TLS：two level system）の寄与 $\cosh^{-2}(\hbar\omega_A'/2kT)$ の存在を示している[19]．一方，母体をガラスにすると極低温領域で均一幅の温度依存性は異なり，異なった TLS のエネルギースペクトルを示唆する．実際に，低温（$T = 5$ K 以下）のとき，ガラス中の CuCl 量子ドットでは TLS の寄与から予想される T の温度依存性が得られている．

CdSe 量子ドットは強い閉じ込め系で，この系の典型的な例として電子準位の均一幅の温度依存性を明らかにする必要がある．CdSe 量子ドットで蓄

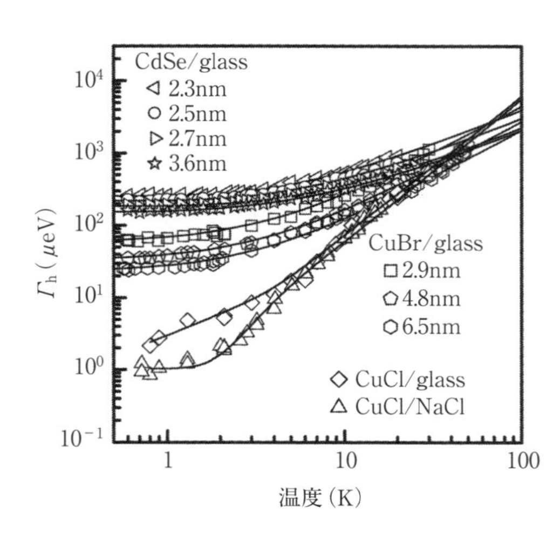

図 8.7　NaCl 結晶およびガラス中の CuCl 量子ドット，ガラス中の CuBr 量子ドット，ガラス中の CdSe 量子ドットの光スペクトル均一幅の温度依存性．（Y. Masumoto, M. Ikezawa, B.‐R. Hyun, K. Takemoto and M. Furuya：phys. status solidi（b）**224**（2001）613 より許可を得て転載）

積フォトンエコーのフーリエコサイン変換を求めた均一幅は，ホールバーニングで測定したスペクトルよりもはるかに狭い線幅を示し，単一量子ドット分光とほぼ同等の結果となる．また，狭い均一幅は温度の上昇と共に広がり，閉じ込め音響フォノンの寄与として説明されている[20]．発光寿命に加えて，量子ドット中に閉じ込められた音響型フォノンと量子ドットと，これを含む母体がなす系中の微小なエネルギー励起が低温での均一幅を決定する因子となる例は，CuCl 量子ドット以外では，ガラス中の CuBr 量子ドットでも見つかっている[21]．図 8.7 に，NaCl 結晶およびガラス中の CuCl 量子ドットを含めて，ガラス中の CuBr 量子ドット，ガラス中の CdSe 量子ドットに関する蓄積フォトンエコーによって求められた，励起子の均一幅の温度依存性を示す[22]．

前述の蓄積フォトンエコーは，繰り返し光パルス対による蓄積効果によって，微弱光を用いても励起子のフォトンエコー信号を捉えられる極めて高感度な測定法であるが，蓄積効果が期待できない量子ドットには使えない．3 本の励起光の波数 $\boldsymbol{k}_1$，$\boldsymbol{k}_2$，$\boldsymbol{k}_3$ を自己形成量子ドット層にほぼ垂直にして励起子のフォトンエコーを測定するとし，自己形成量子ドットの高さが 5 nm と仮定すると，量子ドットが面内に隙間なく並んでいても，単層の量子ドットの励起子遷移での光学濃度は 5×10^{-3} 程度と薄すぎてフォトンエコー信号を得ることは難しい．フォトンエコー法によって自己形成量子ドットから励起子のエコー信号を得るには，自己形成量子ドット層内の導波路構造あるいは多層の自己形成量子ドットを対象とするか，はるかに感度の高いヘテロダイン検出フォトンエコー測定を行う必要がある．後述するように，ヘテロダイン検出フォトンエコー測定を用いると，単層の自己形成量子ドットの場合でも励起子のエコー信号を得られることが知られている．

ヘテロダイン光検出法とは，周波数のわずかに違う 2 つの光を重ね合わせて発生するうなりを，光電検出する手法である[23]．この手法は，2 つの設定周波数の差のうなり信号を検出するので，異なる周波数の雑音光の影響を

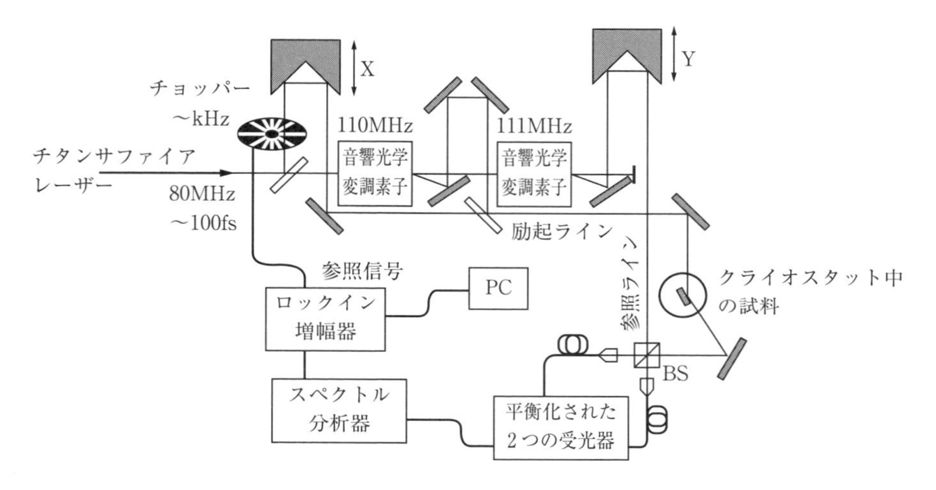

図8.8 超高感度ヘテロダイン検出フォトンエコー測定系.

受けず，参照光の強度を大きくすることでうなり信号を大きくできるので，微弱光の検出が可能となる．物質の光非線形計測においては，この手法はさらに有利な点がある．物質の3次の非線形分極 $P^{(3)} = \chi^{(3)}E_1E_2E_2$ は，図8.8に示すように E_1 を $\omega_1 = 80$ MHz，E_2 を $\omega_2 = \omega_1 + 110$ MHz，E_3 を $\omega_3 = \omega_1 + 111$ MHz の周波数で変調を加えると，$P^{(3)}$ は周波数 $2\omega_2 - \omega_1 = \omega_1 + 220$ MHz で変調を受け，ω_3 の周波数で変調を加えた参照光とうなりを発生させると，$2\omega_1 - \omega_2 - \omega_3 = 109$ MHz の変調周波数でヘテロダイン検出できる．ここで，$2\omega_1 - \omega_2 - \omega_3$ の変調周波数は物質に加える光の変調周波数とは異なるのでバックグラウンドフリーで，しかも非線形信号光と参照光の電場強度の積をうなりとして検出できるため，参照光の電場強度を強くするとうなり信号を強くできるという利点がある．ヘテロダイン検出フォトンエコー測定では，エコーを電場強度として計測するのでエコーは $\exp(-2t_{12}/T_2)$ に比例して減衰することになる．一方，フォトンエコー測定ではエコーを光強度として計測しており，エコーは $\exp(-4t_{12}/T_2)$ に比例して減衰する．

それぞれ互いに，GaAs 層により隔てられた3層の自己形成 InGaAs 量子ドット層に形成された導波路構造を用いて，低温から室温までヘテロダイン検出フォトンエコー測定が行われている[10]．導波路構造を用いて光と相互作用できる量子ドットの数を増やした点と，高感度なヘテロダイン検出フォトンエコー測定を採用した点が，室温までフォトンエコー測定を十分な精度で行えた理由である．図 8.9 に示されるように，低温の 7 K では励起子と励起子分子の間の量子ビートを初期に示した後に単一指数関数減衰を示し，フォトンエコー電場の減衰時定数を 2 倍して，励起子の位相緩和時間 T_2 として 630 ps が得られている．これは均一幅として 2 μeV に相当する．この均一幅は発光寿命によって決まっている．温度上昇に伴って励起子と音響型フォノンとの相互作用により幅が広がる様子が，速い減衰成分の出現により観測され，125 K 以上の温度では 1 ps より速い減衰となる．前述のように，

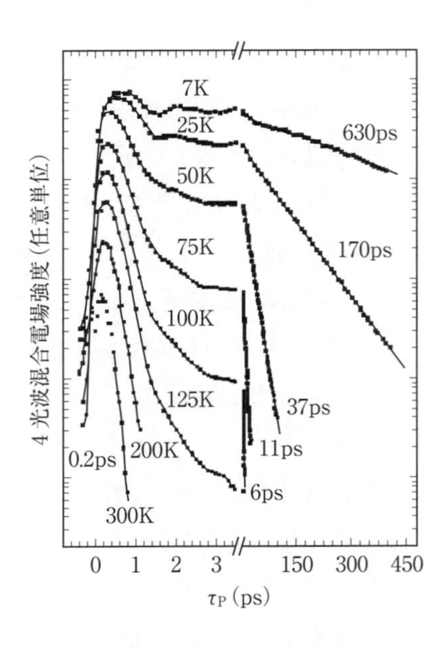

図 8.9　InGaAs 量子ドットの温度に依存した，時間積分ヘテロダイン検出フォトンエコーの電場強度の時間依存性．単一指数関数に従った減衰定数から T_2 が求められる．（P. Borri, W. Langbein, S. Schneider, U. Woggon, R.L. Sellin, D. Ouyang and D. Bimberg：Phys. Rev. Lett. **87**（2001）157401 より許可を得て転載）

フォトンエコーの減衰のフーリエ変換は均一幅を示すスペクトルとなるが，50 K 以下の温度では狭いゼロフォノン線が支配的となる．ゼロフォノン線の広がりは低温極限の 0.66 μeV という 1 ns の発光寿命による広がり，正孔が励起されることに対応して正孔の基底状態から励起状態へのエネルギー差 16 meV に対応した活性化エネルギー型の温度依存性の広がりと，温度に比例して広がる音響型フォノンによる広がりの 3 つの項の和で表され，100 K 以上の温度では 0.22 μeV/K という温度係数で，温度に比例して広がる音響型フォノンによる広がりが大部分となる．

多層の自己形成量子ドットを対象としたフォトンエコー法によって，低温では同様な発光寿命に対応する位相緩和時間 T_2 が得られている[24],[25]．150 層の InAs 量子ドットを InP の（311)B 基板にひずみ補償層を介して成長すると，$[01\bar{1}]$ 方向に短く 39 nm，$[\bar{2}\bar{3}3]$ 方向に 51 nm と 30% 程長い量子ドットが形成される．結晶方位によって量子ドットのサイズの異方性ができると，長い方位に向いた直線偏光と短い方位に向いた直線偏光では，励起される励起子のエネルギーが電子 - 正孔交換相互作用エネルギーの違いによりわずかに異なり，短い $[01\bar{1}]$ 方向に向いた直線偏光で励起される励起子の方が，長い $[\bar{2}\bar{3}3]$ 方向に向いた直線偏光で励起される励起子よりエネルギーが低くなる．

4 光波混合の直線偏光の偏光方向に依存した強度比から遷移双極子は，長い $[\bar{2}\bar{3}3]$ 方向に向いた直線偏光で励起される励起子の方が，短い $[01\bar{1}]$ 方向に向いた直線偏光で励起される励起子に比べて 32% 程大きくなると見積もられる．励起子寿命は過渡吸収により見積もられ，直線偏光の偏光方向に依存した励起子寿命の比は，短い $[01\bar{1}]$ 方向に向いた直線偏光で励起される励起子の方が，長い $[\bar{2}\bar{3}3]$ 方向に向いた直線偏光で励起される励起子と比べて 75% 程長くなり，この値は遷移双極子の 2 乗の逆比と一致している．図 8.10 に示される $[01\bar{1}]$ 方向と $[\bar{2}\bar{3}3]$ 方向に向いた直線偏光を用いたフォトンエコーの減衰から求めた T_2 は，短い $[01\bar{1}]$ 方向に向いた直線偏光

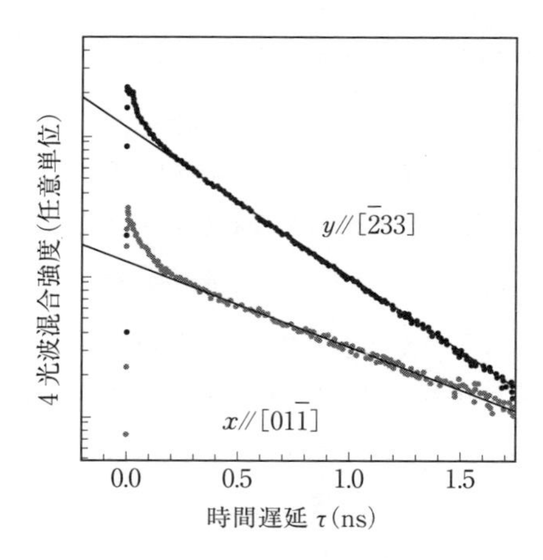

図 8.10 InAs 量子ドットの 3 K における時間積分フォトンエコーの偏光依存性．単一指数関数に従った減衰定数から T_2 が求められる．（J. Ishi-Hayase, K. Akahane, N. Yamamoto, M. Sasaki, M. Kujiraoka and K. Ema：Appl. Phys. Lett. **91**（2007）103111 より許可を得て転載）

で励起される励起子の $T_2 = 2.86$ ns の方が，長い $[\bar{2}\,\bar{3}\,3]$ 方向に向いた直線偏光で励起される励起子の $T_2 = 1.64$ ns と比べて 75% 程長くなり，励起子の発光寿命の比と一致している．発光寿命が励起子の位相緩和時間 T_2 を決めている．

高感度なヘテロダイン検出フォトンエコー測定法により，単層の量子井戸や量子ドットの励起子のフォトンエコー信号が測定できる．フォトンエコーを用いて光吸収が起こるかどうかや，正孔のトンネル過程が観測できる．チャージチューナブル InP 量子ドットでは，正の電気バイアスでドットに電子をドープしたり，負の電気バイアスで電子を抜いたりという制御ができ，電子をドープしたドットを中性化するとフォトンエコー信号が 100 倍以上となる増加が見られる[26]．この振舞は以下のように説明される．電子が 2 個ドープされたときにはパウリブロッキング（パウリの排他原理（律）により，1 つの量子準位は上向きと下向きのスピンをもつ電子が占めることでいっぱいになり，2 つ以上の数の電子はこの量子準位を占めることができない）により，量子ドット中に光励起による励起子双極子ができないためにフォトンエコーが出ない．電子が1個ドープされたときには，トリオン（2個の電子と1個の正孔からなる負に帯電した励起子）はできるが励起子のフォトンエコーが発生せず，量子ドットが中性になると光励起による励起子双極子ができてフォトンエコーが発生するとして理解できる．電場をかけて量子ドットから正孔が障壁層をトンネル過程で透過すると，図8.11に示すように，フォトンエコーは励起子双極子の減衰を反映して急激に減衰する様子が見出された．フォトンエコーの時間波形はトンネル過程の非マルコフ的振舞を反映して非指数関数的減衰を示す．実際，非マルコフ理論はフォトンエコーの時間減衰を大変よく説明する．励起子の T_2 は，正孔のトンネル過程で律速され，図8.11の挿入図に示されるように，半古典論的（WKB近似：Wentzel－Kramers－Brillouin approximation）トンネルモデルにより $1/T_2$

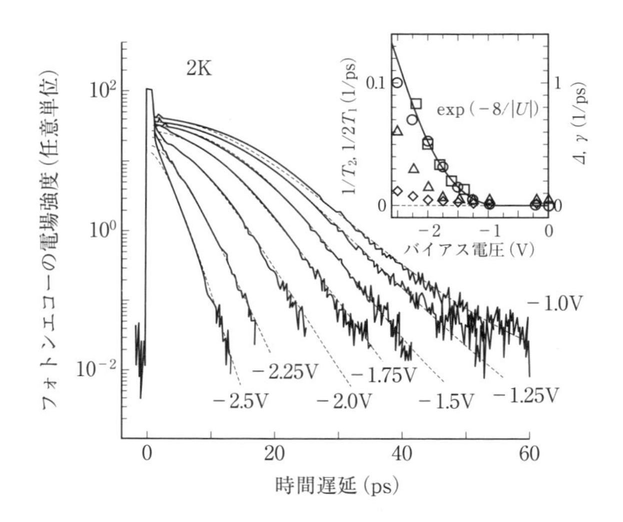

図8.11　電場下のInP量子ドットの時間積分ヘテロダイン検出フォトンエコー信号．負の電圧 U の印加に伴い正孔のトンネル過程により減衰が速くなる．（Y. Masumoto, F. Suto, M. Ikezawa, C. Uchiyama and M. Aihara：J. Phys. Soc. Jpn. **74**（2005）2933より許可を得て転載）

$=1/2T_1=\exp(-U_0/|U|)$ と表される．ここで，U は加えられた電気バイアスで $U_0=8\,\mathrm{V}$ はフィッティング定数である．

前述の図 8.9 に見られるフォトンエコーでも触れたように，励起子と励起子分子の間の量子ビートが観測されることがある．量子ビートの周期 T は励起子分子の束縛エネルギー h/T を与えるので，量子井戸に局所的なひずみを加えることによって形成される ひずみ誘起 GaAs 量子ドット試料を用いて，ひずみのない 2 次元的な GaAs 量子井戸における励起子分子と，ひずみによって形成された 0 次元的量子ドット領域に閉じ込められた励起子分子の束縛エネルギーの直接的な比較が可能である[27]．図 8.12（a）に示すよ

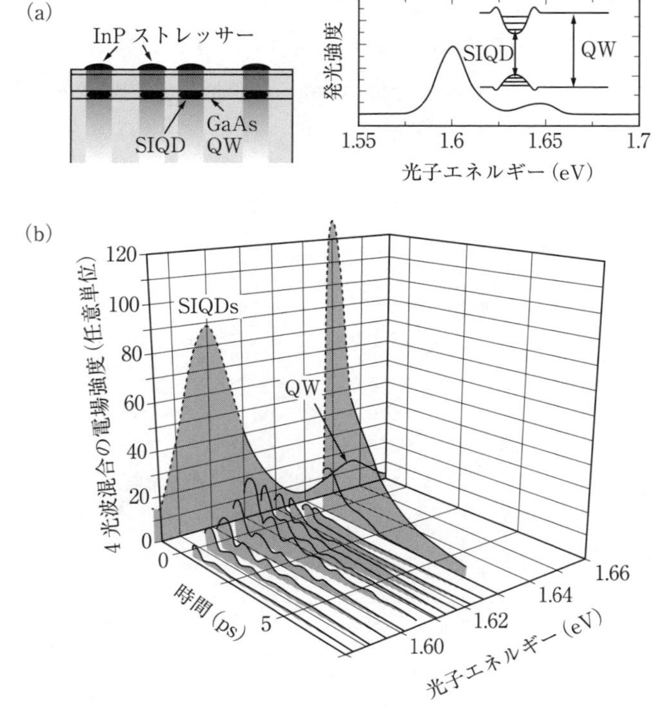

図 8.12　（a）単層 GaAs 量子井戸（QW）とひずみ誘起 GaAs 量子ドット（SIQD）における，（b）時間積分ヘテロダイン検出フォトンエコー信号．（M. Ikezawa, S.V. Nair, H.-W. Ren, Y. Masumoto and H. Ruda：Phys. Rev. **B73**（2006）125321 より許可を得て転載）

うに，これら2つの領域は同一の試料中に存在し，発光エネルギーによって区別することができる．図8.12（b）に，厚さ3.8 nmの井戸内に作られたひずみ誘起量子ドットのヘテロダイン検出フォトンエコー信号を示す．信号には，励起子分子の束縛エネルギーを反映した顕著なビートが見られる．量子ビートの振動周期は，0次元領域（量子ドット）において2次元領域（量子井戸）より短く，周波数が1.5倍大きくなっている．この観測は，量子井戸の2次元的閉じ込めに横方向の面内閉じ込めを付与された量子ドットで，束縛エネルギーが1.5倍に増大したことを最も直接的な形で示す．

次節に紹介するように，西暦2000年前後には，こういった量子ドットのもつ長いコヒーレンス保持時間を利用して量子コンピューター素子を含むコヒーレンス利用素子へ応用が模索され[28]，現在も盛んに研究が行われている．表8.1には，上述してきたような，量子ドットの電子状態のコヒーレンスをさまざまな手法で研究した例を示す．

表8.1　位相緩和時間の表（大槻義彦 編：「現代物理最前線6」（共立出版，2002年）の“人工原子，量子ドットとは何か”より許可を得て一部新規データを追加ののち転載）

量子ドット	半径 R	手法	均一幅(全幅) $2\hbar/T_2$	温度	T_2	年/文献
CdSe QDs/glass		HB	50 meV	10 K	25 fs	1989/[I-1]
CdSe QDs/organics	R=2.25 nm	HB	15 meV	7 K		1988/[I-2]
CdSe QDs/organics	R=1.6 nm	HB	8 meV			1990/[I-3]
Ir.-CdSe QDs/glass	R=2.0 nm	HB	5 meV			1993/[I-4]
CdSe/ZnS QDs	R=4.5 nm	HB	32 μeV	2 K		2001/[I-5]
CuCl QDs/NaCl	R=6.1 nm	Saturation	0.18 meV	77 K		1989/[I-6]
CuCl QDs/NaCl	R=4.1 nm	HB	0.30 meV	2 K		1991/[I-7]
CuCl QDs/NaCl	R=3.5 nm	PSHB	70 μeV	2 K		1998/[I-8]
CuCl QDs/NaCl	R=5.7 nm	FLN	0.2 meV	4.2 K		1991/[I-9]
CuCl QDs/NaCl	R=3.2 nm	FLN	50 μeV	10 K		2001/[I-10]
CuCl QDs/glass	R=2.4 nm	FLN	50 μeV	10 K		2001/[I-11]

量子ドット	半径 R	手法	均一幅(全幅) $2\hbar/T_2$	温度	T_2	年/文献
QD in GaAs QW		SQDS	<0.1 meV	5 K		1994/[I-12]
QD in GaAs QW		SQDS	23±10 μeV	<10 K		1996/[I-13]
QD in GaAs QW		SQDS	0.9 meV	15 K		1995/[I-14]
SK-InAs QD		SQDS	<0.1 meV	10 K		1994/[I-15]
SK-InAs QD		Cathode lum.	<0.15 meV	<50 K		1995/[I-16]
SK-InP QD		SQDS	<40 μeV	5 K		1995/[I-17]
CdSe/ZnS QD		SQDS	<0.12meV	10 K		1996/[I-18]
CdSe QDs/polymer	R=1.1 nm	PE	31 meV	15 K	85 fs	1993/[I-19]
CdSe QDs/polymer	R=2 nm	PE	1/R dep.	15 K	270 fs	1994/[I-20]
InP QDs/polymer	R=1.5 nm	PE	9.4 meV	20 K		1997/[I-21]
SK-InGaAs QDs		PE	2 μeV	7 K	630 ps	2001/[I-22]
SK-InAlGaAs QDs		PE	3.5 μeV	5 K	372 ps	2001/[I-23]
CuCl QDs/glass		APE	10 μeV	2 K	130 ps	1998/[I-24]
CuCl QDs/NaCl CuCl QDs/glass	R=2 nm R=2 nm	APE APE	1 μeV 2 μeV	1 K 0.7 K	1.3 ns 650 ps	2000/[I-25] 2000/[I-25]
CdSe QDs/glass	R=3.6 nm	APE	0.34 meV	2 K	3.8 ps	2000/[I-26]
CuBr QDs/glass	R=6.5 nm	APE	23 μeV	0.6 K	61 ps	2000/[I-27] 2001/[I-28]
QD in GaAs QW		DFWM	40 μeV	6 K	32 ps	1998/[I-29]
QD in GaAs QW		CI	34 μeV	6 K	40 ps	1998/[I-30]
SI-InGaAs QDs		CI	72 μeV	2 K	18.5 ps	2001/[I-31]
SI-InGaAs QDs		HFWM	2 μeV	7 K	630 ps	2001/[I-32]
SI-InAs QDs		DFWM	1.2 μeV	5 K	1.09 ns	2006/[I-33]
SI-InAs QDs	x=39 nm y=51 nm	DFWM	x:0.46 μeV y:0.80 μeV	3 K 3 K	x:2.86 ns y:1.64 ns	2007/[I-34]

Ir.-：光照射された（Photoirradiated），SK-：ストランスキー-クラスタノフ成長（Stranski-Krastanow grown），SI-：ひずみ誘起（Stress-Induced），HB：ホールバーニング（Hole Burning），Saturation：飽和分光（Saturation Spectroscopy），PSHB：永続的ホールバーニング（Persistent Spectral Hole Burning），FLN：フルオレッセンスラインナローイング（Fluorescence Line Narrowing），SQDS：単一量子ドット分光（Single Quantum Dot Spectroscopy），Cathodelum.：カソードルミネッセンス（Cathodeluminescence），PE：フォトンエコー（Photon Echo），APE：蓄積フォトンエコー（Accumulated Photon Echo），DFWM：縮退4光波混合（Degenerate Four Wave Mixing），CI：コヒーレンス干渉（Coherence Interference）

〈参考文献〉

[I-1] N. Peyghambarian, B. Fluegel, D. Hulin, A. Migus, M. Joffre, A. Antonetti, S.W. Koch and M. Lindberg：IEEE J. Quant. Electron. **25** (1989) 2516.

[I-2] A. P. Alivisatos, A. L. Harris, N. J. Levinos, M. L. Steigerwald and L. E. Brus：J. Chem. Phys. **89** (1988) 4001.

[I-3] M. G. Bawendi, W. L. Wilson, L. Rothberg, P. J. Carroll, T. M. Jedju, M. L. Steigerwald and L. E. Brus：Phys. Rev. Lett. **65** (1990) 1623.

[I-4] U. Woggon, S. Gaponenko, W. Langbein, A. Uhrig and C. Klingshirn：Phys. Rev. **B47** (1993) 3684.

[I-5] P. Palinginis and H. Wang：Appl. Phys. Lett. **78** (2001) 1541.

[I-6] Y. Masumoto, T. Wamura and A. Iwaki：Appl. Phys. Lett. **55** (1989) 2535.

[I-7] T. Wamura, Y. Masumoto and T. Kawamura：Appl. Phys. Lett. **59** (1991) 1758.

[I-8] Y. Masumoto, T. Kawazoe and N. Matsuura：J. Lumin. **76&77** (1998) 189.

[I-9] T. Itoh and M. Furumiya：J. Lumin. **48&49** (1991) 704.

[I-10] K. Edamatsu, T. Itoh, K. Matsuda and S. Saikan：phys. stat. sol. (b) **224** (2001) 629.

[I-11] K. Edamatsu, T. Itoh, K. Matsuda and S. Saikan：Phys. Rev. **B64** (2001) 195317.

[I-12] K. Brunner, G. Abstreiter, G. Böhm, G. Tränkle and G. Weimann：Appl. Phys. Lett. **64** (1994) 3320.

[I-13] D. Gammon, E.S. Snow, B.V. Shanabrook, D.S. Katzer and D. Park：Science **273** (1996) 87.

[I-14] Y. Nagamune, H. Watabe, M. Nishioka and Y. Arakawa：Appl. Phys. Lett. **67** (1995) 3257.

[I-15] J.-Y. Marzin, J.-M. Gérard, A. Izraël, D. Barrier and G. Bastard：Phys. Rev. Lett. **73** (1994) 716.

[I-16] M. Grundmann, J. Christen, N. N. Ledentsov, J. Böhrer, D. Bimberg, S. S. Ruvimov, P. Werner, U. Richter, U. Gösele, J. Heydenreich, V. M. Ustinov, A. Yu. Egorov, A. E. Zhukov, P. S. Kop'ev and Zh. I. Alferov：Phys. Rev. Lett. **74** (1995) 4043.

[I-17] L. Samuelson, N. Carlsson, P. Castrillo, A. Gustafsson, D. Hessman, J. Lindahl, L. Montelius, A. Petersson, M.-E. Pistol and W. Seifert：Jpn. J. Appl. Phys. **34** (1995) 4392.

[I-18] S. A. Empedocles, D. J. Norris and M. G. Bawendi：Phys. Rev. Lett. **77** (1996) 3873.

[I-19] R. W. Schoenlein, D. M. Mittleman, J. J. Shiang, A. P. Alivisatos and C. V. Shank：Phys. Rev. Lett. **70** (1993) 1014.

[I-20] D. M. Mittleman, R. W. Schoenlein, J. J. Shiang, V. L. Colvin, A. P. Alivisatos and C. V. Shank：Phys. Rev. **B49** (1994) 14435.

[I-21] U. Banin, G. Cerullo, A. A. Guzelian, C. J. Bardeen, A. P. Alivisatos and C. V. Shank：Phys. Rev. **B55** (1997) 7059.

[I-22] P. Borri, W. Langbein, S. Schneider, U. Woggon, R. L. Sellin, D. Ouyang and D. Bimberg：Phys. Rev. Lett. **87** (2001) 157401.

［I-23］ D. Birkedal, K. Leosson and J. M. Hvam：Phys. Rev. Lett. **87**（2001）227401.
［I-24］ R. Kuribayashi, K. Inoue, K. Sakoda, V. A. Tsekhomskii and A. V. Baranov：Phys. Rev. **B57**（1998）R15084.
［I-25］ M. Ikezawa and Y. Masumoto：Phys. Rev. **B61**（2000）12662.
［I-26］ K. Takemoto, B.-R. Hyun and Y. Masumoto：Solid State Commun. **114**（2000）521.
［I-27］ B.-R. Hyun, M. Furuya, K. Takemoto and Y. Masumoto：J. Lumin. **87-89**（2000）302.
［I-28］ Y. Masumoto, M. Ikezawa, B.-R. Hyun, K. Takemoto and M. Furuya：phys. stat. sol.（b）**224**（2001）613.
［I-29］ N. H. Bonadeo, G. Chen, D. Gammon, D. S. Katzer, D. Park and D. G. Steel：phys. Rev. Lett. **81**（1998）2759.
［I-30］ N. H. Bonadeo, J. Erland, D. Gammon, D. Park, D. S. Katzer and D. G. Steel：Science **282**（1998）1473.
［I-31］ A. V. Baranov, V. Davydov, A. V. Fedorov, H.-W. Ren, S. Sugou and Y. Masumoto：phys. stat. sol.（b）**224**（2001）461.
［I-32］ P. Borri, W. Langbein, S. Schneider, U. Woggon, R. L. Sellin, D. Ouyang and D. Bimberg：Phys. Rev. Lett. **87**（2001）157401.
［I-33］ J. Ishi-Hayase, K. Akahane, N. Yamamoto, M. Sasaki, M. Kujiraoka and K. Ema：Appl. Phys. Lett. **88**（2006）261907.
［I-34］ J. Ishi-Hayase, K. Akahane, N. Yamamoto, M. Sasaki, M. Kujiraoka and K. Ema：Appl. Phys. Lett. **91**（2007）103111.

8.2　量子ドットのコヒーレント制御 ― 量子計算へ ―

8.2.1　量子計算とコヒーレンス

従来の古典的コンピューターは0と1のビットを単位とし，論理として NOT，AND，OR，EXOR（exclusive or）を用いて計算していく．これに対して量子コンピューターは，2準位の量子状態 $|0\rangle$，$|1\rangle$ の重ね合わせ（線形結合 $a|0\rangle + b|1\rangle$；a, b は規格化条件 $|a|^2 + |b|^2 = 1$ を満足する複素数）の量子ビット（quantum bit または qubit；キュビット）を要素とする．線形結合 $a|0\rangle + b|1\rangle$ に絶対値が1の複素数 $a^*/|a|$（a^* は a の共役複素数）を掛けることにより，a を正の実数に選ぶことができるので，一般的に

$$a = \cos\frac{\theta}{2}, \qquad b = e^{i\varphi}\sin\frac{\theta}{2} \quad (0 \le \theta \le \pi, 0 \le \varphi \le 2\pi) \quad (8.1)$$

として量子ビットを書くことができる．（ただし，$a = 0$ のときは $b = 1$ ととり，$\theta = \pi$，$\varphi = 0$ とすればよい．）N 個の 2 準位が構成する全系の状態を，量子ビットの N 個の積 $(a_1|0\rangle_1 + b_1|1\rangle_1)(a_2|0\rangle_2 + b_2|\rangle 1\rangle_2)\cdots(a_N|0\rangle_N + b_N|1\rangle_N)$ を用い，これにユニタリー変換を施して計算していく．

量子ビットの操作には回転（rotation）ゲートという $|0\rangle$ あるいは $|1\rangle$ を θ だけ回転する操作

$$\left.\begin{aligned} |0\rangle &\longrightarrow \cos\frac{\theta}{2}|0\rangle - e^{-i\varphi}\sin\frac{\theta}{2}|1\rangle \\ |1\rangle &\longrightarrow \cos\frac{\theta}{2}|1\rangle + e^{i\varphi}\sin\frac{\theta}{2}|0\rangle \end{aligned}\right\} \quad (8.2)$$

が必要であり，もう 1 つの重要な操作は 2 つの量子ビットの組に対してはたらく制御ノット（CNOT：controlled not）ゲート

$$\left.\begin{aligned} |00\rangle &\longrightarrow |00\rangle \\ |01\rangle &\longrightarrow |01\rangle \\ |10\rangle &\longrightarrow |11\rangle \\ |11\rangle &\longrightarrow |10\rangle \end{aligned}\right\} \quad (8.3)$$

といわれるものである．2 ビットの $|00\rangle$，$|10\rangle$，$|01\rangle$，$|11\rangle$ を前半のビットと後半のビットに分けると，後半のビットを前半のビットを制御する制御ビット，前半のビットを計算の入力と出力を表す対象（標的）ビットに用い，制御ビットが $|0\rangle$ ならば対象（標的）ビットは変わらず，制御ビットが $|1\rangle$ ならば対象（標的）ビットは反転される．量子ビットの間のあらゆる操作は，上記の回転ゲートとこの制御ノットゲートで表すことができることが証明されている．全系は 2^N 個の自由度があり，ユニタリー変換によりこれらが一度に変化していくことで，2^N 個の並列計算が行われていくので，従来の古典的コンピューターに比べ圧倒的に速い計算が行われる分野がある．この魅力的な量子コンピューターのアルゴリズムの提案により，量子コンピューター

に使う素子の探索が加速している．量子コンピューター素子として，提案や実験が行われたものには，量子ドット中の電荷状態や電子スピン，核スピンやジョセフソン素子，レーザー冷却された原子やイオンなどがあるが人工原子 —— 量子ドット中の光励起状態も有力な候補の1つである．光励起状態を使う量子ドットの量子コンピューター素子としての長所は固体で集積可能であること，また，コヒーレンス時間よりもはるかに短いレーザーパルスを用いて，多くの量子ドットを同時に多数回コヒーレント制御できる点にある．コヒーレンス時間が長ければ長いほど多数回のコヒーレント制御が可能となるので，長いコヒーレンス時間をもつ量子ドットがこうした観点から有望視されている．

8.2.2　量子ドットのコヒーレント制御

量子ドット中の励起子のもつ長いコヒーレンス時間を利用してコヒーレント制御の実験が行われている．励起子のコヒーレント制御とは，第1の光パルスで作られた励起子の作る分極の振動に，位相まで合わせて第2光パルスを当てることで，励起子の発光強度を制御することである．GaAsの励起子の作る分極の振動は周期として約2.5 fs程で，分極の振動の位相と同期させて第2光パルスを当てるには，第1光パルスと第2光パルス間隔を0.1 fs程度よりも短い時間の精度で合わせる，いわゆるフェーズロックの手法が必要となる．ここで，フェーズロックの手法を簡単に説明しよう．

図8.13に示すように，マイケルソン干渉計やマッハ-ツェンダー干渉計などの2光束干渉計を用いてフェムト秒パルスやピコ秒パルスを2光束に分け，互いの光路差を圧電素子で精密にフィードバック制御して2光束の時間差を30 as(30×10^{-18}s)，距離にして$\lambda/100$程度（λはレーザー光の波長）の精度で制御することができる．干渉計の互いの光路差をフィードバック制御するには，周波数安定化He-Neレーザーを用いて同じ2光束干渉計を2光束に分けて通した後，再び合わせることで干渉させ，この干渉強度をモニ

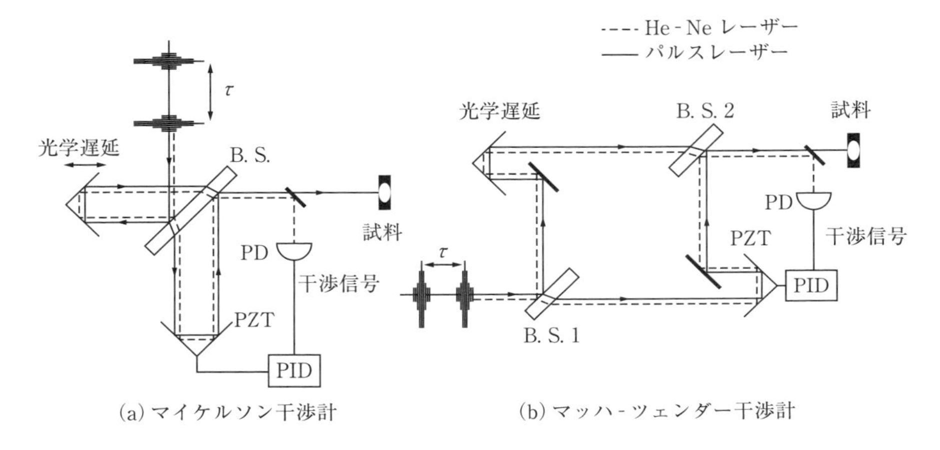

図 8.13　フェーズロックされたパルス対を作り出すための（a）安定化されたマイケルソン干渉計と，（b）安定化されたマッハ-ツェンダー干渉計．PD はフォトダイオード，B. S. はビームスプリッター，PZT は圧電素子，PID はフィードバック制御器を表す．（舛本泰章：分光研究 **51**（2002）118 より許可を得て転載）

ターすることで電圧出力し，これが設定強度の電圧出力になるまで差分電圧を圧電素子に加える．

単一の量子ドットに束縛された励起子を第 1 の光パルスで励起し，コヒーレンスが保たれている間に，励起子の作る分極の振動に位相差ゼロで第 1 光パルスと同じ強度の第 2 光パルスを当てると，励起子の発光強度は完全にコヒーレンスが失われている場合に第 2 光パルスを当てた場合の 2 倍の強度になり，コヒーレンスが保たれて，間に励起子の作る分極の振動に位相差 π で第 2 光パルスを当てると，励起子の発光強度はゼロになる．第 1 光パルスと時間 τ の後に第 2 光パルスで作られた時間 t における励起子分極を，それぞれ $P^{(1)}(t)$ および $P^{(2)}(t-\tau)$ で表すと，全励起子分極は $P^{(1)}(t)+P^{(2)}(t-\tau)$ で与えられ，これから励起子の全発光強度は $|P^{(1)}(t)+P^{(2)}(t-\tau)|^2$ を時間積分した量で与えられる．コヒーレンスが保たれる時間を T_2 で表すと，$P^{(1)}(t)=A\exp(-t/T_2)\cos(\omega t)$，$P^{(2)}(t-\tau)=A\exp[-(t-\tau)/T_2]\cos[\omega(t-\tau)]$ から，励起子の全発光強度は

$$\int_0^\infty \left[P^{(1)}(t) + P^{(2)}(t-\tau)\right]^2 dt$$
$$= \frac{A^2 T_2}{4}\left[2\left(\frac{\omega^2 T_2^2 + 2}{\omega^2 T_2^2 + 1}\right) + \exp\left(-\frac{\tau}{T_2}\right)\left(\frac{(\omega^2 T_2^2 + 2)\cos\omega\tau - \omega T_2 \sin\omega\tau}{\omega^2 T_2^2 + 1}\right)\right] \tag{8.4}$$

で与えられることになる[29]．したがって，励起子の全発光強度は，第 1 光パルスと第 2 光パルスの間の時間差 τ の関数として図 8.14 のように振舞うはずである．こうした振舞が観測されたとすると，実際にコヒーレンスが保たれる時間は励起子分極を 2 倍にしたり止めたり，励起子分極をコヒーレントに制御できたということである．こうした単一量子ドット中の励起子のコヒーレント制御の実証実験が，GaAs 量子井戸の厚さゆらぎが構成する単一の擬似量子ドットや InGaAs 自己形成量子ドットについて行われている[28],[30],[31]．このような量子ドット中の励起子分極 - 双極子の振舞は，線形な領域のもので古典的であるといっても差し支えない．量子ドット中の励起子は分極 - 双極子として振舞うので励起子のコヒーレンス時間より短い強い共鳴光パルスを与えると，以下に述べるようなラビ振動，自己誘導透過

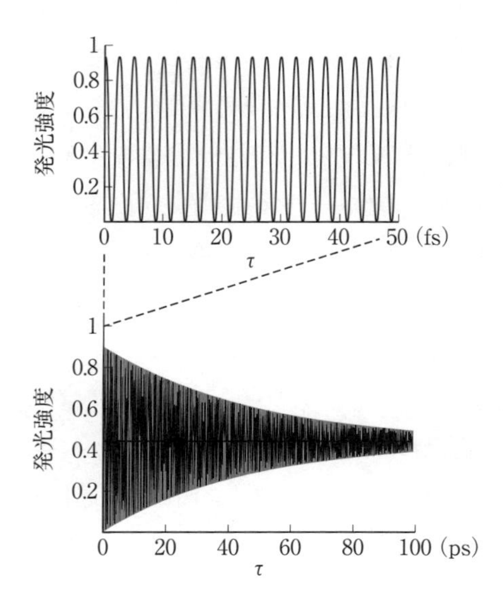

図 8.14　フェーズロックされた時間間隔 τ のパルス対によって励起される，2 つの励起子の分極により形成された発光の振動構造．位相緩和時間 T_2 を 40 ps とし，光の周波数を 1/2.5 fs^{-1} として計算している．〔舛本泰章：分光研究 **51** (2002) 118 より許可を得て転載〕

という双極子の量子論的振舞が現れてくる．この際，量子ドット中の励起子分極 - 双極子の大きな振動子に基づく数十 Debye の大きな双極子能率がコヒーレント光とのコヒーレント相互作用を大きくしているのである．

8.2.3 ラビ振動

光が強くて物質と光の相互作用が十分小さくない場合には，物質と光の相互作用を物質の固有状態に対する小さな摂動と見なすことができなくなる．図 8.15 に示すように，基底状態 $|1\rangle$ と励起状態 $|2\rangle$ からなる 2 準位系があり，

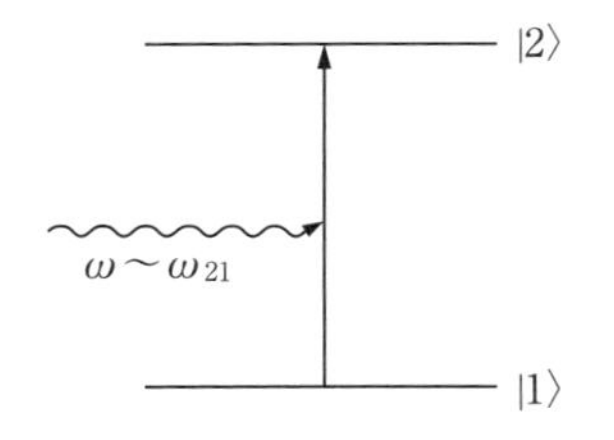

図 8.15　2 準位系と共鳴コヒーレント光の相互作用（長澤信方 編：「シリーズ物性物理の新展開 レーザー光学物性」（丸善出版，1993 年）より許可を得て転載）

このエネルギー差 $\hbar\omega_{21}$ にほぼ共鳴したエネルギー $\hbar\omega$ の強い光がこの系に入射した場合を考えよう．いわゆる光の“衣を着た原子のモデル”（dressed - atom model）に従い，物質が $|1\rangle$ または $|2\rangle$ の状態にあり，$\hbar\omega$ の光子が n 個あるとき，物質と光の全系を $|1, n\rangle$ または $|2, n\rangle$ と表記することにすると，これらは，それぞれ $|2, n-1\rangle, |1, n+1\rangle$ の状態とほぼエネルギー縮重（エネルギーが一致）している．今，ここで，光が強くて 2 準位系と光の相互作用が十分強いとすると，図 8.16 に示すように，ほぼ縮重した 2 つの状態は，互いに反発して 2 重項になることが量子力学の教えるところである．実際 2 準位系と光電場 E との相互作用のハミルトニアンを $H_{\rm int}$ とすると $|1, n\rangle$ と $|2, n-1\rangle$ との相互作用

$$\langle 2, n-1|H_{\rm int}|1, n\rangle = p_{21}E \tag{8.5}$$

を使って，一般化されたラビ周波数（Rabi frequency）

$$\Omega = \left[(\omega - \omega_{21})^2 + 4(p_{21}E/\hbar)^2\right]^{1/2} \tag{8.6}$$

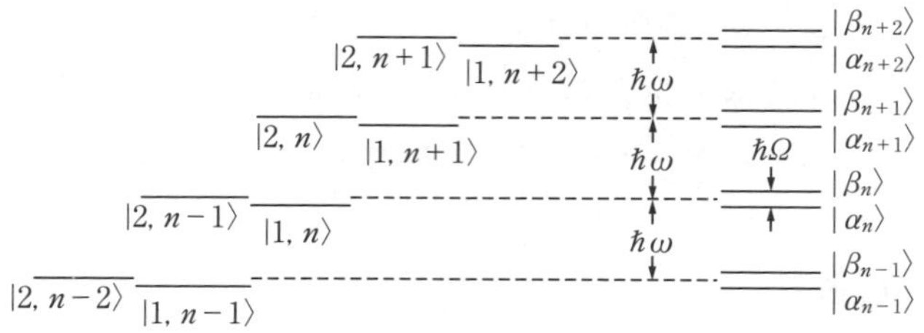

図 8.16　光の衣を着た原子の描象（dressed atom picture）による強い共鳴光と 2 準位系のエネルギー準位の模式図.（長澤信方 編：「シリーズ物性物理の新展開 レーザー光学物性」（丸善出版，1993 年）より許可を得て転載）

を定義すると，物質と光の複合体の固有状態は，$\hbar\Omega$ ずつエネルギーの分裂した 2 重項の集合になる．2 重項を図 8.16 に示すように，$|\alpha_n\rangle, |\beta_n\rangle$ で表すと，元の $|1, n\rangle, |2, n-1\rangle$ を基底として，それぞれ

$$|\alpha_n\rangle = \frac{2p_{12}E^*}{[(\omega-\omega_{21}+\Omega)^2+4(p_{21}E/\hbar)^2]^{1/2}}|1, n\rangle + \frac{\omega-\omega_{21}+\Omega}{[(\omega-\omega_{21}+\Omega)^2+4(p_{21}E/\hbar)^2]^{1/2}}|2, n-1\rangle$$

$$|\beta_n\rangle = \frac{\omega-\omega_{21}+\Omega}{[(\omega-\omega_{21}+\Omega)^2+4(p_{21}E/\hbar)^2]^{1/2}}|1, n\rangle + \frac{2p_{12}E^*}{[(\omega-\omega_{21}+\Omega)^2+4(p_{21}E/\hbar)^2]^{1/2}}|2, n-1\rangle \tag{8.7}$$

となる．

こうして作った新しい固有状態の間の光遷移，特に吸収を考えよう．吸収線は，3 か所のエネルギー $\hbar(\omega-\Omega), \hbar\omega, \hbar(\omega+\Omega)$ に現れるはずであるが，$\hbar\omega$ の線は $|\alpha_n\rangle$ と $|\alpha_{n+1}\rangle$ の間の分布数差，$|\beta_n\rangle$ と $|\beta_{n+1}\rangle$ の間の分布数差がほとんどないので消える．なぜなら，多数の光子からなる強い光の中に n 個の光子がある確率と，$n+1$ 個の光子がある確率との間に，差がないからである．

2 準位間の遷移エネルギーに共鳴した光が十分強い場合には，発光の場合にも $\hbar(\omega - \Omega)$ と $\hbar(\omega + \Omega)$ の 2 重項に分裂する．2 準位間の遷移エネルギーに共鳴した光が十分強い場合，吸収と発光における 2 重項の出現は，光シュタルク効果（optical Stark effect）とよばれたり，オートラー‐タウンズ効果（Autler‐Townes effect）とよばれている．吸収や発光が 2 重項となると，吸収や発光は $2\pi/\Omega$ の周期で時間的に振動することになる．$\omega = \omega_{21}$ となる時間的に変動する光電場 $E(t)$ が 2 準位系に加わるとき，ラビ周波数を時間積分した無次元の量

$$\theta(t) = \int_{-\infty}^{t} \Omega(t)\,dt = \int_{-\infty}^{t} \frac{2p_{21}E(t)}{\hbar}\,dt \tag{8.8}$$

を包絡パルス面積と定義すると，$|2\rangle$ の分布と $|1\rangle$ の分布の間の差，すなわち密度行列の対角項の間の差 $\Delta\rho = \rho_{22} - \rho_{11}$ は包絡パルス面積が時間 t に依存して $\pi, 3\pi, \cdots$ となるごとに 1 となり，$2\pi, 3\pi, \cdots$ となるごとに -1 となる（ラビ振動：Rabi oscillation）[32],[33]．また，時間変化する $|2\rangle$ の分布と $|1\rangle$ の分布の間の差 $\Delta\rho = \rho_{22} - \rho_{11}$ を時間積分した分布差も包絡パルス面積の時間積分が $\pi, 3\pi, \cdots$ となるごとに 1 となり，$2\pi, 3\pi, \cdots$ となるごとに -1 となる．原子の 2 準位系において観測されるラビ振動，光シュタルク効果あるいはオートラー‐タウンズ効果を，人工原子である量子ドットの 2 準位にも期待するのは自然である．量子ドット中の励起子の大きな双極子能率は弱い光でもラビ振動を引き起こすことが期待でき，ラビ振動は量子ドット中の励起子を用いた 1 量子ビット操作を意味する．

8.2.4 量子ドットのラビ振動

厚さ 4 nm の GaAs 量子井戸中に，ヘテロ接合面の成長時に成長中断を入れて作成された，1 原子層だけ厚い島状の擬似量子ドットに捕えられた励起子を用いて，共鳴ポンププローブ過渡吸収を行う．図 8.17 に示されるように，ポンプ光である共鳴光パルス電場の包絡パルス面積の時間積分が $\pi, 3\pi$

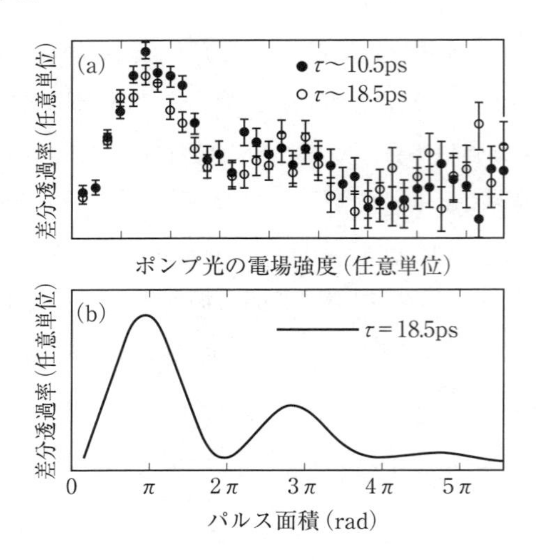

図 8.17　(a) GaAs 擬似量子ドットにおける時間差 τ が，10.5 ps と 18.5 ps において，過渡吸収に見られるポンプ光照射による透過率変化（差分透過率）のポンプ光の電場強度依存性．(b) 時間差 τ が 18.5 ps となる過渡吸収に見られる，ポンプ光照射による透過率変化（差分透過率）のポンプパルス面積依存性．(T.H. Stievater, X. Li, D. G. Steel, D. Gammon, D. S. Katzer, D. Park, C. Piermarocchi and L. J. Sham：Phys. Rev. Lett. **87** (2001) 133603 より許可を得て転載)

となると，プローブ光によって検出される差分透過率（ポンプ光を入れたときと入れないときのプローブ光によって検出される透過率の差）が極大になり，$2\pi, 4\pi$ になると極小になるのが観測されている[34]．差分透過率は，減衰を無視するとポンプ光の包絡パルス面積 $\theta(t)$ に従って $\sin^2[\theta(t)/2]$ のように変化する．すなわち，量子ドットの基底状態を $|0\rangle$ とし 1 励起子状態を $|1\rangle$ として，$\pi/2$ パルスにより $|0\rangle$ から $|1\rangle$ へ，$|1\rangle$ から $|0\rangle$ へ，また π パルスにより $|0\rangle$ から $|0\rangle$ へ，$|1\rangle$ から $|1\rangle$ へコヒーレント操作ができ，1 つの量子ビットの回転操作が可能である．基底状態 $|0\rangle$ と 1 励起子状態 $|1\rangle$ の重ね合わせ $a|0\rangle + b|1\rangle$ を量子ビットとして，包絡パルス面積 $\theta(t)$ の共鳴光パルスは

$$\left.\begin{array}{lcl} |0\rangle & \longrightarrow & \cos\dfrac{\theta(t)}{2}|0\rangle - \sin\dfrac{\theta(t)}{2}|1\rangle \\ |1\rangle & \longrightarrow & \cos\dfrac{\theta(t)}{2}|1\rangle + \sin\dfrac{\theta(t)}{2}|0\rangle \end{array}\right\} \qquad (8.9)$$

となる回転（rotation）ゲートになる．

単一の自己形成 InGaAs 量子ドットの発光スペクトルにも，図 8.18 に示されるように，共鳴光の強度が強くなると 1 本の励起子の発光線が 2 重項に分裂し，分裂エネルギーが共鳴光の強度の平方根に比例する様子が観測されている[35]．分裂エネルギーやラビ振動の共鳴光の強度依存性から，量子ドット中の励起子は 30 Debye あるいは 43 Debye と大きな双極子能率をもっていることが明らかになった．単一の自己形成 InGaAs 量子ドットの発光強

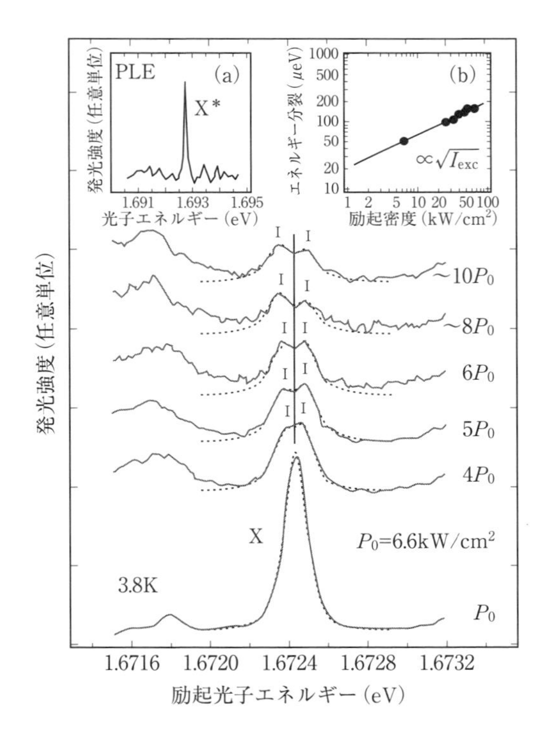

図 8.18　単一 InGaAs 量子ドットの励起子発光スペクトルの励起光強度依存性．励起光は励起子の励起状態 X* を共鳴励起している．挿入図（a）は，励起スペクトル（PLE）における共鳴する励起子の励起準位．挿入図（b）は励起子 2 重項のエネルギー分裂の励起光強度（I_{exc}）依存性．（H. Kamada, H. Gotoh, J. Temmyo, T. Takagahara and H. Ando：Phys. Rev. Lett. **87**（2001）246401 より許可を得て転載）

度にも，共鳴光パルス電場の包絡パルス面積の時間積分が π となると発光強度が極大になり，2π となると極小になるのが観測されている[36].

また，単一の自己形成 InGaAs 量子ドットを内包する GaAs フォトダイオードの光伝導にも，図 8.19 に示されるように，共鳴光パルス電場の包絡パルス面積の時間積分が π となると光伝導が極大になり，2π となると極小になるのが観測されている[37]. 1 ps のパルス幅をもち，繰り返し周波数 $f=$ 82 MHz で繰り返される共鳴光パルス電場の時間積分に比例する包絡パルス面積が π に相当する光電流のピーク 12.6 pA は，1 パルス当り 1 組の電子・正孔対が励起され，すべてが光電流に寄与するとしたときの値 $I=fe=$ 13.1 pA よりわずかに小さい．ここで，e は電子の電荷（素電荷）である．この研究により，量子ドットの光によるコヒーレント操作が単電子単位の電流に変換され，励起子量子ゲートの電気的読み出しとして機能する手段が提供された.

量子ドット中の励起子から励起子分子への光学遷移においても，ラビ振動

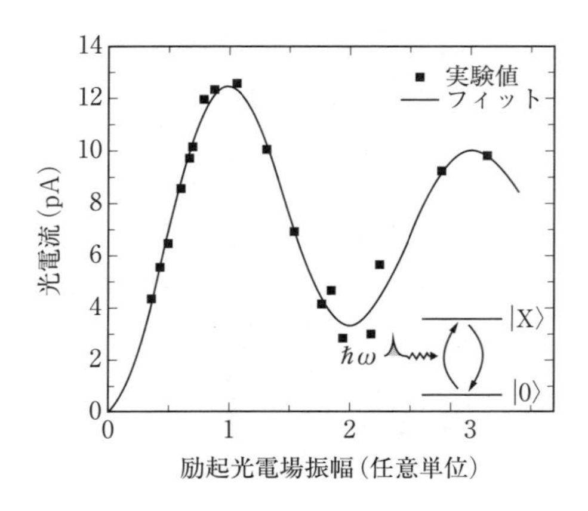

図 8.19　単一 InGaAs 量子ドットを内包するフォトダイオードの光電流の励起光強度依存性．光電流のピーク 12.6 pA は，1 つの光パルスから 1 組の電子・正孔対ができて，光電流にすべて寄与するとした値 13.1 pA よりわずかに小さい．（A. Zrenner, E. Beham, S. Stufler, F. Findeis, M. Bichler and G. Abstreiter：Nature **418** (2002) 612 より許可を得て転載）

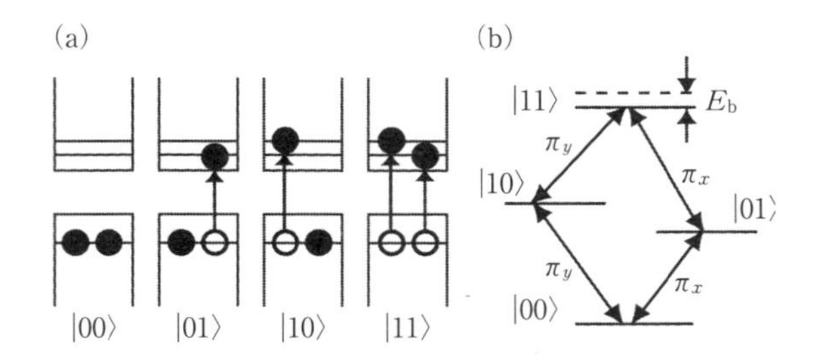

図 8.20 (a) 単一量子ドットにおける 2 励起子遷移[38]. (b) 励起子と励起子分子への遷移図[38]. $|00\rangle$ は基底状態, $|01\rangle$ と $|10\rangle$ は励起子, $|11\rangle$ は励起子分子. π_x, π_y は互いに直交した直線偏光による遷移を表す. E_b は励起子分子の束縛エネルギー.

が観測される[38]. 6.4 節で記述したように, GaAs 量子井戸中の 1 原子層だけ厚い領域は擬似量子ドットとして振舞うが, [110] 方向に比べて $[\bar{1}10]$ 方向に伸びた量子ドットサイズの面内異方性により, 励起子状態は数十 μeV 程離れた 2 つの状態に微細構造エネルギー分裂を示し, それぞれの励起子準位は互いに垂直な直線偏光により励起される. 図 8.20 (a) に示されるように, 2 ビットを想定して量子ドットの基底状態を $|00\rangle$, 微細構造エネルギー分裂した 2 つの励起子状態を $|01\rangle$ と $|10\rangle$, 励起子分子状態を $|11\rangle$ とする. ここで $|10\rangle$ は $|01\rangle$ よりエネルギーが数十 μeV 高く, $|10\rangle$ と $|01\rangle$ の励起子は互いに直交した直線偏光により励起される. $|10\rangle$ 励起子, $|01\rangle$ 励起子から $|11\rangle$ 励起子分子への遷移は, それぞれの励起子を励起するときと同じ方向を向いた直線偏光により励起され, 励起子を励起するエネルギーに比べて励起子分子の束縛エネルギー〜3.5 meV だけ低いエネルギーにより励起される. 基底状態 $|00\rangle$, 励起子 $|10\rangle$ と $|01\rangle$, 励起子分子 $|11\rangle$ のエネルギーの関係および偏光選択則を図 8.20 (b) に示す.

8.2.5 量子ドットを用いた制御回路ゲート動作

励起子を励起する直線偏光のポンプ光と, 励起子状態から励起子分子への遷移を計測する, 同じ向きの直線偏光のプローブ光を用いる. プローブ光は

ポンプ光に比べ励起子分子の束縛エネルギーだけ低エネルギーに合わせる．プレポンプ光により励起子 $|10\rangle$ を励起した後，5 ps のパルス幅をもち，時間分解能とエネルギー分解能を併せ持たせた 2 色のポンププローブ法により，ポンプ光が励起子 $|10\rangle$ から励起子分子 $|11\rangle$ への遷移をさせ，ポンプ光の直線偏光と直交した直線偏光のプローブ光により，励起子分子 $|11\rangle$ から励起子 $|01\rangle$ への誘導放出を計測することで励起子分子 $|11\rangle$ の分布を測定する．差分透過率は減衰を無視するとポンプ光の包絡パルス面積 $\theta(t)$ に従って，$\sin^2[\theta(t)/2]$ のように変化するラビ振動が観測される．ラビ振動の周期から遷移双極子が 77 Debye と評価される．ラビ振動から励起子$|10\rangle$ から π パルスにより励起子分子 $|11\rangle$ が励起され，2π パルスにより励起子 $|10\rangle$ が励起されたとわかる．この π パルスは励起子 $|10\rangle$ と励起子分子 $|11\rangle$ の間のエネルギーに合わせると，エネルギーが励起子分子の束縛エネルギーだけ異なり，基底状態 $|00\rangle$ から励起子 $|10\rangle$ は励起しない．また，遷移に必要な直線偏光の方向が直交しているので，励起子 $|01\rangle$ から励起子分子 $|11\rangle$ を励起することもない．しかし，励起子 $|10\rangle$ から π パルスは励起子分子 $-|11\rangle$ を励起し，励起子分子 $|11\rangle$ は π パルスにより励起子 $|10\rangle$ に変換される．

まとめると，励起子から励起子分子への遷移に対する π パルスにより

$$\left.\begin{array}{ccc} |00\rangle & \longrightarrow & |00\rangle \\ |01\rangle & \longrightarrow & |01\rangle \\ |10\rangle & \longrightarrow & -|11\rangle \\ |11\rangle & \longrightarrow & |10\rangle \end{array}\right\} \tag{8.10}$$

と回転される．この π パルスによる，2 ビットの $|00\rangle$，$|10\rangle$，$|01\rangle$，$|11\rangle$ の間に起こる変換を，$|00\rangle$，$|10\rangle$，$|01\rangle$，$|11\rangle$ を基底ベクトル

$$|00\rangle = \begin{pmatrix} 1 \\ 0 \\ 0 \\ 0 \end{pmatrix},\quad |10\rangle = \begin{pmatrix} 0 \\ 1 \\ 0 \\ 0 \end{pmatrix},\quad |01\rangle = \begin{pmatrix} 0 \\ 0 \\ 1 \\ 0 \end{pmatrix},\quad |11\rangle = \begin{pmatrix} 0 \\ 0 \\ 0 \\ 1 \end{pmatrix} \tag{8.11}$$

として行列にすると

$$\begin{pmatrix} 1 & 0 & 0 & 0 \\ 0 & 1 & 0 & 0 \\ 0 & 0 & 0 & -1 \\ 0 & 0 & 1 & 0 \end{pmatrix} \tag{8.12}$$

となる．2 ビットの $|00\rangle$，$|10\rangle$，$|01\rangle$，$|11\rangle$ を前半のビットと後半のビットに分けると，後半のビットを前半のビットを制御する制御ビット，前半のビットを計算の入力と出力を表す対象（標的）ビットに用い，制御ビットが $|0\rangle$ ならば対象（標的）ビットは変わらず，制御ビットが $|1\rangle$ ならば対象（標的）ビットは回転される．すなわち，励起子から励起子分子への遷移に対する π パルスは，制御回転（CROT：controlled rotation）ゲートとしてはたらく．

制御ノットゲートは行列で書くと

$$\begin{pmatrix} 1 & 0 & 0 & 0 \\ 0 & 1 & 0 & 0 \\ 0 & 0 & 0 & 1 \\ 0 & 0 & 1 & 0 \end{pmatrix} \tag{8.13}$$

であり，符号の違いを除いて一致する．GaAs 量子井戸中の 1 原子層だけ厚い領域は擬似量子ドットを対象として，励起子から励起子分子への遷移に対する π パルスを加える実験により，明瞭度 0.7 として制御回転ゲート動作が確認された[38]．

参 考 文 献

[1]　T. Wamura, Y. Masumoto and T. Kawamura：Appl. Phys. Lett. **59** (1991) 1758.

[2]　T. Itoh and M. Furumiya：J. Lumin. **48&49** (1991) 704.

[3]　T.-Y. Marzin, J.-M. Gérard, A. Izraël, D. Barrier and G. Bastard：Phys. Rev. Lett. **73** (1994) 716.

[4]　S. A. Empedocles, D. J. Norris and M. G. Bawendi：Phys. Rev. Lett. **77** (1996)

3873.
[5] P. Palinginis and H. Wang：Appl. Phys. Lett. **78** (2001) 1541.
[6] T. Yajima and Y. Taira：J. Phys. Soc. Jpn. **47** (1979) 1620.
[7] R. W. Schoenlein, D. M. Mittleman, J. J. Shiang, A. P. Alivisatos and C. V. Shank：Phys. Rev. Lett. **70** (1993) 1014.
[8] D. M. Mittleman, R. W. Schoenlein, J. J. Shiang, V. L. Colvin, A. P. Alivisatos and C. V. Shank：Phys. Rev. **B49** (1994) 14435.
[9] U. Banin, G. Cerullo, A. A. Guzelian, C. J. Bardeen, A. P. Alivisatos and C. V. Shank：Phys. Rev. **B55** (1997) 7059.
[10] P. Borri, W. Langbein, S. Schneider, U. Woggon, R. L. Sellin, D. Ouyang and D. Bimberg：Phys. Rev. Lett. **87** (2001) 157401.
[11] 蓄積フォトンエコーについては，小林孝嘉 編，斉官清四郎，三上充 共著：「非線形光学計測」（学会出版センター，1996 年）p.55 の 3.1 光エコー（蓄積光エコー）の節や，櫛田孝司 編，斉官清四郎 著：「実験物理学講座 9 レーザー測定」（丸善出版，2000 年）p151 の 4-5 非線形過渡分光（蓄積フォトンエコー）の節を参照.
[12] W. H. Hesselink and D. A. Wiersma：Phys. Rev. Lett. **43** (1979) 1991.
[13] S. Saikan, H. Miyamoto, Y. Tosaki and A. Fujiwara：Phys. Rev. **B36** (1987) 5074.
[14] S. Saikan, K. Uchikawa and H. Ohsawa：Opt. Lett. **16** (1991) 10.
[15] T. Kuroda, F. Minami, K. Inoue and A. V. Baranov：Phys. Rev. **B57** (1998) R2077.
[16] T. Kuroda, F. Minami, K. Inoue and A. V. Baranov：phys. status sol. (a) **164** (1997) 287.
[17] M. Ikezawa and Y. Masumoto：Phys. Rev. **B61** (2000) 12662.
[18] R. Kuribayashi, K. Inoue, K. Sakoda, V. A. Tsekhomskii and A. V. Baranov：Phys. Rev. **B57** (1998) R15084.
[19] ガラス中の 2 準位系（TLS：Two Level System）の均一幅への寄与については，総説 R. M. Macfarlane and R. M. Shelby：J. Lumin. **36** (1987) 179 を参照.
[20] K. Takemoto, B.-R. Hyun and Y. Masumoto：Solid State Commun. **114** (2000) 521.
[21] B.-R. Hyun, M. Furuya, K. Takemoto and Y. Masumoto：J. Lumin. **87-89** (2000) 302.
[22] Y. Masumoto, M. Ikezawa, B.-R. Hyun, K. Takemoto and M. Furuya：phys. stat. sol. (b) **224** (2001) 613.

[23]　池沢道男，舛本泰章：日本物理学会誌 **62**（2007）609.

[24]　J. Ishi‐Hayase, K. Akahane, N. Yamamoto, M. Sasaki, M. Kujiraoka and K. Ema：Appl. Phys. Lett. **88**（2006）261907.

[25]　J. Ishi‐Hayase, K. Akahane, N. Yamamoto, M. Sasaki, M. Kujiraoka and K. Ema：Appl. Phys. Lett. **91**（2007）103111.

[26]　Y. Masumoto, F. Suto, M. Ikezawa, C. Uchiyama and M. Aihara：J. Phys. Soc. Jpn. **74**（2005）2933.

[27]　M. Ikezawa, S. V. Nair, H.‐W. Ren, Y. Masumoto and H. Ruda：Phys. Rev. **B73**（2006）125321.

[28]　N. H. Bonadeo, J. Erland, D. Gammon, D. Park, D. S. Katzer and D. G. Steel：Science **282**（1998）1473.

[29]　舛本泰章：分光研究 **51**（2002）118.

[30]　A. V. Baranov, V. Davydov, A. V. Fedorov, H.‐W. Ren, S. Sugou and Y. Masumoto：phys. stat. sol.（b）**224**（2001）461.

[31]　A. V. Baranov, V. Davydov, A. V. Fedorov, M. Ikezawa, H.‐W. Ren, S. Sugou and Y. Masumoto：Phys. Rev. **B66**（2002）075326.

[32]　L. Allen and J. H. Eberly："Optical Resonance and Two‐Level Atoms"（Dover, 1987 and Wiley, 1975）

[33]　J. H. エバリー，L. アレン共著，高辻正基 訳：「量子光学入門」（東京図書，1974年）

[34]　T. H. Stievater, X. Li, D. G. Steel, D. Gammon, D. S. Katzer, D. Park, C. Piermarocchi and L. J. Sham：Phys. Rev. Lett. **87**（2001）133603.

[35]　H. Kamada, H. Gotoh, J. Temmyo, T. Takagahara and H. Ando：Phys. Rev. Lett. **87**（2001）246401.

[36]　H. Htoon, T. Takagahara, D. Kulik, O. Baklenov, A. L. Holmes, Jr. and C.K. Shih：Phys. Rev. Lett. **88**（2002）087401.

[37]　A. Zrenner, E. Beham, S. Stufler, F. Findeis, M. Bichler and G. Abstreiter：Nature **418**（2002）612.

[38]　X. Li, Y. Wu, D. Steel, D. Gammon, T.H. Stievater, D. S. Katzer, D. Park, C. Piermarocchi and L. J. Sham：Science **301**（2003）809.

第 9 章

スピンに依存したエネルギー微細構造とスピン緩和時間

本章では，量子ドットの電子スピンに依存したエネルギー微細構造とスピン緩和時間，量子ドット中の電子スピンや半導体中の局在電子スピンの長時間コヒーレンスについて解説する．

9.1 量子ドットの偏光光学遷移選択則

3.3 節で述べたように，閃亜鉛鉱構造，ウルツ鉱構造の半導体の伝導帯は s 軌道（軌道角運動量 $l = 0$），価電子帯は p 軌道（$l = 1$）によって構成され，電子スピンのスピン角運動量は $s = 1/2$ であるため，全角運動量は，伝導帯は $j = l + s = 1/2$，価電子帯は $j = l + s = 3/2$ となる．光波は進行方向に対して垂直な平面内で電気ベクトルと磁気ベクトルが互いに直交して振動する電磁波で，電気ベクトルが一方向に振動する波を直線偏光，ある方向とそれと直交する方向で位相差 $\pi/2$ をもって振動する波を円偏光とよぶ．電気ベクトルが進行方向に向かって右回り（時計回り）に回転しながら進行する右円偏光（σ^+ と表記）は角運動量 $+1$ をもち，電気ベクトルが進行方向に向かって左回り（反時計回り）に回転しながら進行する左円偏光（σ^- と表記）は角運動量 -1 をもつ．

図 9.1 (a) に示すように，価電子帯 $j = l + s = 3/2$ から伝導帯 $j = s = 1/2$ への円偏光選択則は，σ^+ に対して $j = l + s = 3/2$, $j_z = l_z + s_z = -3/2$ か

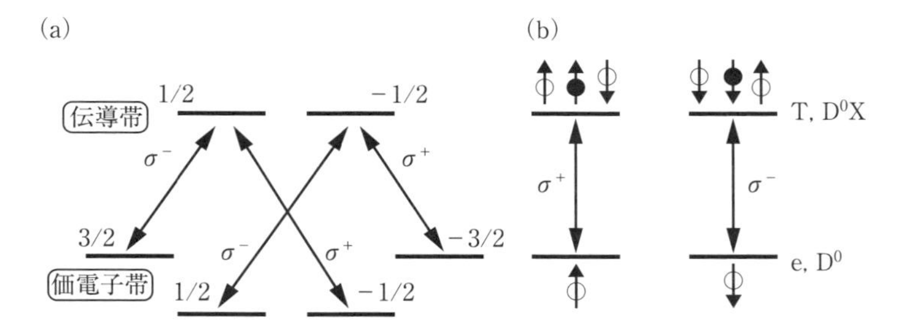

図 9.1 (a) 閃亜鉛鉱構造，ウルツ鉱構造の半導体量子構造における円偏光励起による光学遷移選択則．(b) 半導体量子構造の 1 電子ドープ状態からトリオンを生成する，光学遷移の選択則．↑，↑ はそれぞれ電子スピン，正孔スピンを示す．トリオンを T，ドナー束縛電子を D^0，ドナーに束縛されたトリオンを D^0X と表記する．1 電子ドープ量子ドットとドナー束縛電子状態のトリオンへの光学遷移は，同じ選択則をもつ．(舛本泰章：固体物理 48 (2013) 485 より許可を得て転載)

ら $j = s = 1/2$，$j_z = s_z = -1/2$ と，$j = l + s = 1/2$，$j_z = l_z + s_z = -1/2$ から $j = s = 1/2$，$j_z = s_z = 1/2$ が許容となり，σ^- に対しては $j = l + s = 3/2$，$j_z = l_z + s_z = 3/2$ から $j = s = 1/2$，$j_z = s_z = 1/2$ と，$j = l + s = 1/2$，$j_z = l_z + s_z = 1/2$ から $j = s = 1/2$，$j_z = s_z = -1/2$ が許容となる．価電子帯 $j = 3/2$ と価電子帯 $j = 1/2$ は有効質量が異なるため，量子閉じ込めが起こる量子ドットや量子井戸では，量子閉じ込めエネルギーが異なり，エネルギー分裂する．有効質量の重い $j = 3/2$ の価電子帯の方が量子閉じ込めエネルギーが小さいために，最も低いエネルギーの光学遷移は，$j = l + s = 3/2$，$j_z = l_z + s_z = 3/2$ または $j = l + s = 3/2$，$j_z = l_z + s_z = -3/2$ の価電子帯から $j = s = 1/2$，$j_z = s_z = 1/2$ または $j = s = 1/2$，$j_z = s_z = -1/2$ の伝導帯に対して起こり，σ^+ の光に対して $j = l + s = 3/2$，$j_z = l_z + s_z = -3/2$ から，$j = s = 1/2$，$j_z = s_z = -1/2$ の遷移，σ^- の光に対しては $j = l + s = 3/2$，$j_z = l_z + s_z = 3/2$ から $j = s = 1/2$，$j_z = s_z = 1/2$ の遷移が起こる (図 9.1 (a))．$j = s = 1/2$，$j_z = s_z = 1/2$ の伝導帯に電子が励起されると，軌道角運動量は $l = 0$ であるため全角運動量は電子のスピン角運動量が担うことになり，σ^+ の光によって量子ドットの最も低いエネルギーの光学遷移が起きると，単純に光の進行方向の電子スピ

ンが伝導帯に生成されることになる．逆に，σ^- の光によると，光の進行方向に反平行の電子スピンが伝導帯に生成される．量子ドットなどの量子閉じ込め構造において，重い正孔準位と軽い正孔準位の縮退は解けているので，試料に照射する励起光のエネルギーと円偏光の向きを選ぶことによって，一方向のスピンをもつ電子だけを選択的に励起することができるのである．

量子ドットに電子が1個ドープされている場合，光励起された電子・正孔対と合わせて電子2個と正孔1個からなる束縛状態を形成し，この束縛状態は負に帯電した励起子（荷電励起子）[1]または負のトリオンとよぶ．同様に，電子1個と正孔2個からなる束縛状態は，正に帯電した励起子（荷電励起子）[1]または正のトリオンとよぶ．量子ドットに電子が1個ドープされている場合，パウリの原理から最も低い量子準位にはドープされた電子のスピンと反平行のスピンの電子だけを光励起できる．図9.1（b）に示すように，最も低い量子準位には，2個の電子のスピンは反平行に入り，光励起された電子のスピンと反平行な角運動量をもつ正孔が生成される．ドープされた電子のスピンを s_{e1}，光で生成した電子のスピンを s_{e2}，正孔の角運動量を j_{h} で表すと，基底状態のトリオン $|j_{\mathrm{h}z},\ s_{\mathrm{e1}z},\ s_{\mathrm{e2}z}\rangle$ は $|3/2,\ 1/2,\ -1/2\rangle$ が σ^+ の光によって生成され，$|-3/2,\ -1/2,\ 1/2\rangle$ が σ^- の光によって生成される．

9.2 励起子とトリオンのスピンに依存した微細構造

電子・正孔対は，クーロン相互作用によって束縛状態の励起子を形成する．最も低いエネルギーの光学遷移を起こす励起子は，全角運動量 $j_z = \pm 3/2$ をもつ重い正孔とスピン角運動量 $s_z = \pm 1/2$ をもつ電子からなるため，励起子の全角運動量は，$M = j_z + s_z = \pm 2,\ \pm 1$ の4種類の角運動量をもつ．このうち，$M = \pm 2$ は光学的に不活性な励起子――ダーク励起子――で，$M = \pm 1$ は光学的に活性な励起子――ブライト励起子――である．ブライト励起子を励起子の状態ベクトルで考えて $|1\rangle$，$|-1\rangle$ と記したり，正

孔と電子の状態ベクトルとして $|j_{hz}, s_{hz}\rangle=|3/2, -1/2\rangle, |-3/2, 1/2\rangle$ と記すことがある．ダーク励起子は $|2\rangle, |-2\rangle$，または $|3/2, 1/2\rangle, |-3/2, -1/2\rangle$ と記す．

磁場中のブライト励起子とダーク励起子のエネルギーは，無磁場の場合の4つの励起子エネルギーの重心をゼロと選ぶと以下のスピンハミルトニアンによって，交換相互作用とゼーマンエネルギーの和として与えられる．

$$H = H_{\mathrm{ex}} + H_{\mathrm{Zeeman}} \tag{9.1}$$

励起子を構成する電子と正孔のスピン‐軌道交換相互作用は，次のような式で与えられる．

$$H_{\mathrm{ex}} = -\sum_{i=x,y,z}(p_i j_{\mathrm{h}i} s_{\mathrm{e}i} + q_i j_{\mathrm{h}i}^3 s_{\mathrm{e}i}) \tag{9.2}$$

ここで電子のスピン角運動量は $s_{\mathrm{e}z} = \pm 1/2$ で，重い正孔と軽い正孔の全角運動量はそれぞれ $j_{\mathrm{h}z} = \pm 3/2$，$\pm 1/2$ である．量子ドットでは重い正孔と軽い正孔は分離しているため，重い正孔だけを考慮して軽い正孔は無視し，基底を $|1\rangle, |-1\rangle, |2\rangle, |-2\rangle$ と選ぶと，

$$H_{\mathrm{ex}} = \frac{1}{2}\begin{pmatrix} \delta_0 & \delta_1 & 0 & 0 \\ \delta_1 & \delta_0 & 0 & 0 \\ 0 & 0 & -\delta_0 & \delta_2 \\ 0 & 0 & \delta_2 & -\delta_0 \end{pmatrix} \tag{9.3}$$

と書くことができる．δ_0，δ_1，δ_2 は交換相互作用エネルギーを示し，$\delta_0 = (3/2)[p_z + (9/4)q_z]$ はブライト励起子とダーク励起子の無磁場下でのエネルギー分裂，$\delta_1 = -(3/4)[q_x - q_y]$ はブライト励起子間の無磁場下でのエネルギー分裂，$\delta_2 = -(3/4)[q_x + q_y]$ はダーク励起子間の無磁場下でのエネルギー分裂を示す．(9.1) の第2項はゼーマンエネルギーの項で，

$$H_{\mathrm{Zeeman}} = \frac{\mu_{\mathrm{B}}B}{2}\begin{pmatrix} (-g_{\mathrm{e}z} + g_{\mathrm{h}z})\cos\theta & 0 & g_{\mathrm{e}x}\sin\theta & g_{\mathrm{h}x}\sin\theta \\ 0 & (g_{\mathrm{e}z} - g_{\mathrm{h}z})\cos\theta & g_{\mathrm{h}x}\sin\theta & g_{\mathrm{e}x}\sin\theta \\ g_{\mathrm{e}x}\sin\theta & g_{\mathrm{h}x}\sin\theta & (g_{\mathrm{e}z} + g_{\mathrm{h}z})\cos\theta & 0 \\ g_{\mathrm{h}x}\sin\theta & g_{\mathrm{e}x}\sin\theta & 0 & -(g_{\mathrm{e}z} + g_{\mathrm{h}z})\cos\theta \end{pmatrix} \tag{9.4}$$

となる．θ は z 軸ととった結晶成長軸［001］と x-z 面内にある磁場 $\boldsymbol{B}$ の間のなす角を示す．

底辺が 40 nm，高さが 5 nm の自己形成 InP 量子ドットを例にとると，電子-正孔交換相互作用エネルギーは $\delta_0 = 0.141$ meV，$\delta_1 = 0.038$ meV，$\delta_2 = 0$ であり，電子の g 因子は $g_{ez} = 1.5$，$g_{ex} = 1.5$ で正孔の g 因子は $g_{hz} = 1.02$，$g_{hx} = 0.25$ である[2],[3]．ここで磁場の向きが z 軸に平行な（$\theta = 0°$）場合を考えると，磁場により分裂する項が $M = \pm 1$ のときは $(g_{ez} - g_{hz})$ に比例し，$M = \pm 2$ のときは $(g_{ez} + g_{hz})$ に比例する．このことにより $M = \pm 1$（ブライト励起子）のときのゼーマン分裂幅のほうが，$M = \pm 2$（ダーク励起子）のときのゼーマン分裂幅よりも小さい．$\theta = 0°$ のときは，ゼーマンエネルギーの項のハミルトニアンの非対角項はすべてゼロになり，電子と正孔のスピン-軌道交換相互作用も合わせたスピンハミルトニアン

$$
\begin{aligned}
H &= H_{\mathrm{ex}} + H_{\mathrm{Zeeman}} \\
&= \frac{1}{2}\begin{pmatrix}
\delta_0 + (-g_{ez} + g_{hz})\mu_{\mathrm{B}}B & \delta_1 & 0 & 0 \\
\delta_1 & \delta_0 + (g_{ez} - g_{hz})\mu_{\mathrm{B}}B & 0 & 0 \\
0 & 0 & -\delta_0 + (g_{ez} + g_{hz})\mu_{\mathrm{B}}B & \delta_2 \\
0 & 0 & \delta_2 & -\delta_0 - (g_{ez} + g_{hz})\mu_{\mathrm{B}}B
\end{pmatrix}
\end{aligned}
\tag{9.5}
$$

は容易に対角化できる．このスピンハミルトニアンの非対角項が基底 $|1\rangle$ と $|-1\rangle$ の間，$|2\rangle$ と $|-2\rangle$ の間にしかないことからわかるように，対角化により基底 $|1\rangle$ と $|-1\rangle$ の間，$|2\rangle$ と $|-2\rangle$ の間には混合が起きるが，$|1\rangle$，$|-1\rangle$ と $|2\rangle$，$|-2\rangle$ の間には混合は起きない．基底 $|1\rangle$ と $|-1\rangle$ からなる励起子は光ることができるのでブライト励起子とよばれ，そのエネルギーは $E_{1,2} = (1/2)\left[\delta_0 \pm \sqrt{\delta_1^2 + (g_{hz} - g_{ez})^2\mu_{\mathrm{B}}^2B^2}\right]$ で，基底 $|2\rangle$ と $|-2\rangle$ からなる励起子は光ることができないのでダーク励起子とよばれ，そのエネルギーは $E_{3,4} = (1/2)[-\delta_0 \pm (g_{hz} + g_{ez})\mu_{\mathrm{B}}B]$ で与えられる．

図 9.2（a）に，磁場 B が z 軸に平行な（$\theta = 0°$）場合における InP 量子

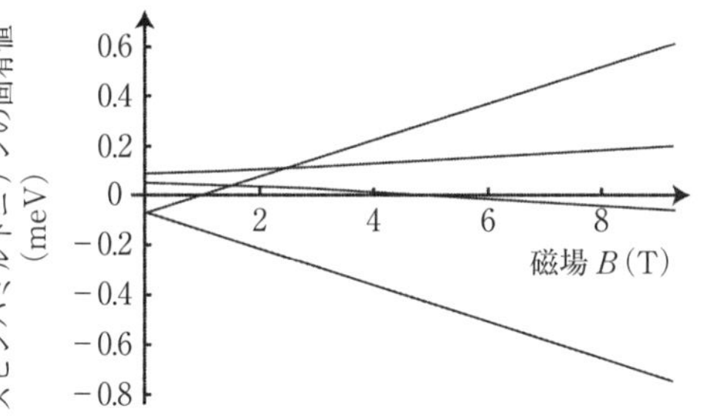


```
** Eigen values of the spin Hamiltonian by Mathematica **
(a) Faraday configuration

h1={{d0,d1,0,0},{d1,d0,0,0},{0,0,-d0,d2},{0,0,d2,-d0}}
/2; d0=0.141; d1=0.038; d2=0;
h2={{-(gez+ghz) Cos[y],0,gex Sin[y],ghx
Sin[y]},{0,(gez+ghz) Cos[y],ghx Sin[y],gex Sin[y]},{gex
Sin[y],ghx Sin[y],(gez-ghz) Cos[y],0},{ghx Sin[y],gex
Sin[y],0,-(gez-ghz) Cos[y]}}0.028975x; gez=-1.5;
gex=-1.5; ghz=1.02;ghx=0.25;
y=0;
{v1,v2,v3,v4}=Eigenvalues[h1+h2];
Plot[{v1,v2,v3,v4},{x,0,10}]
```

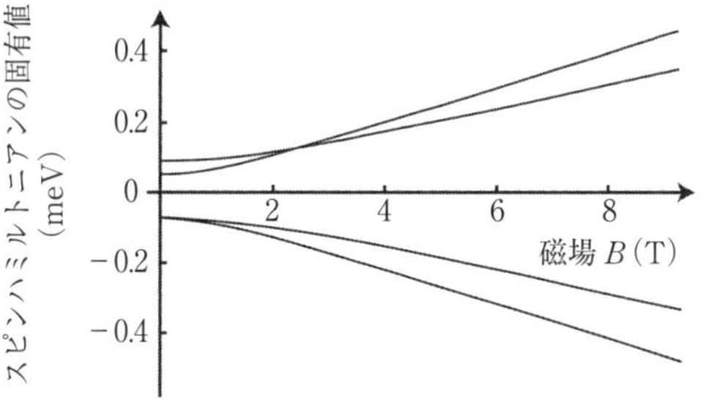


```
** Eigen values of the spin Hamiltonian by Mathematica **
(b) Voigt configuration

h1={{d0,d1,0,0},{d1,d0,0,0},{0,0,-d0,d2},{0,0,d2,-d0}}
/2; d0=0.141; d1=0.038; d2=0;
h2={{-(gez+ghz) Cos[y],0,gex Sin[y],ghx
Sin[y]},{0,(gez+ghz) Cos[y],ghx Sin[y],gex Sin[y]},{gex
Sin[y],ghx Sin[y],(gez-ghz) Cos[y],0},{ghx Sin[y],gex
Sin[y],0,-(gez-ghz) Cos[y]}}0.028975x; gez=-1.5;
gex=-1.5; ghz=1.02;ghx=0.25;
y=Pi/2;
{v1,v2,v3,v4}=Eigenvalues[h1+h2];
Plot[{v1,v2,v3,v4},{x,0,10}]
```

図 9.2 Mathematicaを用いた，InP量子ドットの励起子を記述するスピンハミルトニアンの対角化による固有値 $E_{1,2,3,4}$ の導出．固有値 $E_{1,2,3,4}$ は磁場 $B=0$ のとき，エネルギーの高い方から順番に番号を振る．(a) は磁場 B が結晶成長軸［001］である z 軸に平行な（$\theta=0°$）場合，(b) は磁場 B が結晶成長軸［001］に垂直な（$\theta=90°$）x 軸に平行にかけられた場合の，それぞれを計算した結果である．

ドットの励起子のエネルギー $E_{1,2,3,4}$ の計算を示す．磁場 $B = 0$ では，4つの励起子のエネルギーの重心 $(E_1 + E_2 + E_3 + E_4)/4$ はゼロを選んでいるので，$E_{1,2} = (1/2)\delta_0 \pm \delta_1$，$E_{3,4} = -(1/2)\delta_0$ となるため，$E_1 > E_2 > E_{3,4}$ となるが，磁場 B が大きくなると E_3 が大きくなり，E_2，E_1 と順に交差する．スピンハミルトニアンは，$\theta = 0°$ のときにブライト励起子のエネルギー $E_{2,1}$ と，ダーク励起子のエネルギー E_3 とは磁場 $B = \pm 1.5\ \mathrm{T}$ および $B = \pm 2.5\ \mathrm{T}$ のときにそれぞれエネルギー交差を起こすが，エネルギー交差の際にもブライト励起子とダーク励起子の状態間で混合は起きない．スピンハミルトニアン中のゼロの非対角項がわずかでもゼロでなくなるか，量子ドットが C_{2v} よりも対称性が悪くなると，磁場 $B = \pm 1.5\ \mathrm{T}$ および $B = \pm 2.5\ \mathrm{T}$ で，ブライト励起子とダーク励起子の間の混合が起きる反交差が起こる．

磁場 B が x 軸に平行にかけられた場合には，$\theta = 90°$ ととってゼーマンエネルギーの項（9.4）は，

$$H_{\mathrm{Zeeman}} = \frac{\mu_{\mathrm{B}} B}{2} \begin{pmatrix} 0 & 0 & g_{\mathrm{e}x} & g_{\mathrm{h}x} \\ 0 & 0 & g_{\mathrm{h}x} & g_{\mathrm{e}x} \\ g_{\mathrm{e}x} & g_{\mathrm{h}x} & 0 & 0 \\ g_{\mathrm{h}x} & g_{\mathrm{e}x} & 0 & 0 \end{pmatrix} \tag{9.6}$$

となるので，（9.1）のスピンハミルトニアンは

$$\begin{aligned} H &= H_{\mathrm{ex}} + H_{\mathrm{Zeeman}} \\ &= \frac{1}{2} \begin{pmatrix} \delta_0 & \delta_1 & g_{\mathrm{e}x}\mu_{\mathrm{B}}B & g_{\mathrm{h}x}\mu_{\mathrm{B}}B \\ \delta_1 & \delta_0 & g_{\mathrm{h}x}\mu_{\mathrm{B}}B & g_{\mathrm{e}x}\mu_{\mathrm{B}}B \\ g_{\mathrm{e}x}\mu_{\mathrm{B}}B & g_{\mathrm{h}x}\mu_{\mathrm{B}}B & -\delta_0 & \delta_2 \\ g_{\mathrm{h}x}\mu_{\mathrm{B}}B & g_{\mathrm{e}x}\mu_{\mathrm{B}}B & \delta_2 & -\delta_0 \end{pmatrix} \end{aligned} \tag{9.7}$$

となり，これを対角化すると，以下のようにブライト励起子 $|1\rangle$，$|-1\rangle$ とダーク励起子 $|2\rangle$，$|-2\rangle$ が混合した4つの準位となる．4つの準位は，

$$\left.\begin{aligned}E_1 &= \frac{1}{4}\left[\delta_1 + \sqrt{(2\delta_0 + \delta_1)^2 + 4(g_{ex} - g_{hx})^2\mu_B^2 B^2}\,\right]\\E_2 &= \frac{1}{4}\left[-\delta_1 + \sqrt{(2\delta_0 - \delta_1)^2 + 4(g_{ex} + g_{hx})^2\mu_B^2 B^2}\,\right]\\E_3 &= -\frac{1}{4}\left[-\delta_1 + \sqrt{(2\delta_0 + \delta_1)^2 + 4(g_{ex} - g_{hx})^2\mu_B^2 B^2}\,\right]\\E_4 &= -\frac{1}{4}\left[\delta_1 + \sqrt{(2\delta_0 - \delta_1)^2 + 4(g_{ex} + g_{hx})^2\mu_B^2 B^2}\,\right]\end{aligned}\right\} \quad (9.8)$$

となる．図 9.2（b）に，磁場 B を x 軸に平行にかけた場合における InP 量子ドットの励起子のエネルギー $E_{1,2,3,4}$ の計算を示す．基底状態 $|1\rangle$，$|-1\rangle$ と $|2\rangle$，$|-2\rangle$ の間のスピンハミルトニアンの非対角項が磁場 B に比例するので，磁場 B を x 軸に平行にかけた場合には磁場の強度と共に強く混合して，4 つの準位として発光スペクトルが観測される．

電子 2 個と正孔 1 個からなるトリオンの発光は，図 9.1（b）に示すトリオンを生成する光吸収過程の逆プロセスで，基底状態のトリオン $|j_{hz}, s_{e1z}, s_{e2z}\rangle = |3/2, 1/2, -1/2\rangle$ から σ^+ の光の発光により量子ドット中に $|s_{e1z}\rangle = |1/2\rangle$ の電子が残り，$|-3/2, -1/2, 1/2\rangle$ から σ^- の光の発光により量子ドット中に $|s_{e1z}\rangle = |-1/2\rangle$ の電子が残ることになる．磁場中では基底状態のトリオン $|3/2, 1/2, -1/2\rangle$ と $|-3/2, -1/2, 1/2\rangle$ は，$g_{hz}\mu_B B$ だけゼーマン分裂し，終状態の電子 1 個は $g_{ez}\mu_B B$ だけゼーマン分裂するので，σ^+ の光の発光と σ^- の光の発光とでは $(g_{hz} - g_{ez})\mu_B B$ だけ分裂する．したがって，トリオンからの発光に見られるゼーマンエネルギーの分裂は磁場に比例する．

一方，ドープされた電子は最も低い量子準位にあり，光励起された電子が別の量子準位にある励起状態のトリオンを考えたときには，電子 2 個のスピンが互いに反平行になる必要がないため，電子 2 個のスピンが互いに平行な場合も可能となる．1 個の電子は一番低い量子状態にあり，もう 1 個の電子は励起状態にある，電子 2 個と一番低い量子状態にある正孔 1 個からなる励起状態にあるトリオンには，以下に記述されるような交換相互作用がはたら

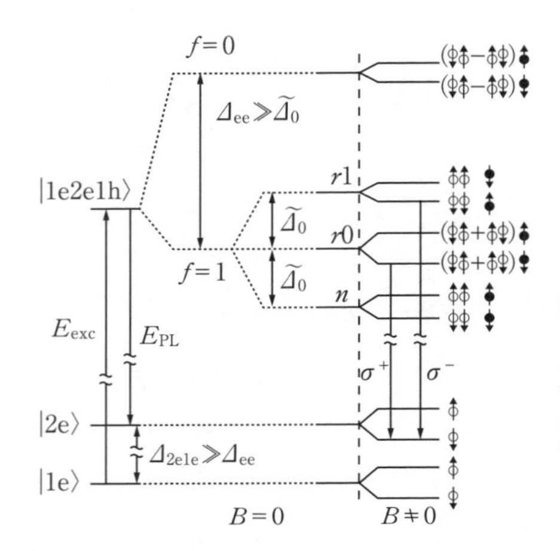

図 9.3　電子を1個ドープされた量子ドットの基底状態，および励起状態のエネルギー準位と光学遷移．縦の破線より右側は磁場下のエネルギー準位．⇡，⬍は，それぞれ電子と正孔のスピンを表す．$r0$ と $r1$ はブライトな2重項，n はダークな2重項を示す[4]．

き，トリオンはエネルギー微細構造をもつ．電子2個と正孔1個が存在すると，同種粒子の電子間にはたらく相互作用は電子・正孔間にはたらく相互作用に比べてはるかに強いため，まず，同じ電子2個から $f = s_{e1} + s_{e2}$ を合成して1重項 $(f = 0)$ と3重項 $(f = 1)$ を作り，これらの合成電子スピンと正孔の角運動量 (j_h) の間の相互作用について考える．量子ドットに閉じ込められた励起状態にあるトリオンにはたらく交換相互作用エネルギーは，

$$H_{\mathrm{hee}}^{\mathrm{ex}} = 2\widetilde{\Delta}_0 f_z j_{\mathrm{h}z} + \widetilde{\Delta}_1(f_x j_{\mathrm{h}x} - f_y j_{\mathrm{h}y}) + \widetilde{\Delta}_2(f_x j_{\mathrm{h}x} + f_y j_{\mathrm{h}y}) \quad (9.9)$$

で与えられる．ここで $\widetilde{\Delta}_{0,1,2} = (\Delta_{0,1,2}^{\mathrm{e}_1} + \Delta_{0,1,2}^{\mathrm{e}_2})/2$，$\Delta_{0,1,2}^{\mathrm{e}_i}$ は正孔と i 番目の電子にはたらくエネルギーを示す．このように，励起状態にあるトリオンは図9.3に示すようにエネルギー分裂する[4]．

9.3　スピンに依存したエネルギー微細構造の観測

量子ドットのスピンに依存したエネルギー準位の分裂は，g 因子の値が $g = 2$，磁場の大きさが $B = 1\,\mathrm{T}$ としても，ゼーマンエネルギーは

$g\mu_B B = 30\,\mu\mathrm{eV}$ となり，量子ドットの集団の光スペクトルがもつ不均一広がりの幅に比べて約 3 桁ほど小さくこの広がりの中に埋没する．したがって，小さな量子ドットのスピンに依存したエネルギー微細構造の観測を行うためには，量子ドット集団の光スペクトルの観測を行うのではなく，後述するように単一量子ドットの光スペクトルを調べることにより研究される場合が多い．6.4 節で述べた単一量子ドット分光により，多くの量子ドットのスピンに依存したエネルギー微細構造の観測が行われている．

しかし，量子ドットの集団の不均一広がりをもった光スペクトルを調べても，次に例示するように発光の偏光度を磁場の関数として調べると，ブライト励起子とダーク励起子の間の混合が起きる反交差が観測される．また，磁場下で偏光発光の時間変化を調べると，エネルギー微細構造が量子ビートとして時間変化に振動として現れることも多い．

9.3.1　量子ドット中の励起子のスピンに依存したエネルギー微細構造

半導体において光学フォノン放出に伴う電子のエネルギー緩和は高速に起こるので，偏光情報を保ったまま緩和することが多い．磁場の方向と結晶成長軸［001］，および光軸とがすべてそろった縦磁場の配置（光軸と磁場が平行なファラディー配置）で，図 9.4（a）に示すように，InP 量子ドットの集団を発光検出エネルギー E_{det} より光学フォノンのエネルギーだけ高いエネルギー E_{exc} を直線偏光により励起する準共鳴励起によって，量子ドット中の励起状態に電子と正孔のアップダウンスピンを等量生成して，励起子からの発光の円偏光度を検出する．図 9.4（b）に示すように，前節で述べたブライト励起子とダーク励起子の間の交差・反交差が起きるとき，図 9.4（c）に示すような電子や正孔のスピン反転が共鳴的に起き，InP 量子ドットの励起子発光の円偏光度 $\rho_c = (I_+ - I_-)/(I_+ + I_-)$ が正と負に共鳴的に増大する[5]．ここで，I_+ と I_- は直線偏光励起下での右円偏光発光強度および左円偏光発光強度である．

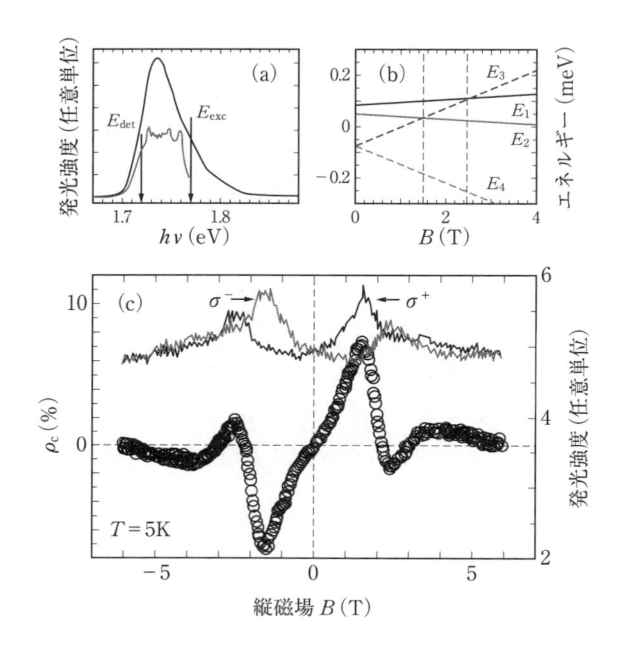

図 9.4　(a) InP 量子ドットの発光スペクトル，(b) 励起子準位の縦磁場依存性と，(c) 直線偏光励起下の InP 量子ドット発光の左右円偏光成分の強度と，発光の円偏光度 (ρ_c) の磁場依存性. (Y. Masumoto, K. Toshiyuki, T. Suzuki and M. Ikezawa：Phys. Rev. **B77** (2008) 115331 より許可を得て転載)

交差・反交差のとき，エネルギーが一致したブライト励起子とダーク励起子の間の混合が起こる．光励起で形成されたブライト励起子を構成する電子または正孔のスピン反転が起きて，ブライト励起子はダーク励起子に移る．ブライト励起子は 260 ps の発光寿命をもつが，交差・反交差のとき，スピン反転の時定数が 2.6 ns と発光寿命の 10 倍程度であることを反映して，円偏光度がゆっくりとゼロから増加あるいは減少する様子が観測されている．ダーク励起子は，ブライト励起子に比べてはるかに寿命が長く，ブライト励起子が発光消滅した後も電子または正孔のスピンが反転したダーク励起子が生き残り，これが再びブライト励起子に戻る際，円偏光度がゼロでなくなる．時間と共に発光の円偏光度が単調に増加あるいは減少するのは，ブライト励起子が発光消滅した後，ダーク励起子を経由して発光する寄与が相対的に増加していくことを示している．

磁場中の量子ドットのブライト励起子とダーク励起子が交差・反交差するとき，共鳴的に電子や正孔のスピン反転が起こる．一方，量子ドットに電子がドープされ，電子・正孔対が励起されて，2 個の電子と 1 個の正孔からなるトリオンが形成されるとき，磁場中の振舞は 2 個の電子のスピンが反平行になるため，正孔の角運動量がトリオンの角運動量を支配することになり，正孔に対するゼーマンエネルギーだけとなる単純なものとなる．したがって，磁場を大きくしていくとトリオンのゼーマンエネルギー分裂が増大するため，分裂エネルギー間で正孔の熱分布により決まる円偏光度は単調に増大し，特定の磁場で共鳴的な円偏光度の増減は観測されない[6]．

単一 InGaAs 量子ドット中の励起子を対象に，結晶成長軸に対して平行に縦磁場（光軸と磁場が平行なファラディー配置）を加えた場合，および結晶成長軸に対して垂直に横磁場（光軸と磁場が垂直なフォークト配置）を加えた場合で発光エネルギーの磁場依存性が調べられ，スピンハミルトニアンが示す磁場依存性とよく一致している[7]．縦磁場の場合には，前述の（9.5）のスピンハミルトニアンの対角化により再びブライト励起子のエネルギー

$$E_{1,2} = \frac{1}{2}\left[\delta_0 \pm \sqrt{\delta_1^2 + (g_{\mathrm{h}z} - g_{\mathrm{e}z})^2 \mu_{\mathrm{B}}^2 B^2}\,\right] \tag{9.10}$$

とダーク励起子のエネルギー

$$E_{3,4} = \frac{1}{2}[-\delta_0 \pm (g_{\mathrm{h}z} + g_{\mathrm{e}z})\mu_{\mathrm{B}} B] \tag{9.11}$$

が，導出される．単一の空間対称性が高い InGaAs 量子ドット中の励起子発光は，ゼロ磁場下では σ^+ 偏光，σ^- 偏光，π_x 偏光（x 軸方向の直線偏光），π_y 偏光（y 軸方向の直線偏光）のすべてにわたって縮退しているが，縦磁場下でブライト励起子が σ^+ 偏光，σ^- 偏光で 2 つに分裂して現れる．空間対称性が高い InGaAs 量子ドット中の励起子発光は，磁場がかかるにつれブラ

イト励起子とダーク励起子の混合が起こり，4つの準位がすべて観測されるようになる．

量子ドットの集団の不均一広がりをもった偏光発光の時間応答を観測しても，エネルギー微細構造の観測ができる．これは，不均一広がりで発光スペクトルが広がっていても，広がりの中でエネルギー微細構造 ΔE は大きく変化しないので発光の時間変化が量子ビートを示すからである．量子ビートの振動周期 T からエネルギー微細構造の分裂 $\Delta E = h/T$ が求められる．

7.1 節で取り上げた GaAs（3.9 nm）/AlGaAs 量子井戸中に形成された，ひずみ誘起 GaAs 量子ドットの集合が示す 20 meV 程度の幅をもつ励起子発光帯の縦波光学フォノンエネルギーだけ，高エネルギー側を直線偏光で励起すると，直線偏光は右円偏光 σ^+ と左円偏光 σ^- の重ね合わせなので，$|1\rangle$ と $|-1\rangle$ のブライト励起子が同時に励起され発光する．$|1\rangle$ と $|-1\rangle$ のブライト励起子間のエネルギー差 $E_1 - E_2$ に対応して，図 9.5 に示すように，励起した直線偏光と平行な直線偏光の発光強度 $I_{/\!/}$ と垂直な直線偏光の発光強度 $I_{\perp}$ は，結晶成長軸［001］に平行に縦磁場をかけると逆位相で振動する[8]．直線偏光度 $\rho_l = (I_{/\!/} - I_{\perp})/(I_{/\!/} + I_{\perp})$ に直して，その時間依存性をプロットすると，$\exp(-t/\tau)\sin(\omega t)$ の表式で表される減衰振動でよくフィットできる．図 9.5 に示された $B = 6$ T の場合は，周期 $2\pi/\omega = 24$ ps，減衰時定数 $\tau = 20$ ps としてよくフィットできる．磁場 B を変えて振動周期を求めると，$\hbar\omega$ は B に比例しており，ブライト励起子のゼーマン分裂

$$E_1 - E_2 = \sqrt{\delta_1^2 + (g_{\mathrm{hz}} - g_{\mathrm{ez}})^2 \mu_{\mathrm{B}}^2 B^2} \cong (g_{\mathrm{ez}} - g_{\mathrm{hz}})\mu_{\mathrm{B}} B \qquad (9.12)$$

で説明される．ブライト励起子のゼーマン分裂が示す磁場依存性の比例係数から，励起子の g 因子である $g_{\mathrm{ez}} - g_{\mathrm{hz}} = 0.51$ が求まる．偏光発光の時間依存性に見られる量子ビートの周期 $2\pi/\omega$ を，磁場と量子井戸結晶の成長の方向とがなす角度 θ を変えて測定すると，量子井戸結晶の成長方向に対して平行に磁場をかけた際に示す電子や正孔の g 因子 $g_{\mathrm{e}/\!/}$，$g_{\mathrm{h}/\!/}$ と，量子井戸結晶の

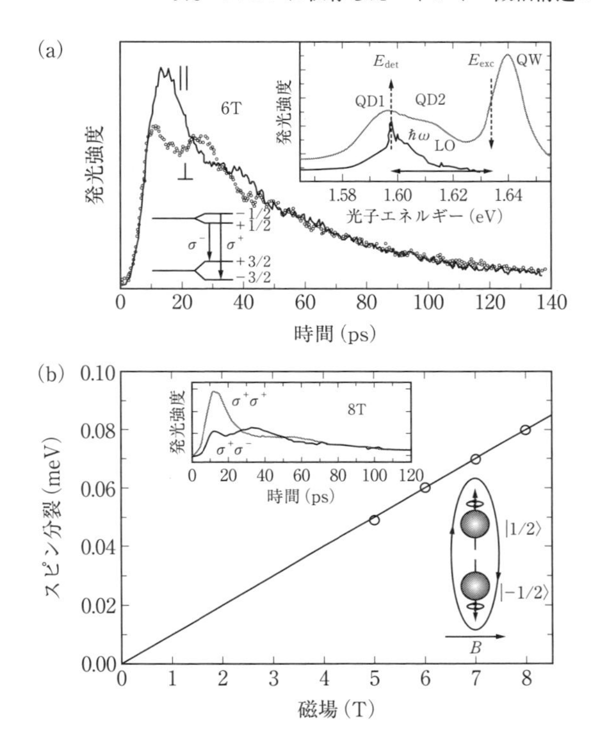

図 9.5　(a) 結晶成長軸 [001] に平行にかかった縦磁場下で，ひずみ誘起 GaAs 量子ドットの発光の時間変化に見られる励起子量子ビート．実線は直線偏光励起光と平行な直線偏光発光成分の時間変化，丸印は直線偏光励起光と垂直な直線偏光発光成分の時間変化を表す．挿入図は発光スペクトルで，灰色の線と黒い線は，それぞれ量子井戸のエネルギーよりも上の障壁層を励起した場合と E_{exc} のエネルギーで量子井戸を選択的に励起した場合に対応する．(b) 発光の時間依存性に見られる，電子の量子ビートの振動周期の逆数が与えるゼーマン分裂の磁場依存性．挿入図は，結晶成長軸 [001] に垂直にかかった横磁場下で，ひずみ誘起 GaAs 量子ドットの発光の時間変化に見られる電子の量子ビート．$\sigma^+\sigma^+$ は右円偏光励起下での右円偏光発光成分，$\sigma^+\sigma^-$ は右円偏光励起下での左円偏光発光成分を表す．(Y. Masumoto, I. V. Ignatiev, K. Nishibayashi, T. Okuno, S. Y. Verbin and I. A. Yugova：J. Lumin. **108** (2004) 177 より許可を得て転載)

成長方向に対して垂直に磁場をかけた際に示す電子や正孔の g 因子 $g_{e\perp}$，$g_{h\perp}$ の違い，すなわち g 因子の異方性を知ることができる．

GaAs 量子ドット中の電子のスピンのゼーマン分裂を反映したスピン歳差運動も，横磁場下で円偏光により電子を励起し円偏光発光の時間変化を観測

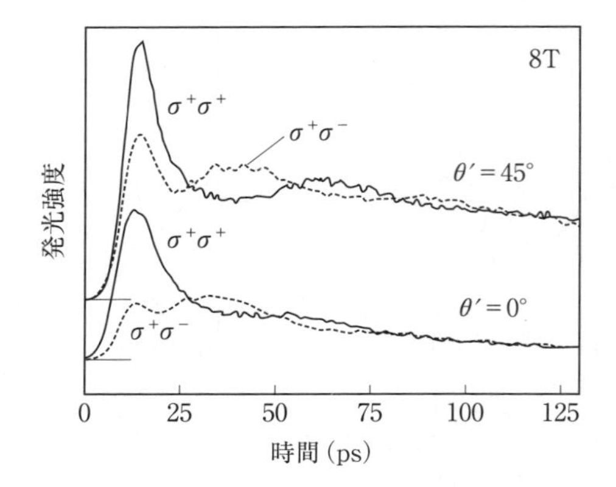

図 9.6　横磁場下でひずみ誘起 GaAs 量子ドットの発光の時間依存性に見られる，電子の量子ビート観測の光軸と結晶成長軸［001］間のなす角度 θ' 依存性．$\sigma^+\sigma^+$ は右円偏光励起下での右円偏光発光成分，$\sigma^+\sigma^-$ は右円偏光励起下での左円偏光発光成分を表す．（K. Nishibayashi, T. Okuno, Y. Masumoto and H.－W. Ren：Phys. Rev. B68 (2003) 035333 より許可を得て転載）

することで測定することができる．図 9.6 に示すように，光軸と GaAs 量子ドットの結晶成長軸［001］とが平行な場合（$\theta' = 0°$）には，量子ビートの振動周期は $2\pi\hbar/g_{ez}\mu_B B$ で与えられ，45° にした場合（$\theta' = 45°$）には量子ビートの振動周期は $2\pi\hbar/\mu_B B\sqrt{(g_{ez}^2 + g_{ex}^2)/2}$ で与えられる．2 つの場合の量子ビートの振動周期の比較をすると，量子ビートの振動周期が変わらないのでひずみ誘起 GaAs 量子ドット中の電子の g 因子は等方的であるとわかる．したがって，$g_{ez} = g_{ex} = g_e$ とおける．電子のスピンのゼーマン分裂は $g_e\mu_B B$ となるので振動周期は $2\pi\hbar/g_e\mu_B B$ となり，$g_e = 0.17$ が得られる．

励起子の量子ビートの方は，GaAs 量子井戸では $g_{hx} = (1/50)g_{hz}$ が成り立つことが知られているので，GaAs 量子井戸中にひずみにより形成された GaAs 量子ドットでも $g_{hx} \ll g_{hz}$ を仮定して，スピンハミルトニアン (9.4) を対角化して求められた

$$
\begin{aligned}
E_1 - E_2 &\cong \mu_B B(g_{hz}\cos\theta + \sqrt{g_{ez}^2\cos^2\theta + g_{ex}^2\sin^2\theta}) \\
&= \mu_B B(g_{hz}\cos\theta + g_e)
\end{aligned}
\tag{9.13}
$$

で量子ビートの振動周期から得られた $\hbar\omega$ をフィットできる．これから，正孔の g 因子は $g_{hz} = 0.51$，電子の g 因子は $g_e = 0.17$，励起子の g 因子は $g_{ex} = g_e - g_{hz} = 0.34$ と求まる．

InP 量子ドットの場合にも，励起子発光の量子ビートを磁場と結晶軸のな

す角度を変化させて測定することで，ブライト励起子間のエネルギー分裂，ブライト励起子とダーク励起子間のエネルギー分裂を測定し，励起子の微細構造すなわちスピンハミルトニアンを完全に決定することができる[2],[3]．

9.3.2 電子を含む量子ドットのスピンに依存したエネルギー微細構造

磁場下，量子ドット中の基底状態にあるトリオンの単一量子ドット分光が，分子線エピタキシー法で作成された，電子を1つドープしてあるInAs量子ドットやCdSe量子ドットを用いて行われている[7],[9]．図9.7に示すように，基底状態にある電子2個と正孔1個からなるトリオンは，ドープされた電子のスピンと光励起された電子のスピンが必ず反平行となるため，電子の全スピンは $f = s_{e1} + s_{e2} = 0$ となるので電子・正孔間の交換相互作用エネルギーはゼロになる．磁場がゼロだとトリオンはエネルギー分裂がなく縮退しているが，磁場中では正孔の角運動量 j_h に応じて，それぞれがゼー

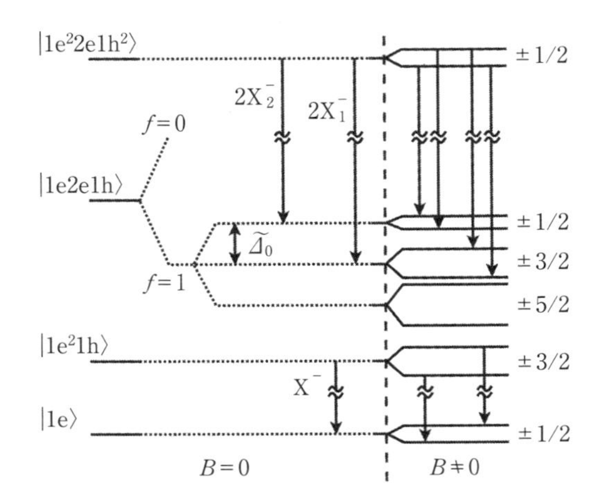

図9.7 縦磁場下で単一の電子を1個ドープされた自己形成CdSe量子ドットの発光スペクトルに見られる，電子2個と正孔1個からなるトリオン（負に帯電した励起子），電子3個と正孔2個からなる負に帯電した励起子分子のエネルギーと発光の光学遷移．電子2個と正孔1個からなるトリオンの発光の光学遷移を X^-，電子3個と正孔2個からなる負に帯電した励起子分子の発光の光学遷移を $2X_1^-$，$2X_2^-$ で表す[9]．

マンエネルギー $\pm(1/2)g_{hz}\mu_B B$ をもってエネルギー準位は2つに分裂する．トリオンは奇数個のスピンからなる系であり，奇数個のスピンからなる系は無磁場中ではエネルギー縮退しているというクラマースの定理に従う．

基底状態にあるトリオンからは互いに反平行のスピンをもった電子と正孔が発光消滅して電子が1つ残り，無磁場中では電子はスピン s_e により縮退しているが，磁場中ではそれぞれがゼーマンエネルギー $\pm(1/2)g_{ez}\mu_B B$ をもって2つに分裂するため，発光も無磁場下では縮退，結晶成長軸に平行な縦磁場下ではそれぞれがゼーマンエネルギー $\pm(1/2)(g_{ez}-g_{hz})\mu_B B$ をもって2つに分裂する．結晶成長軸に垂直な横磁場下では互いに反平行のスピンをもった電子と正孔だけでなく，互いに平行のスピンをもった電子と正孔も磁場の増加と共に発光消滅できるようになり，それぞれがゼーマンエネルギー $\pm(1/2)(g_{ez}\pm g_{hz})\mu_B B$ をもってエネルギー準位は4つに分裂する．励起強度を上げると，ドープされた電子と励起子分子の複合状態（負に帯電した励起子分子）が形成される．

図9.7に示すように，負に帯電した励起子分子は電子3個と正孔2個からなる系であるが，2個の電子と2個の正孔は一番低い量子準位に互いにスピン反平行で入り，残りの1個の電子のスピンにより無磁場下で縮退し，磁場中で2つに分裂する．負に帯電した励起子分子が発光する際，一番低い量子準位の電子と正孔が発光消滅し，後に残るのは一番低い量子準位の電子と正孔および励起状態にある電子となるが，これは前節で述べた励起状態にあるトリオンに他ならない．したがって，負に帯電した励起子分子から励起状態にあるトリオンに遷移する際の発光スペクトルは，無磁場下では交換相互作用エネルギー $\tilde{\Delta}_0$ だけ2つに分裂し，縦磁場下では交換相互作用エネルギー分裂に加えて電子と正孔のゼーマン分裂が加わり，それぞれがゼーマンエネルギー $\pm(1/2)(g_{ez}-g_{hz})\mu_B B$ をもって2つに分裂するので計4つに分裂する．

電子2個（1個の電子は一番低い量子状態にあり，もう1個の電子は励起状態にある）と一番低い量子状態にある正孔 1 個からなる励起状態にあるトリオンは，図 9.3 に示すように交換相互作用エネルギー $\tilde{\Delta}_0$ だけの微細構造分裂をもつため，励起状態にあるトリオンの発光の量子ビートに現れる．励起状態にあるトリオンを直線偏光で励起して直線偏光発光を観測すると，電子が 1 個ドープされた InP 量子ドットからは，電子スピンの異なる 2 個のトリオン状態の間の干渉が発光の量子ビートとなって観測される[2]．量子ビートの周期 T より，トリオンにはたらく交換相互作用エネルギー $\tilde{\Delta}_0$ が $h/T = 0.12\,\mathrm{meV}$ と測定でき，量子ドットのサイズの減少に伴ってエネルギーが増大することが，量子ビートの周期が短くなることにより明らかになっている．

9.3.3　電子スピンと核スピンの相互作用

電子スピンと核スピンは，前述の（9.14）に示される超微細相互作用により，相互に影響を及ぼし合う．スピン偏極した電子を半導体に注入すると，フリップフロップ項により電子スピン偏極が核スピン偏極を引き起こす．核磁場の生成時間と緩和時間は極めて遅くて偏光励起の方法にも依存し，核磁場は準静的な磁場として励起子スピンのゼーマンエネルギーにも影響してくる．ここでは，円偏光励起が電子のスピン偏極を形成し，それが動的核偏極とよぶ核スピン偏極を形成して励起子のゼーマンエネルギーに影響する例を示す．

自己形成 InP 量子ドットの中性ドナー D^0 に束縛された励起子 $\mathrm{D}^0\mathrm{X}$（中性ドナーから放出される 1 個の電子と，光励起で生成される 1 個の電子と 1 個の正孔からなるトリオン）発光の円偏光度の縦磁場依存性は，ファラディー配置で 33 μs ごとに左右交互の円偏光励起の場合と右円偏光励起の場合とで，磁場依存性が 5.5 mT ほどシフトして観測される[10],[11]．33 μs に比べて核スピンの分極は長時間かかるので，左右交互の円偏光励起の場合には，核スピンの分極は起こらないが，右円偏光で励起し続けると核スピンの分極が起こる．この外部磁場のシフトは円偏光励起によりまず電子スピンが分極し，フリップフロップ過程により核スピンが分極して5.5 mTの核磁場が形成されるとして説明される．さらに，ラジオ周波数の横磁場を加えることにより，^{31}P核の核磁気共鳴も観測される[10]．

量子井戸層に垂直に縦磁場を加え，厚さ4.2 nmのGaAs量子井戸中に形成された1原子層だけ厚い島状の単一擬似量子ドットに捕えられた励起子を，右円偏光σ^+で量子井戸を共鳴励起した場合と左円偏光σ^-で量子井戸を共鳴励起した場合の発光スペクトルを調べると，発光エネルギーに違いが出てくる[12]．単一の擬似量子ドットを観測するには，量子井戸層を含む試料上につけられたアルミニウムマスク中に形成された0.5 μmの直径をもつ窓を通して光励起を行い，かつ発光を測定する．どちらの円偏光で励起した場合も，2つのブライト励起子の発光エネルギーの平均は，25 μeV/T^{2}と磁場の2乗に比例した反磁性シフトをする．2つのブライト励起子間のゼーマン分裂エネルギーは図9.8に示されるように，磁場の増加と共にg因子として$g = 1.3$となる比例係数をもって大きくなるが，σ^+励起のときには，90 μeVだけ正側に，σ^-励起のときには，90 μeVだけ負側にシフトして観測される．この正負へのシフトは，静磁場に重畳される振幅0.3 mTの交流磁場の周波数を上げると下側の挿入図のように小さくなり，この周波数依存性から正負へのシフトは3秒の応答時間をもつことがわかる．また，上側の挿入図に大きく示されるように，ゼロ磁場の箇所に半値全幅160 mTのくぼみが現れる．

これらの現象は，右円偏光励起により価電子帯の$j = l + s = 3/2$, $j_z = l_z + s_z = -3/2$から伝導帯の$j = s = 1/2$, $j_z = s_z = -1/2$が励起されると，電子スピン$j_z = s_z = -1/2$が核スピンとフリップフロップして核スピンの平均偏極$\langle I_z \rangle$を負にする．その結果，(8.4)により光の進行方向を向いた核磁場$-B_{\mathrm{N}}$が生じる．反対に，左円偏光励起の場合には核磁場B_{N}が生じる．生成された核磁場の方向と外部縦磁場Bの方向とが反平行か平

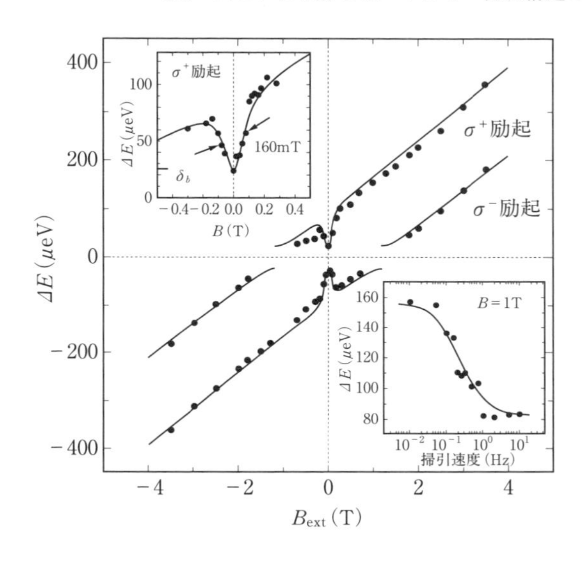

図 9.8 右円偏光 (σ^+) 励起の場合と左円偏光 (σ^-) 励起の場合の，GaAs 擬似量子ドット中のブライト励起子間のエネルギー分裂の縦磁場依存性．上の挿入図は，外部磁場 $B=0$ 付近のブライト励起子間のエネルギー分裂に見られる減少を示す．下の挿入図は，外部縦磁場 $B=1$ T のとき，ブライト励起子間のエネルギー分裂の核磁気共鳴を起こすラジオ波横磁場の掃引速度依存性．(D. Gammon, Al. L. Efros, T. A. Kennedy, M. Rosen, D. S. Katzer, D. Park, S.W. Brown, V.L. Korenev and I.A. Merkulov：Phys. Rev. Lett. **86** (2001) 5176 より許可を得て転載)

行となるのに応じて，右円偏光励起の場合と左円偏光励起の場合とで，外部縦磁場に対する2つのブライト励起子間のゼーマン分裂エネルギーに正負のシフトが起こる．2つのブライト励起子間のゼーマン分裂エネルギーが示す $\pm 90\,\mu$eV のシフトに対応する核磁場の大きさは，±1.2 T に達する．生成された核磁場は，周囲にある核スピン同士の双極子－双極子相互作用を通じて消失していくが，双極子－双極子相互作用エネルギーより核スピンのゼーマン分裂エネルギーが大きくなる外部磁場では，双極子－双極子相互作用を通じた核磁場の消失が機能しなくなる．これが，ゼロ磁場の箇所に半値全幅 160 mT のくぼみが現れる理由で，くぼみの幅は双極子－双極子相互作用に対応する磁場を示す．

単一 InAlAs 自己形成量子ドットを縦磁場中で AlGaAs 障壁層を介して右

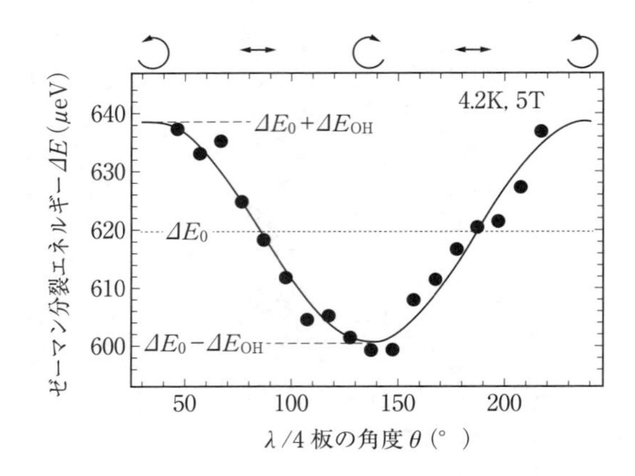

図 9.9　縦磁場 5 T における単一 InAlAs 量子ドット中の，ブライト励起子が示すゼーマン分裂エネルギー ΔE の励起光偏光依存性．横軸は励起光の偏光を変える $\lambda/4$ 板の回転角を表し，回転角を変えると左から順に，左円偏光－直線偏光－右円偏光－直線偏光－左円偏光と変化する．ΔE_0 は直線偏光励起のときのブライト励起子のゼーマン分裂エネルギーで，ΔE_{OH} は，形成された核磁場によるブライト励起子のゼーマン分裂エネルギーの変化を表す．（T. Yokoi, S. Adachi, H. Sasakura, S. Muto, H. Z. Song, T. Usuki and S. Hirose：Phys. Rev. **B71**（2005）041307(R) より許可を得て転載）

円偏光 σ^+ で励起した場合と，左円偏光 σ^- で励起した場合を比較すると，図 9.9 に示されるように，励起子のゼーマン分裂エネルギーが異なって計測されている[13]．これは，仮に右円偏光励起で価電子帯の $j = l + s = 3/2$, $j_z = l_z + s_z = -3/2$ から伝導帯の $j = s = 1/2$, $j_z = s_z = -1/2$ が励起されると，正孔は p 軌道であるので，核スピンと相互作用せず，s 軌道である電子のスピン $s = 1/2$, $s_z = -1/2$ が核スピンとフリップフロップして核スピンの平均偏極 $\langle I_z \rangle$ を負にする．したがって，後述の（9.16）により光の進行方向に核磁場 $-B_{\mathrm{N}}$ が生じ，外部縦磁場を B とすると，B の方向により核磁場と反平行か平行となる．したがって，ブライト励起子のゼーマンエネルギーは $(g_{ez} - g_{hz})\mu_{\mathrm{B}}(B - B_{\mathrm{N}})$ または $(g_{ez} - g_{hz})\mu_{\mathrm{B}}(-B - B_{\mathrm{N}})$ となり，磁場の方向に依存することになる．形成される核磁場は -0.16 T と評価されている．単一 InAlAs 自己形成量子ドットに 5 T の縦磁場を加え，励起光の偏光を $\lambda/4$ 板の回転により，偏光を左円偏光－直線偏光－右円偏光－直線偏光－

左円偏光と変化させたとき，ブライト励起子発光のゼーマンエネルギーが変化するのが観測される．障壁層ではなくぬれ層を介して光励起すると，障壁層を介して光励起した場合に比べ5倍程度の核磁場が発生して，光励起強度の増減や偏光の変化に対して核スピン偏極の双安定性が起こることがある[14]．これは，核磁場が外部磁場に接近すると，電子スピンと核スピンのフリップフロップ速度が共鳴的に増大することに原因がある．

9.4 スピン緩和時間

スピンを用いた量子情報処理や量子計算が模索され，偏光として情報を運ぶ光とのやり取りができ，長時間コヒーレンスを保つことができる半導体中の電子スピンが求められている．一方，半導体中の電子スピン緩和は，光オリエンテーション（optical orientation）による研究[15]以来30年以上研究されてきたが，時間分解カー回転などのスピンのコヒーレンスを直接観測する方法が使われるようになり，量子井戸，量子ドットや不純物中心に局在した電子スピンも対象に加わって，ここ10年で飛躍的に理解が進んだ．

半導体中の電子スピンの緩和は，電子の寿命，フォノン，交換相互作用，スピン軌道相互作用による軌道角運動量とのやり取り，核スピンとの超微細相互作用などの因子によって支配されている．直接許容遷移の半導体中で光励起されて作られた電子は，正孔とナノ秒オーダーで再結合消滅するため，電子スピンがこのナノ秒オーダーの寿命の間に緩和しなくても，寿命が来るとスピンは消滅してしまう．発光寿命に制約を受けないスピン寿命が望めるドープされた電子，もしくは正孔を媒体として，これらのスピンを光によって初期化することが可能であれば，スピンを用いた量子情報処理や量子計算に一歩近づくことができる．

9.3節で述べたように，電子がドープされたInP量子ドット中の電子2個と正孔1個からなるトリオンの発光に，励起状態のトリオンのスピン構造を反映した量子ビート[4]が無磁場下で発見されて以来，III - V 族半導体量子ドット中にドープされた電子や正孔のスピン緩和が研究されてきた．発光の量子ビートにより見られる量子ドットのスピンに依存した励起子・トリオン微細構造[2]-[4],[8],[16]，電子スピンの緩和時間（T_1）に対する弱い外部磁場印加による核磁場分布の凍結効果[17],[18]，核磁場分布を超える外部磁場下で伸びるサブミリ秒からミリ秒のスピン寿命（T_1）[19],[20]，核磁場分布の分散により上限が抑えられるナノ秒オーダーの横緩和時間 T_2^*[21]-[23]，円偏光パルスによりドープされた電子のトリオン形成を通じたスピン初期化の機構[24]が明らかにされた．

一連の研究による実験で示されたことは，量子ドットの集合では，電子が局在するために，半導体中の伝導電子スピンの緩和に最もはたらくスピン - 軌道相互作用によるジャコノフ - ペレル（D'yakonov - Perel'）機構がなくなり，核スピンがもたらす核磁場の分布が局在電子のスピン緩和を律速する一方，核磁場分布の分散を超える外部磁場を加えると T_1 は伸ばせるが，T_2^* は伸ばせないということである[25]．

III - V 族半導体では，構成原子の原子番号が奇数で自然存在比が大きい核は半整数の核スピンをもつために，量子ドットでも電子のスピン横緩和時間には数 ns の上限があるが，構成原子が偶数の原子番号をもつ II - VI 族半導体では，核スピンがゼロになる原子核の自然存在比が大きく，緩和時間が長い電子スピンの T_2 や T_2^* が期待される．時間分解カー回転測定法を用いて，ZnO 薄膜中の Ga ドナーに束縛された局在電子スピンの緩和時間を時間分解カー回転を用いて測定すると，モード同期レーザーの繰り返し時間に匹敵する緩和時間を反映して，繰り返し誘起された電子スピンが積算されたものが観測され，共鳴スピン増幅の手法を用いて T_2^* が得られた．縦磁場下での電子スピン分極の磁場依存性から求めた核磁場分布の分散の大きさからも T_2^* が評価でき，実測緩和時間とほぼ一致する．

本節では，量子ドットの光学遷移選択則，励起子やトリオンのスピン構造，局在電子スピンのスピン緩和とコヒーレンスについて述べ，さらに，光を用いた半導体電子のスピンの研究で利用されてきた手法，光オリエンテーション，ハンレ効果，時間分解カー効果，共鳴スピン偏極，共鳴スピン増幅，スピンモード同期，スピンエコーなどについても紹介する[26],[27]．

9.4.1 局在電子スピンのスピン緩和とコヒーレンスの理論

十分低温でない場合，半導体中の伝導電子のスピンは，主に散乱によって波数（運動量）が変化するために起こるジャコノフ－ペレル機構やエリオット－ヤッフェ（Elliot－Yafet）機構によって，スピン緩和が支配されることが知られている[15]．ジャコノフ－ペレル機構とはIII－V族半導体やII－VI族半導体で見られる反転対称性がない半導体で，伝導帯が有限の波数 $\boldsymbol{k}$ でスピン分裂していることと内部磁場があることが等価であるため，電子の散乱で波数が変化するとスピンも変化することで起こる．量子ドット中の電子は，運動量の閉じ込めにより離散的な値のみが許された運動が凍結した電子であるため，ジャコノフ－ペレル機構によるスピン緩和は考えなくてよい．このため，量子ドットでは局在した電子スピンの長い緩和時間が期待できる．円偏光でスピンを指定されて生成された電子・正孔対は有限な発光寿命で発光消滅するため，電子のスピン情報も発光寿命で消滅する．しかし，量子ドット中にドープされて生成された電子のスピン緩和は，この発光寿命による制約を受けずに，低温のとき核磁場分布の分散とゆらぎが電子スピンの横緩和時間 T_2^* を律速するようになる．

核スピンと電子スピンとの間には，超微細相互作用がはたらく．半導体中の核スピンと電子スピンの相互作用について，約半世紀前から円偏光ポンピングによる ^{29}Siの動的核偏極が報告され[28]，また，静縦磁場と数MHzの振動横磁場下で $Ga_{0.8}Al_{0.2}As$ 結晶の発光の円偏光度に ^{69}Ga, ^{27}Al, ^{75}Asの核磁気共鳴が見つかった[15]．また，西暦2000年にはGaAs結晶を対象として，振動横磁場の代わりに試料を76 MHzの繰り返しの円偏光パルスで励起し，時間分解ファラデー回転をプローブとして全光核磁気共鳴が観測された[26],[29].

核スピンと電子スピンの大きさは，核磁子と $\mu_{\mathrm{N}} = e\hbar/2\,m_{\mathrm{p}} = 5.05 \times 10^{-27}\mathrm{J\cdot T^{-1}}$（$m_{\mathrm{p}}$ は陽子の質量）とボーア磁子 $\mu_{\mathrm{B}} = e\hbar/2\,m_0 = 9.27 \times 10^{-24}\mathrm{J\cdot T^{-1}}$ の値を比べると，核スピンの磁気能率は同一磁場下で約 3 桁ほど電子スピンの磁気能率に比べて小さく，したがって，同一磁場 $\boldsymbol{B}$ 下で核スピンのラーモア周波数 $\omega_{\mathrm{L}} = \mu_{\mathrm{N}}\boldsymbol{B}/\hbar$ は，電子スピンのラーモア周波数 $\omega_{\mathrm{L}} = g\mu_{\mathrm{B}}\boldsymbol{B}/\hbar$ に比べて約 3 桁小さくなる．すなわち，同一磁場 $\boldsymbol{B}$ 中で，電子スピンのラーモア歳差運動に比べて，核スピンのラーモア歳差運動は 3 桁程遅く，電子スピンのラーモア歳差運動が一回りしている間，核スピンはほぼ止まっていることになる．

核スピンの方向のばらつきとゆらぎに起因した量子ドット中の電子スピンが感じる実効磁場の分布の分散とゆらぎは，結晶に含まれる核スピンの種類，数により見積もられる[25]．核スピンによる電子スピン緩和はフェルミコンタクト超微細相互作用で決まるが，この相互作用のハミルトニアンは

$$H_{\mathrm{cont}} = \frac{16\pi}{3}\mu_{\mathrm{B}}\sum_j \frac{\mu^j}{I^j}(\boldsymbol{s}\cdot\boldsymbol{I}^j)\delta(\boldsymbol{r}-\boldsymbol{R}_j) \tag{9.14}$$

と書ける．ここで，μ_{B} はボーア磁子，$\boldsymbol{s}$ と $\boldsymbol{r}$ は電子スピンの大きさと位置，μ^j と $\boldsymbol{I}^j$，$\boldsymbol{R}^j$ は j 番目の核の磁気モーメント，スピン，位置を示す．和は格子内のすべての核についてとる．局在電子を考えると，局在電子のエネルギー準位間のエネルギー差に比べて超微細相互作用エネルギーははるかに小さいので，一次摂動

$$H_{\mathrm{hf}} = \frac{v_0}{2}\sum_j A^j|\psi(\boldsymbol{R}_j)|^2(I_z^j\sigma_z + I_x^j\sigma_x + I_y^j\sigma_y) \tag{9.15}$$

で局在電子のスピンと核スピン間のスピン－スピン相互作用を記述することができる．ここで，v_0 は単位格子の体積，$\psi(\boldsymbol{R}_j)$ は j 番目の核の位置における電子の波動関数，I_α と σ_α は $\alpha = x, y, z$ という座標軸方向へのスピンの射

影値，$A^j=(16\pi\mu_B\mu^j/3I^j)|u_c(\boldsymbol{R}_j)|^2$ 中の $u_c(\boldsymbol{R}_j)$ は電子のブロッホ関数である．超微細相互作用エネルギーは核の位置における電子の存在確率に比例するから，s 軌道の伝導帯の電子スピンと核スピンとは相互作用するが，p 軌道の価電子帯の正孔スピンと核スピンとは相互作用しない．(9.15) の局在電子のスピンと核スピン間のスピン - スピン相互作用の部分は，核スピンの昇降演算子 $I_+^j=I_x^j+iI_y^j$, $I_-^j=I_x^j-iI_y^j$ と電子スピンの昇降演算子 $\sigma_+=\sigma_x+i\sigma_y$, $\sigma_-=\sigma_x-i\sigma_y$ を用いて，$I_z^j\sigma_z+I_x^j\sigma_x+I_y^j\sigma_y=I_z^j\sigma_z+(I_+^j\sigma_-+I_-^j\sigma_+)/2$ とも書けるから，局在電子のスピンと核スピン間の相互スピン反転，フリップフロップ過程も含んでいる．

核スピンとの超微細相互作用によって，局在電子スピンの感じる実効磁場 $\boldsymbol{B}_N$ は，(9.15) の H_{hf} の多数の核の波動関数についての期待値をとり，

$$\boldsymbol{B}_N=\frac{v_0}{\mu_B g_e}\left\langle\sum_j A^j|\psi(\boldsymbol{R}_j)|^2\boldsymbol{I}^j\right\rangle_N \tag{9.16}$$

という形で書くことができる．ここで $\langle\cdots\rangle_N$ は，多数の核の波動関数について量子力学的な平均を意味する．電子のラーモア周波数は核のラーモア周波数よりも極めて大きいため，電子スピンから見ると核がもたらす磁場は電子スピンの歳差運動の周期に比べてはるかにゆっくりと変動しており，電子スピンの歳差運動の間はほとんど止まっていると考えてよい．量子ドットの集合を考えてみると，核の作る場の方向，大きさはばらばらで，核スピンとの超微細相互作用によって局在電子の集合が感じる実効磁場の分布は，以下に示すガウス関数で記述される．

$$W(\boldsymbol{B}_N)=\frac{1}{\pi^{3/2}\Delta_B^3}\exp\left[-\frac{(\boldsymbol{B}_N)^2}{2\Delta_B^2}\right] \tag{9.17}$$

ここで，Δ_B は量子ドット集合中の超微細相互作用により核が作る磁場分布の分散であり，

$$\Delta_B^2=\frac{1}{3}\langle(\boldsymbol{B}_N)^2\rangle=\frac{1}{3}\sum_j I^j(I^j+1)(a_j)^2 \tag{9.18}$$

と書ける．a_j は電子にはたらく 1 個の核スピンからの磁場を表し，

$$a_j = \frac{v_0}{\mu_B g_e} A^j |\psi(\boldsymbol{R}_j)|^2 \tag{9.19}$$

と記述できる．局在電子の核の位置における確率振幅の単位格子についての和を v_0/V_L でおきかえて，

$$\Delta_B^2 = \frac{1}{3} \frac{\sum_j I^j(I^j+1)(A^j)^2}{(\mu_B g_e)^2} \frac{y_j v_0}{V_L} = \frac{4}{3N_L} \frac{\sum_j I^j(I^j+1)(A^j)^2 y_j}{(\mu_B g_e)^2} \tag{9.20}$$

となる．ここで y_j は核 j の自然存在比，V_L は電子が局在化した体積を意味する．$N_L = 2V_L/v_0$ は体積 V_L 中にある原子核の数を示す．

図 9.10 に示すように，量子ドットや束縛電子のボーア半径内に属する核スピンと電子スピンとの超微細相互作用のために，各核スピンの作る有効磁場の合計として $\boldsymbol{B}_N$ が電子スピンにかかり，これと外部磁場 $\boldsymbol{B}$ の和が実効磁場 $\boldsymbol{B}_{eff}$ となる．$\boldsymbol{B}_N = 0$ のとき，本来電子が感じる磁場方向とスピンの向きとがそろうためラーモア歳差運動は起こらないが，$\boldsymbol{B}_N$ が存在すると実効磁場の方向が傾き，電子スピンは $\boldsymbol{B}_{eff}$ 周りで歳差運動をすることになる．ここで初期のスピン S_0 の向きを z 軸にとり，z 軸と実効磁場 $\boldsymbol{B}_{eff}$ のなす角度を θ とすると，$\cos\theta = |\boldsymbol{B}_{eff}^z|/|\boldsymbol{B}_{eff}|$ となる．ここで $\boldsymbol{B}_{eff}^z$ は $\boldsymbol{B}_{eff}$ の z 方向への正射影ベクトルである．電子スピンが時間変化しない成分 S_{const} は，S_0 の $\boldsymbol{B}_{eff}$ 方向の射影をとると得ることができ，$S_{const} = S_0 \cos\theta$ となる．光軸と外部磁場が平行な縦磁場のときに発光の円偏光度やカー回転に現れる成分，

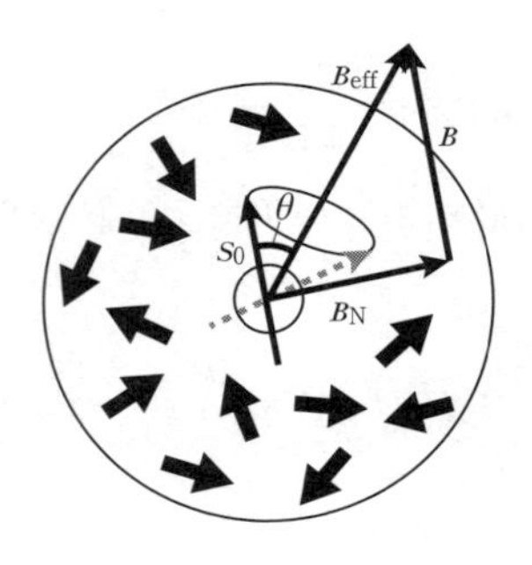

図 9.10　束縛電子スピンにかかる外部磁場 $\boldsymbol{B}$，核磁場 $\boldsymbol{B}_N$ および実効的な磁場 $\boldsymbol{B}_{eff}$.

$S_{\rm const}$ の z 軸方向の射影 S_z は，$S_z = S_{\rm const} \cos\theta = S_0 \cos^2\theta$ である．したがって，$\cos\theta$ を $|\boldsymbol{B}_{\rm eff}^z|/|\boldsymbol{B}_{\rm eff}|$ でおきかえて，

$$S_z(\boldsymbol{B}) = S_0 \cos^2\theta = S_0 \frac{|\boldsymbol{B}_{\rm eff}^z|^2}{|\boldsymbol{B}_{\rm eff}|^2} = S_0 \frac{(\boldsymbol{B}_{{\rm N}z} + \boldsymbol{B})^2}{(\boldsymbol{B}_{{\rm N}z} + \boldsymbol{B})^2 + \boldsymbol{B}_{{\rm N}x}^2 + \boldsymbol{B}_{{\rm N}y}^2} \quad (9.21)$$

となる．ここで $\boldsymbol{B}_{{\rm N}x}$，$\boldsymbol{B}_{{\rm N}y}$，$\boldsymbol{B}_{{\rm N}z}$ は $\boldsymbol{B}_{\rm N}$ の x 軸，y 軸，z 軸への正射影ベクトルである．したがって，

$$\left.\begin{array}{ll} \boldsymbol{B}_{\rm N} // x, y \quad \text{ならば} & S_z = S_0 \left[\dfrac{\boldsymbol{B}^2}{\boldsymbol{B}^2 + \boldsymbol{B}_{\rm N}^2}\right] \\ \boldsymbol{B}_{\rm N} // z \quad \text{ならば} & S_z = S_0 \end{array}\right\} \quad (9.22)$$

となって，平均電子スピン偏極は

$$S_z = S_0 \left[\frac{1}{3} + \frac{2}{3} \frac{\boldsymbol{B}^2}{\boldsymbol{B}^2 + (2\Delta_B)^2}\right] = S_0 \left[1 - \frac{2/3}{1 + \{\boldsymbol{B}/(2\Delta_B)\}^2}\right] \quad (9.23)$$

という形で求められる．すなわち，S_z は Δ_B に比べて $\boldsymbol{B}$ が大きくなると S_0 となり，$\boldsymbol{B} = 0$ のところで極小値 $S_0/3$ をとり，へこみの半値半幅が $2\Delta_B$ を与える．

電子スピンが外部磁場の中で核スピンと相互作用しながら緩和する時間を考える上で，3つの特徴的な時間の相違が重要となってくる．10^5 個の核からなる直径約 16.3 nm の球状の GaAs 量子ドットを例に挙げると，3つの特徴的な時間とは，(i) 核が超微細相互作用によりもたらす磁場中の電子スピンの歳差運動の周期：1 ns 程度，(ii) 電子が超微細相互作用によりもたらす磁場中の核スピンの歳差運動の周期：1 μs 程度，(iii) 核スピン間の双極子－双極子相互作用による核スピンの緩和：100 μs 程度である．したがって，量子ドットの集合としての電子スピンの緩和は，まず，核スピンと電子スピンの超微細相互作用がもたらす，ほとんど止まった核磁場の分布中の電子スピンの歳差運動によって記述でき，次にゆっくりと変動する核スピンと電子スピンの超微細相互作用がもたらす，磁場の変動による電子スピンの緩和を考慮することになる．

超微細相互作用がもたらす核磁場分布の分散 Δ_{B} は，核スピンと電子スピンの相互作用の大きさ，核スピンの量子数や核スピンの数に依存しているため，量子ドットの種類とサイズに依存する．底辺が 17 nm，高さが 5 nm 程の上部がつぶれたピラミッド型 InAs 量子ドットの場合は，表 9.1 に示すように $^{75}\mathrm{As}$ $(I=3/2)$（自然存在比 100%）について $A^{\mathrm{As}}=47\,\mu\mathrm{eV}$，$^{115}\mathrm{In}$ $(I=9/2)$（自然存在比 95.7%）について $A^{\mathrm{In}}=56\,\mu\mathrm{eV}$ であり，6×10^4 個の単位格子が量子ドット中にあるため，(9.20) により $\sqrt{2}\Delta_B=28\,\mathrm{mT}$，$T_\Delta=T_2^*/\sqrt{2}=\hbar/(\sqrt{2}\,g_{\mathrm{e}}\mu_{\mathrm{B}}\Delta_B)=450\,\mathrm{ps}$ となる．InAs 量子ドット集合中の電子スピンの集合を考えると，1 個ずつの量子ドット中の核スピンが超微細相互作用によって電子スピンに与える磁場は 20 mT の分散をもってばらつき，この中に 1 個ずつ電子スピンが存在すると，電子スピンはばらばらな方向を向いた核磁場に巻きつきながら歳差運動を行うため，1 回転の歳差運動をする時間で電子スピンの向きはばらばらになり，T_2^* で電子スピンの集合は偏極を失うことになる．外部磁場が Δ_{B} より大きくなると，電子スピンの集合は一様に加えられた外部磁場の回りに巻きつくので，電子スピンの外部磁場と平行な成分がばらばらになるまで非常に時間がかかることになる．これは，Δ_{B} よりも大きな外部磁場を加えると，電子スピンの集合の外部磁場成分，すなわち，スピン偏極が保存されている時間 T_1 が T_2^* に比べてはるかに長くなることを意味している．

表 9.1　InAs，InP 量子ドットや ZnO：Ga に含まれる，核スピンをもった核種の微細相互作用定数と自然依存比（舛本泰章：固体物理 **48** (2013) 485 より許可を得て転載）

核種 J	$^{75}\mathrm{As}$	$^{115}\mathrm{In}$	$^{31}\mathrm{P}$	$^{67}\mathrm{Zn}$	$^{69}\mathrm{Ga}$	$^{71}\mathrm{Ga}$
超微細相互定数 $A^J(\mu\mathrm{eV})$	47	56	0.5	3.7	38	49
自然存在比 $y^J(\%)$	100	95.7	100	4.11	60.1	39.9
核スピン I^J	3/2	9/2	1/2	5/2	3/2	3/2

9.4.2　量子ドット中の電子スピン緩和とコヒーレンスの観測

電子スピンと核スピンとの相互作用を観測するために，正孔をドープした量子ドットが用いられることがある．量子ドット発光の少し高エネルギー側で光励起により電子・正孔対を生成すると，電子1個，正孔2個からなるトリオンが形成されるが，同じ量子準位に入る2個の正孔は角運動量が反平行となって，発光の偏光は電子スピンの向きを直接反映することになるため，電子スピンの緩和を直接観測することができる．また，2個の正孔の角運動量の和はゼロになるため，電子・正孔間の交換相互作用ははたらかなくなり，核スピンとの超微細相互作用をするs型波動関数をもつ電子スピンの緩和があらわに観測されるようになる．外部磁場を100 mT加えると，正孔を1個ドープしたInAs量子ドットの円偏光発光スペクトルに定常発光の円偏光度が10%増加し，発光の円偏光度の減衰ははるかに遅くなる[17]．正孔をドープされたInAs量子ドット中の電子スピン偏極は，図9.11に示すように，光励起後500 psでランダムな向きの核スピンとの超微細相互作用によ

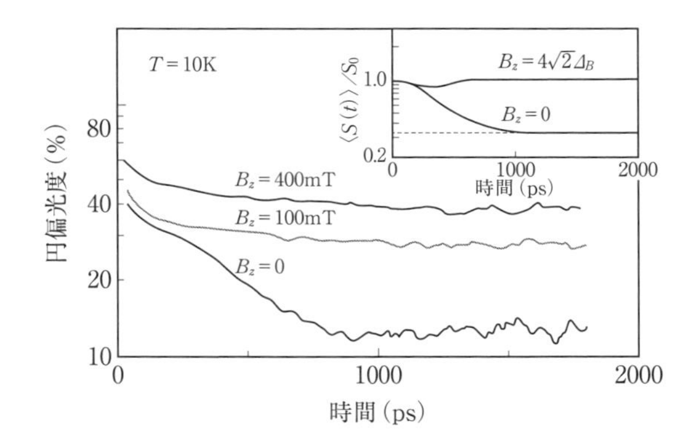

図9.11　外部縦磁場下での，正孔を1個ドープされたInAs量子ドットが示す発光の円偏光度の時間変化．挿入図は参考文献［25］に基づく理論計算．（P.‐F. Braun, X. Marie, L. Lombez, B. Urbaszek, T. Amand, P. Renucci, V. K. Kalevich, K. V. Kavokin, O. Krebs, P. Voisin and Y. Masumoto：Phys. Rev. Lett. **94**（2005）116601より許可を得て転載）

って，発光の円偏光度は $T_{\Delta} = T_2^*/\sqrt{2} = \hbar/(\sqrt{2}\, g_e \mu_B \Delta_B) = 450\ \mathrm{ps} \approx 500\ \mathrm{ps}$ の時定数で初期値 40％の 1/3 に減衰し，その後は初期値の 1/3 という一定値に保たれる．さらに，Δ_B の 5 倍程度のわずか 100 mT の外部磁場の印加によって電子スピンの緩和時間は 4 ns ほどまで抑制される．

電子を 1 個ドープした InP 量子ドットの発光の円偏光度を計測すると，電子のスピン偏極がサブミリ秒からミリ秒に達する寿命を有することが見出されている[19],[20]．図 9.12 に示すように，核磁場分布の分散の効果を抑えられる 0.1 T の縦磁場下において，InP 量子ドットの発光帯を円偏光ピコ秒レーザーパルスで準共鳴励起すると，励起光エネルギーからストークスシフトが大きいエネルギー領域では，負の円偏光度をもつ発光となる．発光ポンププローブ法を用いた時間分解測定によって，負の円偏光度は数百 μs の緩和時間で緩和していく．100 μs もの長い時間が経過した後でも，円偏光度でポンプした後，同じ向きの円偏光で弱励起して発光の円偏光度を測る場合（co－pump）と，円偏光でポンプした後，反対回りの円偏光で弱励起して

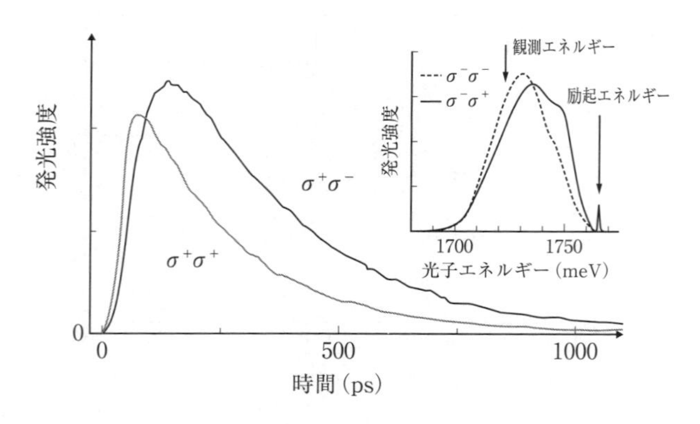

図 9.12　電子を 1 個ドープされた InP 量子ドットの円偏光発光強度の時間トレース．$\sigma^+\sigma^+$ は励起レーザーと発光とが同じ右円偏光，$\sigma^+\sigma^-$ は励起レーザーが右円偏光で発光が左円偏光であることを示す．挿入図は励起レーザーの光子エネルギー，発光スペクトルと時間トレースを観測した光子エネルギーを示す．－42％の大きな負の円偏光度が発光寿命の間続く．（M. Ikezawa, B. Pal, Y. Masumoto, I. V. Ignatiev, S. Yu. Verbin and I. Ya. Gerlovin：Phys. Rev. **B72**（2005）153302 より許可を得て転載）

発光の円偏光度を測る場合（cross - pump）の間には相当の差が残る．実際に，電子スピン偏極は1 ms程度まで保たれていることが示されている．

動的核スピン分極がInP量子ドットにおいて起こっていることを，2個の電子と1個の正孔からなるトリオンの負の円偏光発光を縦磁場下で観測することにより確認できる[22]．右（左）円偏光励起下でトリオンの発光の円偏光度を外部磁場Bの関数として測定すると，図9.13のように，$B = \pm B_N$（励起強度40 mWのとき～4.5 mT）で負の円偏光度が鋭く減少する半値半幅15 mTのローレンツ型の磁場依存性が得られる．右（左）円偏光で負の円偏光度が最小になる外部磁場が －（＋）にシフトすることにより，有効核磁場B_Nを相殺する外部磁場のとき，すなわち（9.23）に示されるように実効外部磁場がゼロのとき，負の円偏光度が最小になり，核スピンの集合による核磁場分布の分散Δ_Bが7.5 mTであるとして図9.13を理解することができる．この値は，表9.1に示すようなInP量子ドットを構成する

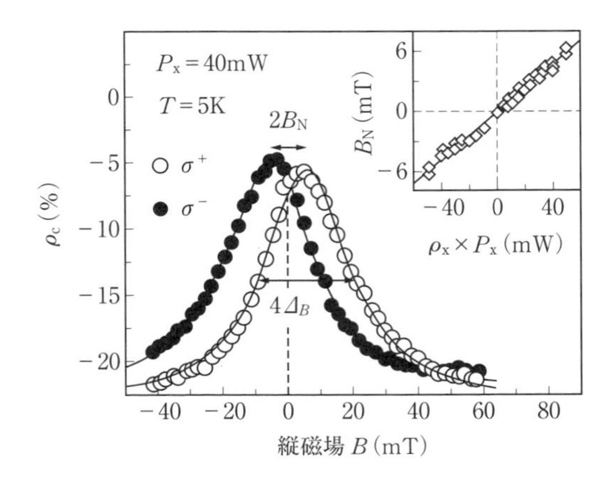

図9.13　円偏光励起により核スピン分極が起こり，負の円偏光度が最小になる外部磁場が －（＋）にシフトする．右上の挿入図は，励起強度P_xに比例して核磁場$\boldsymbol{B}_N$が増加し，右円偏光か左円偏光かにより$\boldsymbol{B}_N$の符号が逆転することを示す．ρ_xは右円偏光励起のときは＋1であり，左円偏光励起のときは −1とする．（B. Pal, S. Yu. Verbin, I. V. Ignatiev, M. Ikezawa and Y. Masumoto：Phys. Rev. **B75**（2007）125322より許可を得て転載）

^{115}In ($I = 9/2$)（自然存在比 95.7%），^{31}P ($I = 1/2$)（自然存在比 100%）の超微細相互作用定数および量子ドットのサイズから，(9.20) によって求められた核磁場の分散の値と一致する．図 9.13 の挿入図が示すように，光照射強度の増加に比例して，核スピンは分極して有効核磁場 B_N は線形に増加する．比較的励起強度が強い 50 mW でも，$B_N \cong 6$ mT であることは，InP 量子ドットにおける超微細相互作用が比較的弱いことを示している．

電子スピンの集合の T_2^* は，上述したような光軸と外部磁場が平行な縦磁場配置（ファラディー配置：Faraday configuration）だけでなく，光軸と外部磁場が垂直な横磁場配置（フォークト配置：Voigt configuration）でも求めることができる．この方法はハンレ効果（Hanle effect）とよばれ，フォークト配置で，円偏光で励起された電子スピンを光軸と垂直方向の横磁場に巻きつけて回転運動をさせ，回転運動の周期とスピン緩和時間との競争によって発光の円偏光度が支配されるため，これを横磁場の強さの関数として調べる方法である[15]．電子スピンのラーモア（Larmor）歳差運動の周期は $\omega_L = g_e \mu_B B/\hbar$ で与えられるため，スピン緩和時間を τ で表すと，発光の円偏光度は $\rho = \rho_0/[1 + (\omega_L \tau)^2]$ で与えられる．ρ_0 は円偏光で作られた初期の電子スピンによる発光の円偏光度で，磁場の強い極限ではスピン緩和する前にスピンは横磁場の周りに何回転も回転運動をするために，光軸方向で観測される発光の円偏光度はゼロになるが，磁場の弱い極限すなわちゼロでは回転運動は起こらず，発光の円偏光度は ρ_0 となる．発光の円偏光度は外部横磁場が増加すると減少するため，ρ が ρ_0 の 1/2 になる外部横磁場 $B_{1/2}$ から $T_2^* = \hbar/(g_e \mu_B B_{1/2})$ によって求められる．

準共鳴励起で，電子を 1 個ドープした InP 量子ドットはゼロ磁場では円偏光レーザー励起に対して発光は負の円偏光度を示す．5 K でハンレ効果を測定すると，◇で示すハンレ曲線は図 9.14 のように，半値半幅 1.54 T，128 mT，4.6 mT の 3 つのローレンツ成分の和で構成される[21]．4.6 mT の幅の最も鋭いローレンツ成分は負であり，トリオン量子ビートが観測され

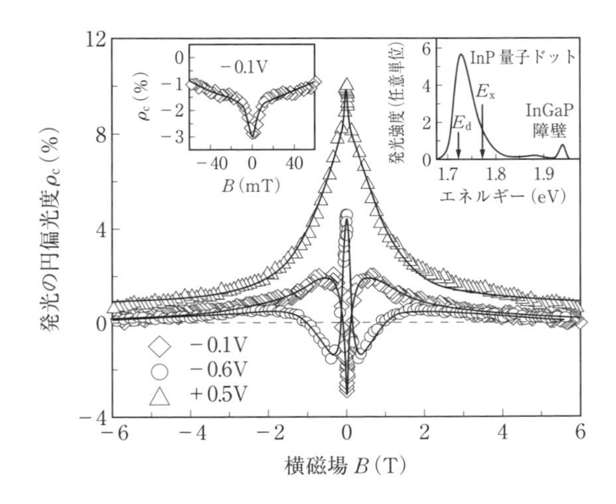

図 9.14　○は中性 InP 量子ドット（電気バイアス −0.6V に対応），◇は 1 電子ドープ InP 量子ドット（電気バイアス −0.1V に対応），△は 2 電子ドープ InP 量子ドット（電気バイアス +0.5V に対応）のハンレ効果．左上の挿入図は，1 電子ドープ InP 量子ドットが示すハンレ効果の弱磁場領域の拡大図．右上の挿入図は，InP 量子ドットの発光スペクトルで，E_x は励起エネルギー，E_d はハンレ効果測定エネルギーを示す．（B. Pal and Y. Masumoto：Phys. Rev. **B80**（2009）125334 より許可を得て転載）

るのと同じ電気バイアスで現れるので，ドープされた 1 電子のスピン緩和によるものと同定できる．4.6 mT から $g_e T_2^* = 2.5$ ns が導かれ，InP 量子ドットの電子の g 因子は 1.5 であるため，ドープ電子のスピン緩和時間は $T_2^* = 1.7$ ns と導かれる．この値は，超微細相互作用を通して核磁場分布の分散が引き起こす，電子スピン緩和として説明できる．実際に，核スピンの有効磁場分散を円偏光度の縦磁場依存性から求めた値 7.5 mT が引き起こす電子スピン緩和としては，比較的よい一致を示す．128 mT の幅のローレンツ成分は，1 電子ドープに呼応して負になるために，光励起電子・正孔対のスピンフリップによると同定され，スピン緩和時間は $T_2^* = 51$ ps と導かれる．最も広い 1.54 T の幅のローレンツ成分は，正孔のスピン緩和と同定されてスピン緩和時間は $T_2^* = 29$ ps と導かれる．

9.4.3 II－VI 族半導体中の局在電子スピンの長時間コヒーレンスの観測

量子ドット中の電子スピンと同様に，半導体中の個々の局在電子スピンは，電子スピンと核スピンとの超微細相互作用によって電子スピンにはたらく核磁場のベクトル和に巻きついて歳差運動をするため，局在電子スピンの集合をとったときの横緩和時間（T_2^*）は核磁場分布の分散に律速されている．したがって，局在スピンの横緩和時間 T_2^* は，III－V 族では構成原子の原子番号が奇数で自然存在比が大きい核は半整数の核スピンをもつので，構成原子数が制約される量子ドットにおいても数 ns に上限がある．一方，構成原子の原子番号が偶数の II－VI 族半導体では，核スピンがゼロになる核の自然存在比が大きく，電子スピンの横緩和時間が長くなることが期待される．ZnO は II－VI 族半導体の中でも核スピンをもつ自然存在比が少なく，電子スピンの緩和時間が長くなることが期待される．半導体中の不純物や欠陥に束縛された局在電子は，局在電子の広がりのサイズの量子ドットと見なすこともでき，核スピンと電子スピンの相互作用が電子スピンの緩和を支配するという観点では共通なので，半導体中の不純物や欠陥に束縛された局在電子スピンのコヒーレンスも取り上げることにする．

時間分解カー回転測定法は，フェムト秒やピコ秒のレーザーパルスを使ったポンププローブ法であり，円偏光ポンプ光で試料中に生成された電子スピンが，横磁場中で歳差運動をする際に生じる左右両円偏光に対する屈折率の差をカー回転角を通して計測する．ポンプ光またはプローブ光の偏光を光弾性変調器を用いて変調し，プローブ光を左右円偏光に分けて変調周波数でロックイン差分検出することにより，変動を相殺して高感度で安定化した測定を行うことができる．

図 9.15（a）に示すように，ZnO 中で Zn に置換してドープされた Ga はドナーとして電子を 1 個放出し，低温のときイオン化した Ga^+ は電子をゆるく拘束する．この状態を中性ドナー D^0 と書き，光励起により電子と正孔

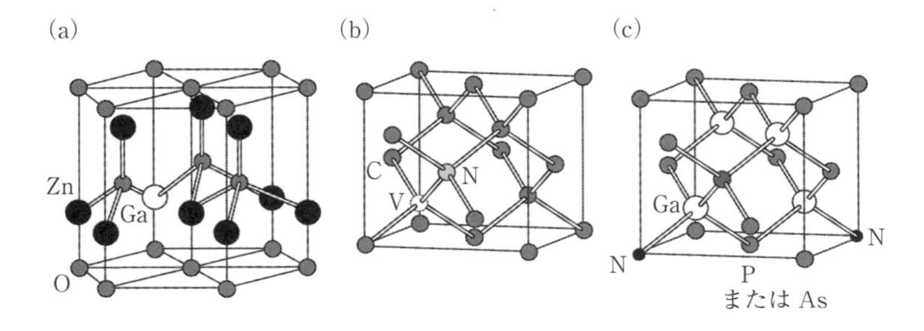

図 9.15　(a) ZnO：Ga 結晶．(b) ダイヤモンド結晶中の NV 中心．最近接の C 原子対が，2 個の C 原子の代わりに欠陥（V：vacancy）と N 原子になっている．(c) GaP：N および GaAs：N 結晶中の第 4 近接 NN 対が形成する等電子トラップ NN_4．

がさらに生成されると電子 2 個と正孔 1 個が Ga^+ にゆるく拘束される．電子 2 個と正孔 1 個からなるトリオンは，図 9.1（b）に示される円偏光光学選択則を満たしている．時間分解カー回転測定法を用いて，ZnO 薄膜中の Ga ドナー（ドープ濃度：6×10^{17}cm^{-3}）によって与えられた電子スピンの緩和時間を測定すると，図 9.16 に示すように，束縛励起子 D^0X の共鳴励起下で時間分解カー回転はモード同期レーザーの繰り返し時間（パルス間隔）12.2 ns に匹敵する緩和時間を反映し，ポンプ前に 1 つ前までのポンプ光で繰り返し誘起された電子スピンが積算されて観測される[30]．以下に述べる

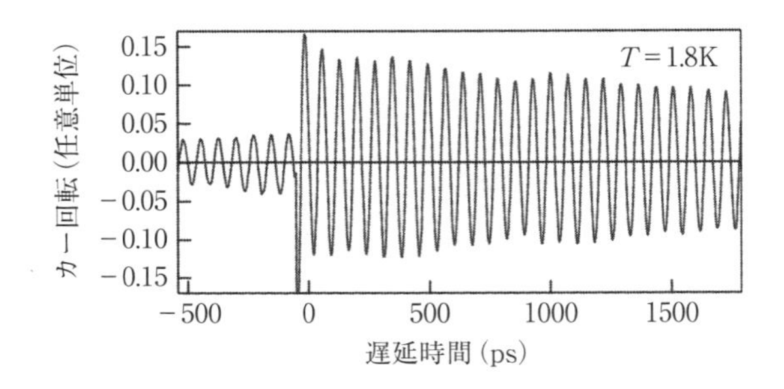

図 9.16　ZnO：Ga におけるカー回転信号．（舛本泰章：固体物理 **48** (2013) 485 より許可を得て転載）

共鳴スピン増幅法で，繰り返し時間に匹敵する緩和時間をもつ時間分解カー回転信号に対して，長い T_2^* をより正確に決定することが可能である．

外部磁場 $\boldsymbol{B}$ が与えられているときの遅延時間 Δt におけるカー回転信号は，

$$f_{\mathrm{KR}}(\boldsymbol{B}) \propto \sum_n \Theta(\Delta t + nT_{\mathrm{R}}) A \exp\left(-\frac{\Delta t + nT_{\mathrm{R}}}{T_2^*}\right) \cos\left[\omega_{\mathrm{L}}(\Delta t + nT_{\mathrm{R}})\right] \tag{9.24}$$

と示すことができる．ここで，$\Theta(\Delta t + nT_{\mathrm{R}})$ は今着目しているプローブパルスに対する各ポンプパルスの照射が先か後かを表す階段関数，Δt は遅延時間，T_{R} はレーザーの繰り返し周期を表す．変数 $\boldsymbol{B}$ は右辺では ω_{L} に含まれる．n はポンプパルス 1 個 1 個につけられた番号で，Θ 以降の部分で各ポンプパルス 1 個 1 個によって生成されたスピン偏極の減衰振動を表す．さらに，$\sum_n$ は試料に照射する全ポンプパルスに関する和を表す．実際にこの無限和をとるとき，この式は

$$f_{\mathrm{KR}}(\boldsymbol{B}) \propto \exp\left(-\frac{\Delta t + nT_{\mathrm{R}}}{T_2^*}\right) \frac{\cos(\omega_{\mathrm{L}}\Delta t) - \exp(T_{\mathrm{R}}/T_2^*)\cos\left[\omega_{\mathrm{L}}(\Delta t + T_{\mathrm{R}})\right]}{\cos(\omega_{\mathrm{L}}T_{\mathrm{R}}) - \cosh(T_{\mathrm{R}}/T_2^*)} \tag{9.25}$$

と書きかえることができる．

ラーモア周波数 $\omega_{\mathrm{L}} = g_{\mathrm{e}}\mu_{\mathrm{B}}/\hbar$ は磁場に比例しているため，磁場を掃引するとラーモア周波数が変化し，固定した遅延時刻において，山と谷の間で振動したカー回転信号が得られる．各ポンプパルスの作るスピン偏極の位相がそろう場合には共鳴的に鋭いピークが現れ，逆に位相が逆で打ち消し合うような場合にはなだらかな凹みが現れる．

プローブ光をポンプ光に対して負の遅延時間（−250 ps）に固定し，横磁場をゼロ磁場付近で掃引してカー回転を計測する共鳴スピン増幅の信号は，7 K において図 9.17 が示すようになり，(9.25) の関係を用いてフィッティングすると $T_2^* = 12$ ns を得ることができる．核磁場分布の分散 Δ_B から求

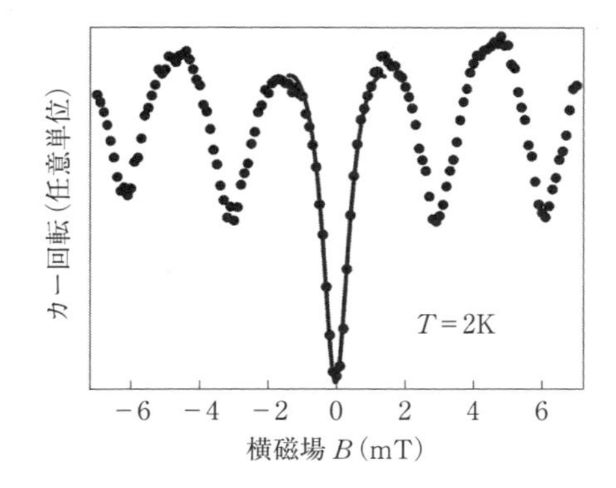

図 9.17 ZnO：Ga における共鳴スピン増幅と（9.25）によるフィッティング.（舛本泰章：固体物理 **48**（2013）485 より許可を得て転載）

めたスピン緩和時間は，$T_2^* = \hbar/(g_e\mu_B\Delta_B) = 13.2$ ns となり，実測の T_2^* と一致している．なお，核種のデータは第 1 表の値を用いており，ZnO 中の Ga に束縛された電子のボーア半径は $a_B{}^* \sim 16$ Å で与えられ，ボーア半径の球中の ZnO 結晶の原子核数は $N \sim 1500$ である．

図 9.18 に，カー信号の磁場依存性から得た縦磁場配置における核磁場分布の分散の測定結果を示す．（9.23）に従うカー信号のへこみの半値半幅より，電子スピンの感じる実効磁場分布の分散は 1.3 mT と見積もられ，（9.20）を用いてボーア半径中の核スピン数から評価した，$\Delta_B = 1.37$ mT とほぼ一致している．

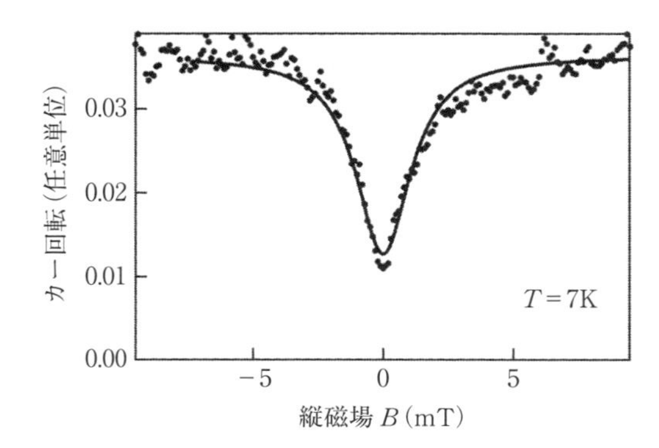

図 9.18 カー回転による ZnO：Ga の核磁場分布の分散の測定. 黒点が実測値を表し，実線が（9.23）によるフィッティング曲線である.（舛本泰章：固体物理 **48**（2013）485 より許可を得て転載）

電子スピンの集合の T_2^* と比較して，はるかに長い電子スピンの横緩和時間 T_2 を計測するために，複数のアプローチがとられている．1つのアプローチは，スピンモード同期と命名された手法である[27],[31]．電子スピンの集合が感じる核磁場の違いはラーモア歳差運動の周期のばらつきを生み出すが，電子スピンの集合について，ラーモア歳差運動の周期の分布を見てみると，この分布が不均一に広がっていることになる．図 9.19 に示すように，繰り返し周期 T_R（繰り返し周波数 $\omega_R = 1/T_R$）をもつ，モード同期レーザーパルス列を用いた時間分解カー回転法によって電子スピンの歳差運動を観測すると，ラーモア歳差運動周期のスペクトル中で，等間隔の周期が違う電子スピンは，電子スピンのラーモア周波数 $\omega_L = 2\pi N/T_R = N\omega_R$ となる条件が満足されたとき，電子スピンのラーモア周波数は光パルスが電子スピンを励起する周波数 ω_R の整数倍となるため，電子スピンは光パルスが励起するたびに増強されることになる．特に小さな外部磁場でなければ $\omega_L \gg \omega_R$ であるため，N は十分大きな整数であり，$\omega_L = (N + i)\omega_R$ $(i = 0, \pm 1, \pm 2, \cdots)$

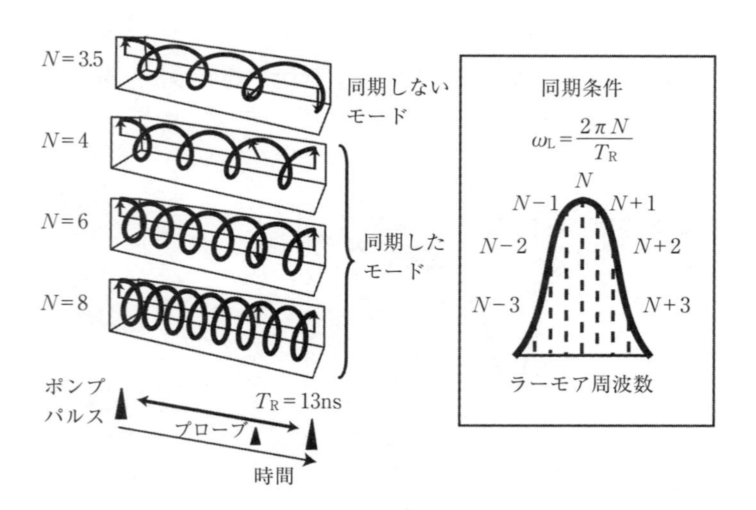

図 9.19　スピンモード同期の模式図[27].

となる電子スピンは，レーザーパルス列で励起されるたびに増強され，また，電子スピンのラーモア周波数スペクトル中の ω_R ずつ離れた電子スピンは，すべて光パルスで励起されるたびに同じ方向を向くことになる．モード周期レーザーの繰り返し周期を変えて時間分解カー回転やファラディー回転を測定し，回転の振幅を $P = \exp(-T_R/T_2)[2 - \exp(-T_R/T_2)]$ の式でフィッティングすることにより T_2 が求められる．

電子スピンの集合の T_2^* に比べて，はるかに長い電子スピンの横緩和時間 T_2 を計測するもう１つのアプローチとして，スピンエコー法が挙げられる．広く知られているように，スピンエコー法とは，最初に北極を向いていたスピンの集合を $\pi/2$ パルスによって赤道方向に降ろした後，時間 $\tau/2$ を経てスピンが不均一広がりによってばらばらになった後に，π パルスを加えてスピンの向きを赤道内で反転させ，時間 $\tau/2$ を経ると，各スピンは同じ環境下にあるために，反転したスピンが再びそろって位相緩和を受けないスピンの集合が磁化を形成し，スピンエコーを発生させる方法である．この過程で重要な点は，各スピンに不均一広がりを生み出す環境の違いが保持されているということが前提である．しかし，ばらばらに向いた核スピンが超微細相互作用のもたらす核磁場の分布によって，ラーモア歳差運動周期の不均一広がりを生み出す電子スピンの場合には，核スピンが時間的にゆっくりと変動していき，各電子スピンが感じる環境の違いが保持されるという前提が成り立たない．このように環境がゆっくり変動するという状況下で，スピンエコー法によって横緩和時間 T_2 を求めるには，π パルスを加える際に，時間 τ/n（n は整数）の間隔をあけて π パルスを多重に加えることにより測定ができるという報告がある[32]．

電子スピンを量子計算や量子メモリーへ応用する際，室温で長時間の T_2 が求められる．ダイヤモンドは，C 原子がダイヤモンド格子を組んだ結晶である．図 9.15（b）に示すように最近接の C 原子対が，2 個の C 原子の代わりに欠陥（V：vacancy）と N 原子になると，NV 中心とよばれる状態が形成される．ダイヤモンドを構成するC原子は，98.9%が核スピンをもたない ^{12}C で，残りの1.1%が核スピンをもつ ^{13}C である．このため，ダイヤモンド中の電子スピンの T_2 は核スピンゆらぎにより抑えられる上限が長くなる．またダイヤモンドを，核スピンをもつ ^{13}C の少ない原料から形成することも可能である．ダイヤモンド中のNV中心が電子を1個拘束した系を NV^- 中心というが，^{13}C の濃度を0.3%まで少なくしたダイヤモンド中の NV^- 中心の電子スピンが示す T_2 が，室温で1.8 ms にも長くすることができることが示されている[33]．

参考文献

[1] T. Kawazoe and Y. Masumoto：Phys. Rev. Lett. **77** (1996) 4942.

[2] I. A. Yugova, I. Ya. Gerlovin, V. G. Davydov, I. V. Ignatiev, I. E. Kozin, H. W. Ren, M. Sugisaki, S. Sugou and Y. Masumoto：Phys. Rev. **B66** (2002) 235312.

[3] Y. Masumoto, I. V. Ignatiev, K. Nishibayashi, T. Okuno, S. Yu. Verbin and I. A. Yugova：J. Lumin. **108** (2004) 177.

[4] I. E. Kozin, V.G. Davydov, I. V. Ignatiev, A.V. Kavokin, K.V. Kavokin, G. Malpuech, H.－W. Ren, M. Sugisaki, S. Sugou and Y. Masumoto：Phys. Rev. **B65** (2002) 241312(R).

[5] Y. Masumoto, K. Toshiyuki, T. Suzuki and M. Ikezawa：Phys. Rev. **B77** (2008) 115331.

[6] Y. Masumoto, T. Suzuki, K. Kawana and M. Ikezawa：phys. stat. sol. (c) **6** (2009) 24.

[7] M. Bayer, G. Ortner, O. Stern, A. Kuther, A. A. Gorbunov, A. Forchel, P. Hawrylak, S. Fafard, K. Hinzer, T. L. Reinecke, S. N. Walck, J. P. Reithmaier, F. Klopf and F. Schäfer：Phys. Rev. **B65** (2002) 195315.

[8] K. Nishibayashi, T. Okuno, Y. Masumoto and H.－W. Ren：Phys. Rev. **B68** (2003) 035333.

[9] I.A. Akimov, A. Hundt, T. Flissikowski and F. Henneberger：Appl. Phys. Lett. **81** (2002) 4730.

[10] R.I. Dzhioev, B. P. Zakharchenya, V. L. Korenev, P. E. Pak, M. N. Tkachuk, D.

A. Vinokurov and I. S. Tarasov：JETP Lett. **68** (1998) 745.

[11] R.I. Dzhioev, B. P. Zakharchenya, V. L. Korenev and M. V. Lazarev：Phys. Solid State **41** (1999) 2014.

[12] D. Gammon, Al. L. Efros, T. A. Kennedy, M. Rosen, D. S. Katzer, D. Park, S. W. Brown, V. L. Korenev and I. A. Merkulov：Phys. Rev. Lett. **86** (2001) 5176.

[13] T. Yokoi, S. Adachi, H. Sasakura, S. Muto, H. Z. Song, T. Usuki and S. Hirose：Phys. Rev. **B71** (2005) 041307(R).

[14] 笹倉弘理，鍛冶怜奈，足立智，武藤俊一：日本物理学会誌 **65** (2010) 247.

[15] "*Optical Orientation*" ed. by F. Meier and B.P. Zakharchenya (North-Holland, 1984).

[16] I. V. Ignatiev, S. Yu. Verbin, I. Ya. Gerlovin, R. V. Cherbunin and Y. Masumoto：Opt. Spectroscopy **106** (2009) 375.

[17] P.-F. Braun, X. Marie, L. Lombez, B. Urbaszek, T. Amand, P. Renucci, V.K. Kalevich, K. V. Kavokin, O. Krebs, P. Voisin and Y. Masumoto：Phys. Rev. Lett. **94** (2005) 116601.

[18] Y. Chen, T. Okuno, Y. Masumoto, Y. Terai, S. Kuroda and K. Takita：Phys. Rev. **B71** (2005) 033314.

[19] M. Ikezawa, B. Pal, Y. Masumoto, I. V. Ignatiev, S. Yu. Verbin and I.Ya. Gerlovin：Phys. Rev. **B72** (2005) 153302.

[20] B. Pal, M. Ikezawa, Y. Masumoto and I. V. Ignatiev：J. Phys. Soc. Jpn. **75** (2006) 054702.

[21] Y. Masumoto, S. Oguchi, B. Pal and M. Ikezawa：Phys. Rev. **B74** (2006) 205332.

[22] B. Pal, S. Yu. Verbin, I. V. Ignatiev, M. Ikezawa and Y. Masumoto：Phys. Rev. **B75** (2007) 125322.

[23] B. Pal and Y. Masumoto：Phys. Rev. **B80** (2009) 125334.

[24] S. Tomimoto, K. Kawana, A. Murakami and Y. Masumoto：Phys. Rev. **B85** (2012) 235320.

[25] I.A. Merkulov, Al. L. Efros and M. Rosen：Phys. Rev. **B65** (2002) 205309.

[26] "*Semiconductor Spintronics and Quantum Computation*" ed. by D. D. Awschalom, D. Loss and N. Samarth (Springer-Verlag, 2002).

[27] "*Spin Physics in Semiconductors*" ed. by M. I. Dyakonov (Springer-Verlag, 2008).

[28] G. Lampel：Phys. Rev. Lett. **20** (1968) 491.

[29] J. M. Kikkawa and D. D. Awschalom：Science **287** (2000) 473.

[30]　舛本泰章：固体物理 **48** (2013) 485.
[31]　A. Greilich, D. R. Yakovlev, A. Shabaev, Al. L. Efros, I. A. Yugova, R. Oulton, V. Stavarache, D. Reuter, A. Wieck and M. Bayer：Science **313** (2006) 341.
[32]　H. Bluhm, S. Foletti, I. Neder, M. Rudner, D. Mahalu, V. Umansky and A. Yacoby：Nat. Phys. **7** (2011) 109.
[33]　G. Balasubramanian, P. Neumann, D. Twitchen, M. Markham, R. Kolesov, N. Mizuochi, J. Isoya, J. Achard, J. Beck, J. Tissler, V. Jacques, P. R. Hemmer, F. Jelezko and J. Wrachtrup：Nat. Mater. **8** (2009) 383.

第 10 章

量子力学の応用
— 量子計算と量子通信 —

量子ドット中の電子スピンを光学的に初期化，回転ゲート操作を行うことにより量子計算に必要な基本的操作が可能になっている．また，単一の量子ドットや半導体中の単一不純物中心は量子的な光を放出することが示され，量子通信への応用が始まりつつある．本章では，これらの研究を紹介する．

10.1　量子計算へ

量子ドット中のスピンを用いて量子計算を実現するため，単一の電子スピンや正孔スピンを量子ビットにする研究が行われている．このためには単一の電子スピンを初期化し，任意の角度だけ回転し，かつ読み出すことが必要である．手法には大別して伝導的な手法と光学的な手法があるが，ここでは主に光学的な手法を説明する[1]．光学的な手法の利点は，伝導的な手法に比べてはるかに短い時間でゲート操作を行えることができ，スピンのコヒーレンス時間内に多数回の速いゲート操作が可能になる点にある．

10.1.1　単一スピンの初期化

単一量子ドット中にドープされた単一の電子スピンの初期化には，光ポンピングとスピンフリップラマン散乱が利用される[2]．まず，光ポンピングとスピンフリップラマン散乱による単一の電子スピンの初期化について，図

10.1 を用いて説明する．面内対称性のよい量子ドット中に電子が１つドープしてあると，円偏光励起により図 9.1（b）に示す選択則に従ってトリオンが励起され，また円偏光発光する．すなわち，電子が１つある状態 $|1/2\rangle$ から光励起で電子２つと正孔１つからなるトリオンを形成するとき，トリオン中の２つの電子のスピンは反平行になるので，右円偏光 σ^+ による吸収と発光で行き来するのはドープされた電子 $|1/2\rangle$ とトリオン $|3/2, 1/2, -1/2\rangle$ となる．ただし，9.1 節で述べたようにドープされた電子のスピンを s_{e1}，光で生成した電子のスピンを s_{e2}，正孔の角運動量を j_{h} で表し，トリオンを $|j_{\mathrm{h}z}, s_{\mathrm{e1}z}, s_{\mathrm{e2}z}\rangle$ で表す．

しかし，面内異方性のある量子ドットでは，軽い正孔が重い正孔にわずかに混じるために，トリオン $|3/2, 1/2, -1/2\rangle$ から電子 $|-1/2\rangle$ への禁制遷移が速度 γ_b でわずかに起こり，電子 $|-1/2\rangle$ ができる．許容の遷移速度 γ_a に比べて禁制の遷移速度 γ_b は遅い．電子 $|-1/2\rangle$ から右円偏光 σ^+ によりトリオ

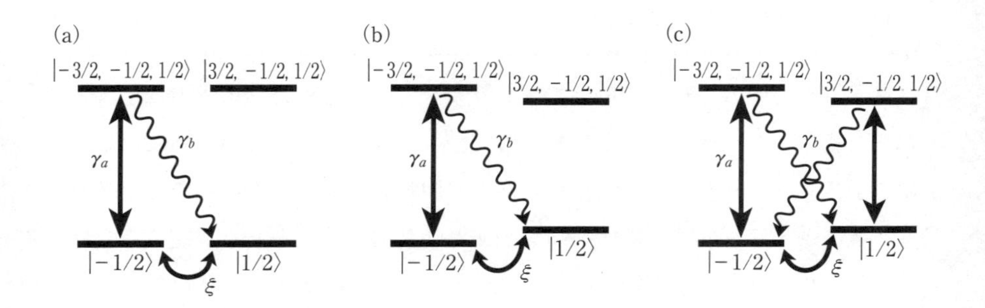

図 10.1　１つの電子がドープされた量子ドットの電子基底状態（電子のスピンアップ $|1/2\rangle$ と電子のスピンダウン $|-1/2\rangle$ の２準位）と，トリオン励起状態（$|3/2, 1/2, -1/2\rangle$ と $|-3/2, -1/2, 1/2\rangle$ の２準位）のエネルギー図[2]．トリオン励起状態から電子基底状態への許容遷移と禁制遷移の自然発光速度をそれぞれ γ_a，γ_b で表し，電子のスピンフリップの速度を ξ で表す．(a) 無磁場で電子基底状態とトリオン励起状態がエネルギー縮退した場合．電子基底状態がエネルギー縮退した場合には，ξ が比較的速く，光ポンピングにより電子のスピン状態を $|-1/2\rangle$ から $|1/2\rangle$ に移すことはできない．(b) 磁場下で電子基底状態とトリオン励起状態のエネルギー縮退がいずれも解け，$\gamma_a \gg \gamma_b \gg \xi$ の条件が成り立つと，光ポンピングにより Λ 経路を用いて電子のスピン状態を $|-1/2\rangle$ から $|1/2\rangle$ に移すことができる．(c) 磁場下で，２つの非対称な Λ 経路を用いた双方向光ポンピングを行うと，２つのポンピングレーザーの強度比により電子の $|-1/2\rangle$ と $|1/2\rangle$ 状態の分布比を制御できる．

ンへの光学遷移は起こらないから，もしも電子 $|-1/2\rangle$ から電子 $|1/2\rangle$ への直接のスピンフリップ速度 ξ が禁制の遷移速度 γ_b に比べて遅く，ドープされた電子 $|1/2\rangle$ に右円偏光 σ^+ を照射し続けると，図 10.1（b）に示される Λ 型の経路をたどってスピンフリップラマン散乱が起こり，やがて電子は $|-1/2\rangle$ に初期化される．しかし図 10.1（a）に示されるように，電子の $|1/2\rangle$ と $|-1/2\rangle$ の状態がエネルギー縮退していると，電子のスピンフリップの速度 ξ が速く，この初期化は起こらない．核スピンとの超微細相互作用が主に律速する電子のスピンフリップの速度 ξ を遅くするには，量子ドットに磁場を加え電子のゼーマン分裂を，核スピンとの超微細相互作用エネルギーに比べて大きくすることで可能となり，このとき電子スピンの初期化が起こることが示されている．

単一の電子スピンの状態を調べる手法として，6.4 節に述べた単一量子ドットの吸収分光法が用いられる．量子ドットの狭い吸収線幅（10 μeV 程度）に比べてさらに狭い線幅（1 MHz = 4 neV）の外部共振器レーザーダイオードを光源として，ドープされた電子からトリオンへの偏光吸収が測定される．量子ドットに印加される電場によるシュタルクシフトによりエネルギー掃引を行い，かつ電場変調を用いた微分吸収を測定して零位法を実現する．ドープされた電子 $|1/2\rangle$ からトリオン $|3/2, 1/2, -1/2\rangle$ への許容遷移に対応する，右円偏光 σ^+ による光吸収の大きさから電子 $|1/2\rangle$ の分布 n_1 を求め，ドープされた電子 $|-1/2\rangle$ からトリオン $|-3/2, -1/2, 1/2\rangle$ への許容遷移に対応する，左円偏光 σ^- による光吸収の大きさから電子 $|-1/2\rangle$ の分布 n_2 を求める．単一の InAs 量子ドット中の単一の電子スピンを用いた初期化の研究では，温度 4.2 K でファラディー配置の縦磁場 0.3 T 下で光ポンピングとスピンフリップラマン散乱が行われて，明瞭度 $\theta = (n_2 - n_1)/(n_2 + n_1)$ として 99.8% が得られている．図 10.1（c）に示されるように，電子の $|1/2\rangle$ と $|-1/2\rangle$ の状態から 2 つの Λ 経路を用いて，それぞれ光ポンピングとスピンフリップラマン散乱を行えば，光ポンピングに用いる 2 つのレーザー光強度

の比に応じて電子の $|1/2\rangle$ と $|-1/2\rangle$ の状態の占有数の調節が可能となる．このスピン初期化の速度は，トリオン $|3/2, 1/2, -1/2\rangle$ から電子 $|-1/2\rangle$ への禁制遷移の速度 γ_b が決めることになり $10^5 \mathrm{s}^{-1}$ 程度とやや遅い．

スピン初期化の速度を上げるのには，ファラディー配置の縦磁場ではなく，フォークト配置のやや強い横磁場をかけて電子と正孔の状態をそれぞれ互いに混合させ，トリオン $|3/2, 1/2, -1/2\rangle$ から電子 $|-1/2\rangle$ への遷移を許容にする．速度 γ_b を上げておいて光ポンピングとスピンフリップラマン散乱を行えば，スピン初期化の速度を $10^9 \mathrm{s}^{-1}$ 程度に上げることができる[3]．上述の 2 つのスピン初期化は電子の $|1/2\rangle$ または $|-1/2\rangle$ の状態を用意することを可能にしたが，電子の $|1/2\rangle$ と $|-1/2\rangle$ の状態の任意の線形結合を用意できるわけではない．量子計算に最も適するよう電子の $|1/2\rangle$ と $|-1/2\rangle$ の状態の任意の線形結合に初期化するためには，2 つのレーザーを用いたコヒーレント分布捕捉（コヒーレントポピュレーショントラッピング，coherent population trapping）とよばれる手法を用いて可能となる[4]．3 準位間の Λ 経路によるコヒーレント分布捕捉は，誘導ラマン散乱（stimulated Raman scattering）と断熱通過（adiabatic passage）の 2 つの過程に分解することができるので，誘導ラマン断熱通過（stimulated Raman adiabatic passage）ともよばれる．

図 10.2 に示されるように，単一の電子スピンがドープされた単一量子ドットに，フォークト配置のやや強い横磁場をかける．このとき，電子 $|-1/2\rangle$ の状態に比べて少しエネルギーの高い電子 $|1/2\rangle$ 状態（より一般的に周波数 ω_c をもつ状態 $|c\rangle$ と書く）から，トリオン $|-3/2, -1/2, 1/2\rangle$（より一般的に周波数 ω_b をもつ状態 $|b\rangle$ と書く）への許容遷移の周波数 $\omega_{cb} = \omega_b - \omega_c$ に対応するエネルギーより少しエネルギーの低いストークスレーザー（別名カップリングレーザー，周波数 ω_S，電場強度としてラビ周波数 Ω_S をもつ）に加えて，電子の $|-1/2\rangle$（より一般的に周波数 ω_a をもつ状態 $|a\rangle$ と書く）からトリオン $|-3/2, -1/2, 1/2\rangle$（状態 $|b\rangle$）への許容遷移周波数

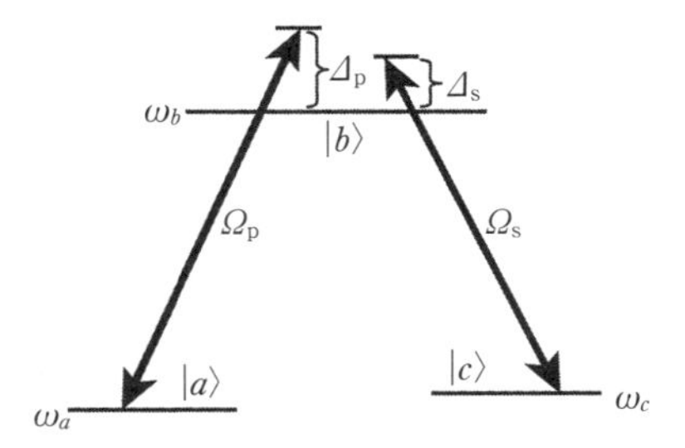

図 10.2　コヒーレント分布捕捉を行う 2 つのサブレベルをもつ基底状態，周波数 ω_a をもつ状態 $|a\rangle$ と周波数 ω_c をもつ状態 $|c\rangle$，と 1 つの励起状態，周波数 ω_b をもつ状態 $|b\rangle$，のエネルギー図．ストークスレーザーの周波数を $\omega_{\rm s}$，ラビ周波数 $\Omega_{\rm s}$ とし，ポンプレーザーの周波数を $\omega_{\rm p}$，ラビ周波数 $\Omega_{\rm p}$ とする．ストークスレーザーの $\omega_{cb}=\omega_b-\omega_c$ からのずれを $\Delta_{\rm s}=\omega_{cb}-\omega_{\rm s}$ とし，ポンプレーザーの ω_{ab} からのずれを $\Delta_{\rm p}=\omega_{ab}-\omega_{\rm p}$ とする．

$\omega_{ab}=\omega_b-\omega_a$ に対応するポンプレーザー（周波数 $\omega_{\rm p}$，電場強度としてラビ周波数 $\Omega_{\rm p}$ をもつ）も加えることにする．ストークスレーザーの ω_{cb} からのずれを $\Delta_{\rm s}=\omega_{cb}-\omega_{\rm s}$ とし，ポンプレーザーの ω_{ab} からのずれを $\Delta_{\rm p}=\omega_{ab}-\omega_{\rm p}$ とする．レーザーのラビ周波数 $\Omega_{\rm s}$ と $\Omega_{\rm p}$ は，時間的にゆっくりと変化し断熱近似が使えるとする．

電子はレーザーが加わる前の固有状態 $|a\rangle$，$|b\rangle$ および $|c\rangle$ を用いて，レーザーが加わった後の時間に依存する電子の状態ベクトル $|\phi(t)\rangle$ は，線形結合 $|\phi(t)\rangle=C_a(t)|a\rangle e^{-i\omega_a t}+C_b(t)|b\rangle e^{-i\omega_b t}+C_c(t)|c\rangle e^{-i\omega_c t}$ と書かれる．減衰項を無視すると，全ハミルトニアン H は電子のハミルトニアン H_0 と時間に依存する電子 - 光子相互作用ハミルトニアン $H_{\rm int}=\boldsymbol{\mu}\cdot\boldsymbol{E}$（双極子近似：$\boldsymbol{\mu}$ は遷移双極子ベクトルで $\boldsymbol{E}$ は光波の電場ベクトル）の和で書け，相互作用表示を用いて後者 $H_{\rm int}$ を摂動として扱い，さらに回転波近似を用いると，電子の状態ベクトル $|\phi(t)\rangle$ の時間変化は

$$i\hbar\frac{d}{dt}\begin{pmatrix}C_a(t)\\C_b(t)\\C_c(t)\end{pmatrix}=\frac{\hbar}{2}\begin{pmatrix}0 & \Omega_{\rm p}e^{i\omega_{\rm p}t} & 0\\ \Omega_{\rm p}e^{-i\omega_{\rm p}t} & 2\omega_{ab} & \Omega_{\rm s}e^{-i\omega_{\rm s}t}\\ 0 & \Omega_{\rm s}e^{i\omega_{\rm s}t} & 2\omega_{ac}\end{pmatrix}\begin{pmatrix}C_a(t)\\C_b(t)\\C_c(t)\end{pmatrix}\qquad(10.1)$$

により表され，$|a\rangle$ と $|b\rangle$ 間の遷移はポンプレーザーのラビ周波数，$|b\rangle$ と $|c\rangle$

間の遷移はストークスレーザーのラビ周波数が支配する．ここで$\omega_{ac} = \omega_c - \omega_a$である．時間に依存するハミルトニアン行列を時間にゆっくりと依存する形にするため，

$$\begin{pmatrix} \tilde{C}_a(t) \\ \tilde{C}_b(t) \\ \tilde{C}_c(t) \end{pmatrix} = \begin{pmatrix} C_a(t) \\ C_b(t)e^{i\omega_p t} \\ C_c(t)e^{i(\omega_p - \omega_s)t} \end{pmatrix} \tag{10.2}$$

と書きかえると，時間にゆっくりと依存するハミルトニアンを用いて，

$$i\hbar\frac{d}{dt}\begin{pmatrix} \tilde{C}_a(t) \\ \tilde{C}_b(t) \\ \tilde{C}_c(t) \end{pmatrix} = \frac{\hbar}{2}\begin{pmatrix} 0 & \Omega_p & 0 \\ \Omega_p & 2\Delta_p & \Omega_s \\ 0 & \Omega_s & 2(\Delta_p - \Delta_s) \end{pmatrix}\begin{pmatrix} \tilde{C}_a(t) \\ \tilde{C}_b(t) \\ \tilde{C}_c(t) \end{pmatrix} \tag{10.3}$$

となる．

ポンプレーザーの周波数からストークスレーザーの周波数を差し引いたものが$|c\rangle$と$|a\rangle$の周波数差に等しい2光子共鳴，すなわち，$\Delta_p = \Delta_s$が成り立つときには，ハミルトニアン行列は単純な形に対角化でき，

$$\begin{pmatrix} \Delta_p + \sqrt{\Delta_p{}^2 + \Omega_p{}^2 + \Omega_s{}^2} & 0 & 0 \\ 0 & 0 & 0 \\ 0 & 0 & \Delta_p - \sqrt{\Delta_p{}^2 + \Omega_p{}^2 + \Omega_s{}^2} \end{pmatrix} \tag{10.4}$$

となる．対応する固有ベクトルは

$$\left.\begin{aligned} |u\rangle^+ &= \sin\Theta\sin\Phi|a\rangle + \cos\Phi|b\rangle + \cos\Theta\sin\Phi|c\rangle \\ |u\rangle^0 &= \cos\Theta|a\rangle - \sin\Theta|c\rangle \\ |u\rangle^- &= \sin\Theta\cos\Phi|a\rangle - \sin\Phi|b\rangle + \cos\Theta\cos\Phi|c\rangle \end{aligned}\right\} \tag{10.5}$$

となる．ここで，角度Θは

$$\tan\Theta = \frac{\Omega_p(t)}{\Omega_s(t)} \tag{10.6}$$

で与えられ時間に依存する．ΦはΩ_p，Ω_s，Δ_p，Δ_sの関数であるが以下の議論には関係ない．(10.5)の固有ベクトルは光の衣を着た電子状態である．2

番目の固有ベクトル $|u\rangle^0$ の時間微分は0となるから，$|u\rangle^0$ は形式的には運動の恒量である．

コヒーレント分布捕捉の目的は，状態ベクトル $|\phi(t)\rangle$ を制御すること，すなわち3つの状態 $|a\rangle$，$|b\rangle$，$|c\rangle$ の間の分布を制御することである．状態ベクトル $|\phi(t)\rangle$ の初期状態 $|\phi(0)\rangle$ は状態 $|a\rangle$ であり，これを放射減衰が起こる状態 $|b\rangle$ に過渡的にも分布させることなく最終状態 $|c\rangle$ に移すことを考える．1

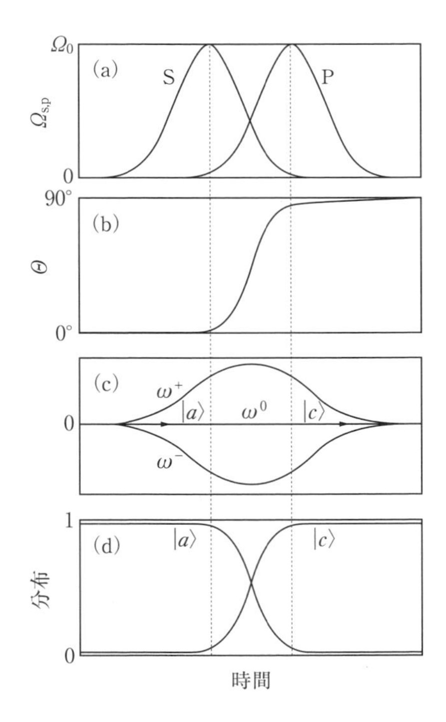

図 10.3 コヒーレント分布捕捉の時間発展．(a) 3準位に加えるストークスレーザーSのラビ周波数 Ω_s と，ポンプレーザーPのラビ周波数 Ω_p の時間変化．(b) ストークスレーザーとポンプレーザーの強度比に対応する角度 Θ の時間変化．(c) 光の衣を着た電子状態の固有値の時間変化．縦軸は固有エネルギーを表す．(d) 電子状態 $|a\rangle$ と電子状態 $|c\rangle$ の分布数の時間変化．コヒーレント分布捕捉の時間発展を，縦の破線で区分された時間領域，第Ⅰゾーン，第Ⅱゾーンと第Ⅲゾーンに分けて考える．(K. Bergmann, H. Theuer and B. W. Shore：Rev. Mod. Phys. **70** (1998) 1003より許可を得て転載)

番目の固有ベクトル $|u\rangle^{+}$ と 3 番目の固有ベクトル $|u\rangle^{-}$ はいずれも 3 つの状態 $|a\rangle$, $|b\rangle$, $|c\rangle$ をすべて含んでいるので $|b\rangle$ に励起され，散逸が起こる．一方，$|u\rangle^{0}$ は，放射減衰が起こる状態 $|b\rangle$ を含まず，発光しないからダーク状態である．角度 Θ はポンプレーザーとストークスレーザーのラビ周波数の比で決まるから，図 10.3 の第 I ゾーンに示されるように，量子ドットの電子スピンがもつ Λ 経路にまずストークスレーザーのみを照射すると，$\Theta=0°$ となるので，$|u\rangle^{0}$ は $|a\rangle$ に等しい．また，量子ドットの電子スピンの初期状態は $|a\rangle$ なので状態ベクトル $|\phi(t)\rangle$ の初期値 $|\phi(0)\rangle$ は $|a\rangle$ に等しく，したがって $|u\rangle^{0}$ に等しい．次に，第 II ゾーンに示されるように，ストークスレーザーを次第に弱めていきながらポンプレーザーを強めると Θ は $0°$ から $90°$ に増加していき，第 III ゾーンに至って $|u\rangle^{0}$ は状態 $|c\rangle$ となる．移行過程では，ラビ周波数 Ω_{s} と Ω_{p} は時間的にゆっくりと変化し，$|u\rangle^{0}$ は固有ベクトルであり続けながら，$|b\rangle$ を含むことなく $|a\rangle$ から $|c\rangle$ に変わっていく．すなわち，ストークスレーザーとポンプレーザーを量子ドットのトリオンを中間状態とした Λ 経路に照射して，電子を $|-1/2\rangle$ 状態にある分布を $|1/2\rangle$ 状態に移すことができる．

コヒーレント分布捕捉は原子の電子準位間において実現されてきたが，単一の InAs 量子ドット中の単一の電子スピンについても行われ，高速なスピン初期化が実現された[5]．5 K に冷却された試料には，フォークト配置のやや強い横磁場 2.64 T をかけて，ポンプレーザーとしては，半導体レーザーダイオードを電子 $|-1/2\rangle$ 状態（図 10.2 中の $|a\rangle$ ）からトリオン $|-3/2,-1/2,1/2\rangle$ 状態（図 10.2 中の $|b\rangle$ ）への遷移（周波数 ω_{ab}）に共鳴させ，ストークスレーザーとしては，チタンサファイアリングレーザーを電子 $|1/2\rangle$ 状態（図 10.2 中の $|c\rangle$ ）からトリオン $|-3/2,-1/2,1/2\rangle$ 状態（図 10.2 中の $|b\rangle$ ）への遷移の周波数 ω_{cb} 付近で，波長掃引して吸収スペクトルを測定すると，ω_{cb} の周波数位置で明確なへこみが観測された．ポンプレーザーとストークスレーザーはいずれも連続波であり，互いに直交した直線偏光で

ある．ポンプレーザーを照射しなければ，吸収は全く観測されず光ポンピングで電子 $|1/2\rangle$ 状態に分布することがないことを示す．ポンプレーザーのラビ周波数 $\Omega_{\rm p}/2\pi$ が 0.56 GHz より大きくなると吸収が現れ，吸収スペクトル中の中心にへこみが出現する．これは，ポンプレーザーとストークスレーザーにより，光と相互作用しないので光吸収に寄与しないダーク状態 $|u\rangle^0 = \cos\Theta|-1/2\rangle - \sin\Theta|1/2\rangle$ が形成されたと理解できる．

電子スピンのコヒーレンス時間は，(9.14) に示される核スピンとのフェルミコンタクト超微細相互作用で制約を受ける．これに対して，正孔スピンのそれは，正孔の波動関数が p 軌道関数で構成されていて，フェルミコンタクト超微細相互作用がはたらかないために長くなる．このことは，量子ビットにより理想的であるという議論がある．このため，正孔スピンの初期化も光ポンピングとコヒーレント分布捕捉の両方で実現されている[6],[7]．

10.1.2 単一電子スピンの初期化，回転，読み出し

単一自己形成 InGaAs 量子ドット中の単一の電子スピンを用いて，初期化，回転，読み出しのすべての操作が光学的に行われている[8]．自己形成 InGaAs 量子ドットは面密度 $5\times10^9\,\mathrm{cm}^{-2}$ という低濃度で成長され，量子ドット層の 20 nm だけ下部に Si ドナーを面密度 $10^{10}\,\mathrm{cm}^{-2}$ でデルタドープすることで，InGaAs 量子ドットに 1 個の電子をドープさせる．量子ドット層は 600 nm の直径にメサ加工され，これにより電子を 1 個含んだ単一のInGaAs 量子ドットを，高い開口数（$NA = 0.68$）をもつ非球面レンズを用いてフォークト配置の磁場中でレーザー励起し，同じレンズを用いて発光を光子計数測定する．

面内対称性のよい量子ドット中に電子が 1 つドープしてあると，円偏光励起により図 9.1 (b) に示す選択則に従ってトリオンが励起される．しかし，面内異方性のある量子ドットでは，電子の状態からトリオンの状態に励起されるとき，面内異方性で決まる互いに直交した直線偏光で励起されることが

あり[9],[10]，単一の電子スピンの初期化，回転，読み出しを光学的に行うのに都合がよい単一自己形成 InGaAs 量子ドットは，電子の状態からトリオンの状態に励起が互いに直交した直線偏光 V と H で行われる特性をもつ．電子の状態からトリオンの状態に励起されるとき，面内異方性で決まる互いに直交した直線偏光で励起されるのは，ひずみ，形状や組成の面内異方性のため，重い正孔と軽い正孔が混じってくるためと考えられている．

図 9.1（b）に示す選択則より，電子が 1 個ある状態 $|1/2\rangle$ から光励起で 2 個の電子と 1 個の正孔からなるトリオンを形成するとき，トリオン中の 2 個の電子のスピンは反平行になるので，電子$|-1/2\rangle$が励起されるのは右円偏光 σ^+ により重い正孔 $|3/2,-3/2\rangle$ と，左円偏光 σ^- により軽い正孔 $|1/2,1/2\rangle$ とになる．したがって面内異方性により，重い正孔 $|3/2,-3/2\rangle$ と軽い正孔 $|1/2,1/2\rangle$ が混合する（重い正孔 $|3/2,-3/2\rangle$ と軽い正孔 $|1/2,1/2\rangle$ が混じった正孔の状態を$|\phi_h^-\rangle$と書く）と，左右円偏光の合成である直線偏光（重い正孔と軽い正孔の混合の度合いと振動子強度の比に依存して，一般的には楕円偏光）でトリオン $|\phi_h^-,-1/2,1/2\rangle$ が励起される．同様に，電子が 1 つある状態 $|-1/2\rangle$ から光励起で電子 2 つと正孔 1 つからなるトリオン $|\phi_h^+,-1/2,1/2\rangle$ を形成するとき，トリオン中の 2 つの電子のスピンは反平行になるので，電子 $|1/2\rangle$ が励起されるのは左円偏光 σ^- により重い正孔 $|3/2,3/2\rangle$ と，右円偏光 σ^+ により軽い正孔 $|1/2,-1/2\rangle$ とになる．このため，トリオン $|\phi_h^+,-1/2,1/2\rangle$ を形成するときには，トリオン $|\phi_h^-,-1/2,1/2\rangle$ を形成するときの直線偏光とは直交した直線偏光での遷移となる．

光軸方向を x 軸にとり，7 T の磁場を z 軸方向に加えるフォークト配置をとると，9.2 節に述べたトリオンのゼーマン分裂と同様に基底状態 $|1/2\rangle$ と $|-1/2\rangle$ は電子のゼーマンエネルギー $g_{ex}\mu_B B$ だけ分裂し，励起状態のトリオン $|\phi_h^+,-1/2,1/2\rangle$ と $|\phi_h^-,-1/2,1/2\rangle$ は 2 個の電子のスピンが反平行なので，正孔のゼーマンエネルギー $g_{hx}\mu_B B$ だけ分裂して，図 10.4 に示すようなエネルギー配置となる．光学選択則は基底状態 $|1/2\rangle$ からトリオン$|\phi_h^+,-1/2,1/2\rangle$

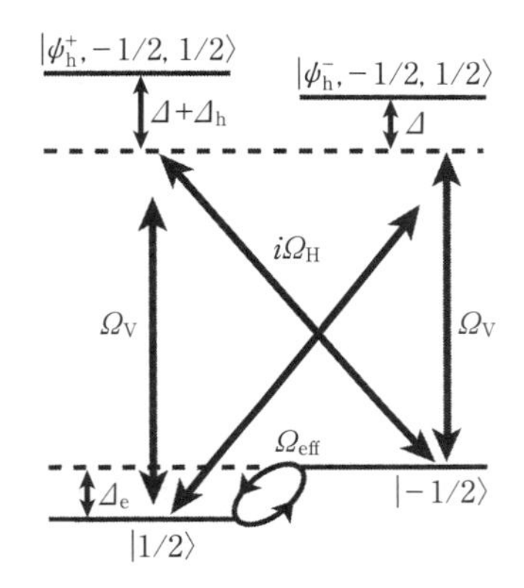

図 10.4 2つの独立な Λ 経路での誘導ラマン散乱によるスピン回転のエネルギー図．スピン回転に用いる円偏光レーザー光が，量子ドットに与える2つの直交する軸方向へのラビ周波数を Ω_V および Ω_H で表す．電子のゼーマン分裂を Δ_e，トリオンのゼーマン分裂を Δ_h，レーザー光エネルギーの電子からトリオンへの遷移エネルギーからのずれを，Δ または $\Delta+\Delta_h$ で表す．

へ直線偏光 V，基底状態 $|-1/2\rangle$ からトリオン $|\phi_h^-, -1/2, 1/2\rangle$ へも直線偏光 V，基底状態 $|1/2\rangle$ からトリオン $|\phi_h^-, -1/2, 1/2\rangle$ へは直線偏光 H，基底状態 $|-1/2\rangle$ からトリオン $|\phi_h^+, -1/2, 1/2\rangle$ へは直線偏光 H で励起されるのが観測される．

InGaAs 量子ドット中の電子のスピンの初期化は，前述の光ポンピングにより行われる．基底状態 $|-1/2\rangle$ からトリオン $|\phi_h^-, -1/2, 1/2\rangle$ への遷移エネルギーに共鳴した線幅の狭い弱い連続光（電場強度としてラビ周波数 Ω_p）で励起し続けると，トリオン $|\phi_h^-, -1/2, 1/2\rangle$ が励起され，トリオン $|\phi_h^-, -1/2, 1/2\rangle$ からは基底状態 $|1/2\rangle$ へも緩和するので，スピン $|1/2\rangle$ を初期状態として用意することができる．どの程度スピン $|1/2\rangle$ が準備できたかは，基底状態 $|-1/2\rangle$ からトリオン $|\phi_h^-, -1/2, 1/2\rangle$ への励起光を強くしながら，トリオン $|\phi_h^-, -1/2, 1/2\rangle$ から基底状態 $|1/2\rangle$ への発光を測定して，これが最大値を示し飽和するところで，スピン $|1/2\rangle$ の分布確率が1に近いと判断

できる．スピン初期化の明瞭度は $92 \pm 7\%$ が得られる．

続いて，$|1/2\rangle$ の状態に初期化された電子スピンを任意の角度だけ回転するには，電子状態からトリオン状態への遷移エネルギーに共鳴するが，トリオンへの実励起が起こらないように，遷移エネルギーから低エネルギーにはずしたピコ秒レーザー光を用いた誘導ラマン散乱が使われる．量子ドットのもつ直交する2つの軸をVとHとすると，量子ドットに試料表面から垂直に照射される円偏光の電場は $(E_{\rm V}\boldsymbol{v} + iE_{\rm H}\boldsymbol{h})e^{-i(\omega t - kz)} + {\rm c.c.}$ と書ける．ここで，V軸方向の単位ベクトルを $\boldsymbol{v}$，H軸方向の単位ベクトルを $\boldsymbol{h}$ とし，V軸方向の光電場 $E_{\rm V}$ とH軸方向の光電場 $E_{\rm H}$ は等しいとする．また，複素共役の項をc.c.で表す．ピコ秒レーザー光は円偏光にされて量子ドットに照射されると，量子ドットのもつ直交する2つの軸，VおよびH，を向いた遷移双極子 μ を 90° の位相をずらして，ラビ周波数 $\Omega_{\rm V} = \mu E_{\rm V}/\hbar$ および $i\Omega_{\rm H} = i\mu E_{\rm H}/\hbar$ で励起することとなる．電子基底状態 $|1/2\rangle$ からトリオン励起状態 $|\phi_{\rm h}^{+}, -1/2, 1/2\rangle$ へは直線偏光V，トリオン励起状態 $|\phi_{\rm h}^{-}, -1/2, 1/2\rangle$ へは直線偏光Hで遷移するので，これらのトリオン励起状態を共鳴中間状態とした誘導ラマン散乱が，2つの非対称な Λ 経路を通じて双方向に起こる．$|1/2\rangle$ の状態に初期化された電子スピンは，この回転操作をする円偏光ピコ秒レーザー光を当てると，$|1/2\rangle$ の状態から $|-1/2\rangle$ の状態に，その後また $|1/2\rangle$ の状態へと相互に行き来する．

電子スピンが $|-1/2\rangle$ の状態にあり，基底状態 $|-1/2\rangle$ からトリオン $|\phi_{\rm h}^{-}, -1/2, 1/2\rangle$ への遷移エネルギーに共鳴した線幅の狭い弱い連続光（電場強度としてラビ周波数 $\Omega_{\rm p}, \Omega_{\rm p} \ll \Omega_{\rm V}, \Omega_{\rm H}$）で励起すると，トリオン $|\phi_{\rm h}^{-}, -1/2, 1/2\rangle$ から基底状態 $|1/2\rangle$ への発光が励起光の高エネルギー側に観測される．電子スピンが $|1/2\rangle$ の状態にあり，基底状態 $|-1/2\rangle$ からトリオン $|\phi_{\rm h}^{-}, -1/2, 1/2\rangle$ への遷移エネルギーに共鳴した線幅の狭い弱い連続光で励起しても，光子エネルギーが足らないのでトリオン $|\phi_{\rm h}^{-}, -1/2, 1/2\rangle$ を励起できないから，トリオン $|\phi_{\rm h}^{-}, -1/2, 1/2\rangle$ から基底状態 $|1/2\rangle$ への発光は観

測されない．すなわち，トリオン $|\phi_{\mathrm{h}}^{-}, -1/2, 1/2\rangle$ から基底状態 $|1/2\rangle$ への発光をモニターすることで電子スピンが $|1/2\rangle$ の状態にあるか，$|-1/2\rangle$ の状態にあるか調べることができる．スピン回転に用いるピコ秒レーザー光の強度を増加させつつ，トリオン $|\phi_{\mathrm{h}}^{-}, -1/2, 1/2\rangle$ から基底状態 $|1/2\rangle$ への発光の強度を調べると大きく振動し，電子スピンのラビ振動として理解される．0 mW から 0.55 mW までピコ秒レーザー光の強度を増加させると，6 個の山（電子スピンが $|-1/2\rangle$ に対応）と谷（電子スピンが $|1/2\rangle$ に対応）が現れ，レーザー光の強度を変えることで電子スピンを任意の角度だけ回転することができる．

光軸方向を x 軸にとり磁場を z 軸方向に加えるフォークト配置を用いているので，光ポンピングによるスピン初期化で形成される $|1/2\rangle$ になる電子スピンは，図 10.5 に示すようなブロッホ球では南極にある．スピン回転パルスを用いたラビ振動により，ブロッホ球上では南極から北極に，また南極にと x 軸の周りにラビ周波数により任意の角度だけ回転する．したがって，

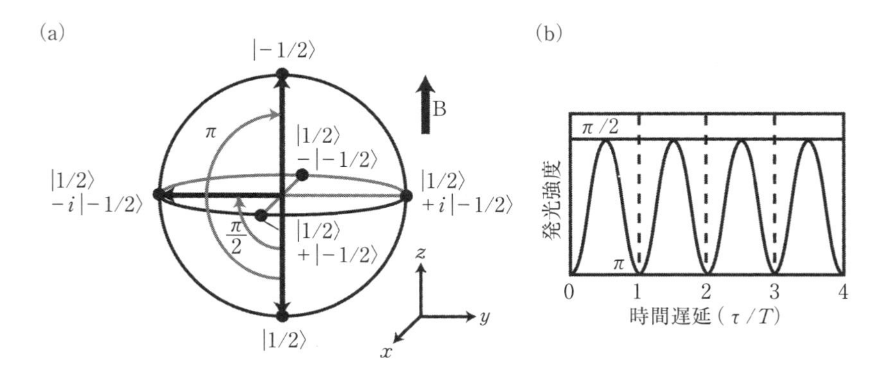

図 10.5　(a) 電子スピンのブロッホ球表示．初期化により南極すなわち $|1/2\rangle$ 状態にある電子スピンは x 軸の周りに回転させる $\pi/2$ パルスにより，赤道上の $-y$ 軸方向すなわち $|1/2\rangle - i|-1/2\rangle$ 状態となり，π パルスでは北極すなわち $|-1/2\rangle$ の状態になる．(b) z 軸方向を向いた磁場中での互いに時間 τ だけ離れた $\pi/2$ パルス対，π パルス対による回転操作による発光の強度変化．z 軸方向に向いた磁場による，電子スピンのラーモア歳差運動の周期を T とする．

スピン回転パルスは回転ゲートとしてはたらく．スピンをブロッホ球上で赤道の周りに回転させるには，南極から任意の角度 θ だけ x 軸の周りに回転させた後に，z 軸方向に向いた磁場の周りに時間 τ の間ラーモア歳差運動（7 T の磁場では周期 $T = 38\,\mathrm{ps}$）をさせれば，$\varphi = 2\pi\tau/T$ の角度だけ z 軸の周りに回転させることができる．

スピン操作の実証はブロッホ球の南極を向いたスピンを赤道方向に回転させる $\pi/2$ パルスを加え，時間 τ の間待って，再び $\pi/2$ パルスを加えると，南極を周回する周期 $T = 38\,\mathrm{ps}$ ごとに，スピンは南極に到達したり北極に到達したりするので，光ポンピングによる発光が谷になったり山になったり振動する．スピンのコヒーレンス時間が十分に長く，読み出しに用いる光ポンピングがコヒーレンスを失わせないならば，τ/T が整数になったとき山となり，半整数となったとき谷となる．一方，$\pi/2$ パルスの代わりに π パルスを用いるとスピンは南極から北極に行き再び南極に帰るのみで，ラーモア歳差運動による z 軸の周りの回転操作が無意味になるので，発光の時間 τ 依存性は出ない．InGaAs 量子ドット中の電子のスピンの実験では，$\pi/2$ パルスと π パルスの役割の違いは観測されているが減衰が入ってきている．

単一量子ドットの単一電子スピンの光学的手法による初期化と回転ゲートについては，このように実証されている．電子スピンの光学的回転ゲートによる操作は，磁場中で電子スピンの歳差運動をファラディー回転により直接観測しながらも行われている[11]．対象はこの場合も，電子を平均として 1 個ドープされた自己形成 InGaAs 量子ドットの集合で，光軸方向を結晶成長方向にとり，それとは垂直方向に磁場を加えるフォークト配置を用いる．電子スピンの初期化は，第 1 パルス列による光ポンピングにより行われる．$|1/2\rangle$ の状態にある電子スピンからトリオン $|-3/2, -1/2, 1/2\rangle$ 状態への遷移に共鳴した右円偏光 σ^+ の π パルス列は，トリオン発光の後に $|-1/2\rangle$ の状態にある電子スピンをわずかに生み出し，この過程を多数回繰り返すことで $|-1/2\rangle$ の状態にある電子スピンに初期化される．$|-1/2\rangle$ の状態に初期化さ

れ，電子スピンの回転には横磁場によるラーモア歳差運動が，北極と南極を結ぶ極周りの回転にはトリオン共鳴エネルギーからわずかにずらした第2パルス列が，それぞれ使われる．第2パルス列のスペクトル幅を κ，トリオン共鳴エネルギーからのエネルギーのずれを Δ とすると，極周りの回転角は $\varphi = \tan^{-1}(\kappa/\Delta)$ で与えられることが示された[11]．

10.1.3　単一正孔スピンの初期化と読み出し

光ポンピングとコヒーレント分布捕捉の両方で実現されている，正孔スピンの初期化の手法とは異なる手法による初期化と読み出し，および包絡パルス面積が π となる円偏光パルスによるスピン回転が，フォトダイオード構造に埋め込まれた単一自己形成 InGaAs 量子ドットを用いて実証されている[12]．n-i-ショットキーフォトダイオードに埋め込まれた量子ドットには，図 10.6 に示されるように電気バイアスがかけられ，光生成された電子も正孔も量子ドットからトンネル効果により抜け，外部回路に光電流を供給

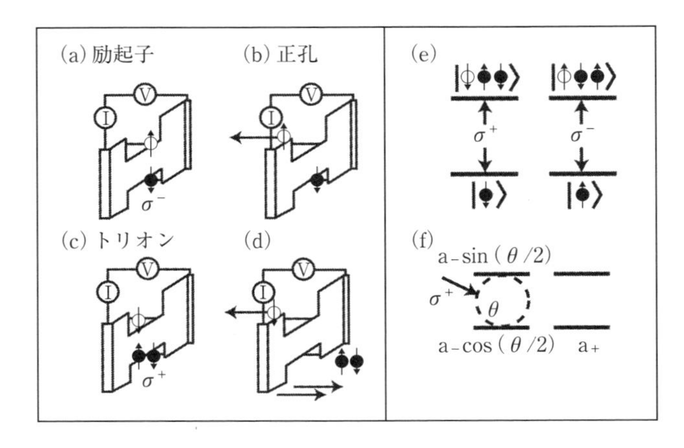

図 10.6　フォトダイオード構造に埋め込まれた単一自己形成 InGaAs 量子ドットを用いた正孔スピンの初期化，(a) と (b)，と読み出し，(c) と (d)，および円偏光選択則 (e) と，ラビ周波数が π となる円偏光パルスによるスピン回転 (f) の模式図．↑，⇑ はそれぞれ電子スピン，正孔スピンを示し，a_-, a_+ はそれぞれ正孔のスピン状態 $|\Downarrow\rangle$, $|\Uparrow\rangle$ の振幅を示す[12]．

する．かけられた電気バイアスでは，電子のトンネル効果による量子ドットからの流出時間は35〜40 psであり，正孔のナノ秒程度の流出時間に比べてはるかに短いから，量子ドットに左円偏光パルスσ^-で励起子$|-3/2, 1/2\rangle$を形成すると（図10.6（a）），電子のトンネル流出時間35〜40 psの立ち上がり時間をもって，単一のスピン偏極した正孔$|-3/2\rangle$が量子ドット中に残留する（図10.6（b））．これが正孔スピンの初期化である．

正孔が$|-3/2\rangle$に初期化されると，正孔$|-3/2\rangle$からトリオン$|-3/2, 3/2, -1/2\rangle$への光学遷移に対応する面積θをもつ右円偏光パルスσ^+によりθだけラビ回転させる（図10.6（f））．右円偏光パルスσ^+は，正孔$|-3/2\rangle$からトリオン$|-3/2, 3/2, -1/2\rangle$への許容光学遷移を引き起こす（図10.6（e））．読み出しは，包絡パルス面積がπの右円偏光パルスσ^+を照射して電子と正孔のトンネル電流を計測する．包絡パルス面積がπの右円偏光パルスσ^+は，正孔が$|-3/2\rangle$の状態にあるときにトリオン$|-3/2, 3/2, -1/2\rangle$を励起し（図10.6（c）），トリオン$|-3/2, 3/2, -1/2\rangle$が励起されると，このときのみ，これから1個の電子と2個の正孔からなるトンネル電流を生み出すので（図10.6（d）），光電流の計測により回転された正孔のスピンを計測できることになる．

10.2　量子通信へ

絶対に解読不可能で，現在の古典通信の限界を超える超高速通信が可能な量子通信は，現在，さまざまな基本要素技術の提案と試行，プロトタイプシステムの構築が行われている段階である．実現されれば，秘匿性が特に要求される外交・軍事分野だけでなく，官公庁・金融機関・病院などでの情報通信，さらにはインターネットによる電子商取引まで，情報通信技術としての極めて幅広い波及性が期待される．波及性は極めて幅広く，ニーズは大きいので，量子通信の応用の技術的問題点が解決された時点で爆発的に多様な新

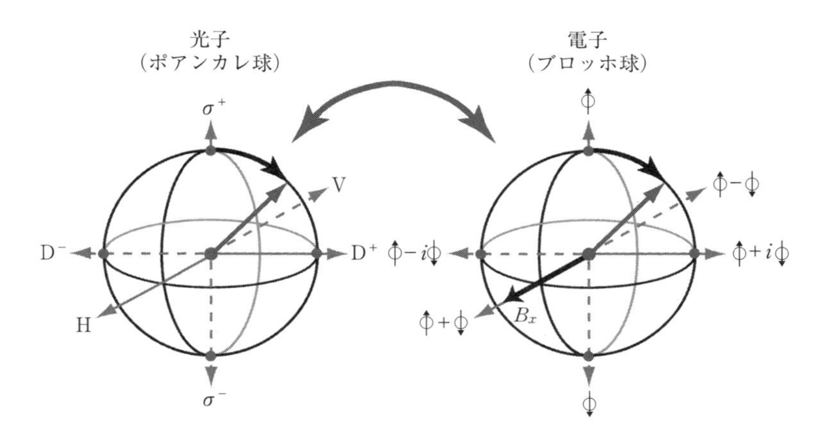

図 10.7 光子の偏光と電子スピンの間の対応関係．σ^+ と σ^- は右回りの円偏光と左回りの円偏光を表す．V と H はそれぞれ垂直方向と水平方向の直線偏光を表す．D^+と D^- は，それぞれ垂直方向の直線偏光と水平方向の直線偏光を時計回りに 45° 回転した直線偏光を表す．↑，↓ はそれぞれ上向き，下向きの電子スピンを表す[13]．

規事業が創出されていくと考えられる．光は最も高速に飛ぶことができ，情報を伝達する媒体として優れている．量子通信では，単光子の偏光に量子情報を載せて行うので，単光子を必要なときに発生させる必要があり，このため量子ドットやダイヤモンドと半導体中の不純物中心が検討されている．単光子の偏光に載った量子情報を，図 10.7 に表示されるように 1 対 1 に対応する電子スピンによる量子情報とやり取りすることもできる[13]．単光子と偏光に載った量子情報をやり取りする電子スピンを使って，量子情報の一時的な保存や量子計算も可能である．遠く離れた 2 地点に到達した光子が互いにもつれ合い相関をもっていると，暗号通信における量子暗号鍵を生み出し，量子状態の情報を離れた地点に転送する量子テレポーテーションが可能となる．このため，もつれ合い光子対を発生する量子ドットの応用も検討されている．

10.2.1　ヤングの干渉実験

量子ドットは，原子，イオン，分子，固体中の不純物中心と同様，単一にすると非古典的光を発する[14]．この現象を理解するには，非古典的光とは何かをまず知る必要がある[15],[16]．光は光量子という粒子性と電磁波という波動性を兼ね備えている．光が波動性を示す最もよい実験の 1 つは，ヤングの 2 重スリットによる干渉実験である．図 10.8 に示すように，点光源 S から放出された角周波数 ω をもつ単色光が，x 軸方向に間隔 d で隔てられた 2 つの位置 $x = \pm d/2$ にある全く同じ狭いスリット S_1，S_2 に入射するとする．距離 SS_1 は距離 SS_2 に等しいので点光源 S から放出されたスリット S_1 と S_2 における光の電場は振幅，時間依存性まで含めて等しく，これをスリット S_1 と S_2 における時刻 t の光の電場を $E_s(t)$ とおく．光は図の面に垂直に直線偏光しているものとし，以下ではその方向の電場成分のみを考える．スリットがある面に平行で，d に比べて十分に長い距離 L だけ離れたスクリーン上の点 $P(x)$ における電場 $E(t)$ は，スリット S_1 を通ってきた光の電場 $E_s(t_1)$ と，スリット S_2 を通ってきた光の電場 $E_s(t_2)$ との重ね合わせ

$$E(t) = E_s(t_1) + E_s(t_2) \tag{10.7}$$

で与えられる．ただし光速を c，距離 S_1P を l_1，距離 S_2P を l_2 とすると

$$t_1 = t - \frac{l_1}{c}, \qquad t_2 = t - \frac{l_2}{c} \tag{10.8}$$

である．

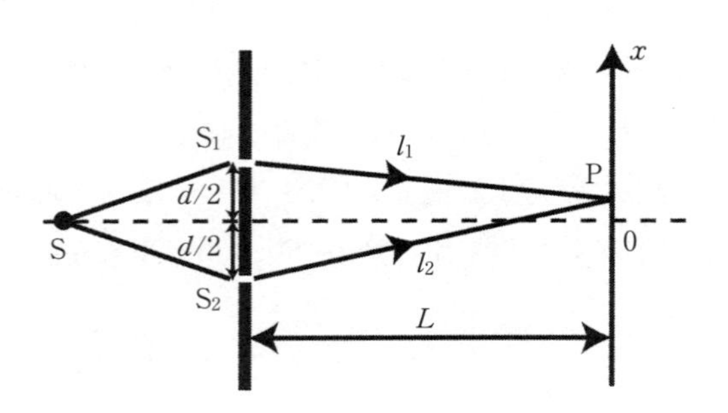

図 10.8　ヤングの干渉実験．

スクリーン上の点 P(x)における光強度 $I(t)$ は,

$$\begin{aligned}\langle I(t)\rangle &= \langle |E(t)|^2\rangle \\ &= \langle |E_s(t_1)|^2\rangle + \langle |E_s(t_2)|^2\rangle + 2\mathrm{Re}[\langle E_s(t_1)^* E_s(t_2)\rangle] \\ &= \langle I_s(t_1)\rangle + \langle I_s(t_2)\rangle + 2\mathrm{Re}[\langle E_s(t_1)^* E_s(t_2)\rangle] \qquad (10.9)\end{aligned}$$

となる．ただし，⟨　⟩は光の状態について期待値をとり集団平均をとることを意味する．第1項，第2項はそれぞれスリット S_1，スリット S_2 からの光の強度であり，第3項がスリット S_1 とスリット S_2 からの光の干渉を表す．時間差 $t_2 - t_1 = \tau$ とおき，規格化された1次相関関数として

$$g^{(1)}(\tau) = \frac{\langle E_s(t)^* E_s(t+\tau)\rangle}{[\langle I_s(t)\rangle\langle I_s(t+\tau)\rangle]^{1/2}} \qquad (10.10)$$

を定義すると，光強度は

$$\langle I(t)\rangle = \langle I_s(t_1)\rangle + \langle I_s(t_2)\rangle + 2[\langle I_s(t_1)\rangle\langle I_s(t_2)\rangle]^{1/2}\mathrm{Re}[\, g^{(1)}(t_2 - t_1)] \qquad (10.11)$$

と書きかえることができる．点光源Sから等距離にある同じスリット S_1 と S_2 を考えているので $\langle I_s(t_1)\rangle = \langle I_s(t_2)\rangle$ であり，

$$g^{(1)} = e^{i\omega(t_1 - t_2)} \qquad (10.12)$$

となるので，スクリーン上での光強度は以下の式で表され，明暗が等間隔に現れる．

$$\begin{aligned}\langle I(t)\rangle &= 2|E_s|^2[1 + \cos\{\omega(t_1 - t_2)\}] \\ &\sim 2|E_s|^2\left[1 + \cos\left(\frac{2\pi}{\lambda}\frac{xd}{L}\right)\right] \quad (x, d \ll L) \qquad (10.13)\end{aligned}$$

上述のヤングの干渉実験の議論では光を古典的な波と扱っているが，光すなわち電磁波を量子化して同じヤングの干渉実験を取り扱うと，以下のようになる．光の電場を量子化すると

$$\begin{aligned}\hat{E}(t) &= \sum_{\boldsymbol{k}} i\sqrt{\frac{\hbar\omega_k}{2\varepsilon_0 V}}\,\{\hat{a}_{\boldsymbol{k}}\exp(-i\omega_k t + i\boldsymbol{k}\cdot\boldsymbol{r}) - \hat{a}_{\boldsymbol{k}}^\dagger\exp(i\omega_k t - i\boldsymbol{k}\cdot\boldsymbol{r})\} \\ &= \hat{E}^{(+)}(t) + \hat{E}^{(-)}(t) \qquad (10.14)\end{aligned}$$

である．ここで，

$$\left.\begin{aligned}\widehat{E}^{(+)}(t) &= \sum_{\boldsymbol{k}} i\sqrt{\frac{\hbar\omega_{\boldsymbol{k}}}{2\varepsilon_0 V}}\,\hat{a}_{\boldsymbol{k}}\exp(-i\omega_{\boldsymbol{k}}t + i\boldsymbol{k}\cdot\boldsymbol{r}) \\ \widehat{E}^{(-)}(t) &= -\sum_{\boldsymbol{k}} i\sqrt{\frac{\hbar\omega_{\boldsymbol{k}}}{2\varepsilon_0 V}}\,\hat{a}_{\boldsymbol{k}}^{\dagger}\exp(i\omega_{\boldsymbol{k}}t - i\boldsymbol{k}\cdot\boldsymbol{r})\end{aligned}\right\} \tag{10.15}$$

は，それぞれ電場の正周波数部分，負周波数部分の演算子で $\hat{a}_{\boldsymbol{k}}^{\dagger}$，$\hat{a}_{\boldsymbol{k}}$ はそれぞれ波数 $\boldsymbol{k}$ の光子の生成，消滅演算子である．電場（10.14）に対応する光の強度は

$$\hat{I}(t) = \widehat{E}^{(-)}(t)\widehat{E}^{(+)}(t) \tag{10.16}$$

なる演算子の期待値として与えられる．したがって，スクリーン上の点 $\mathrm{P}(x)$ における光強度は

$$\begin{aligned}\langle\hat{I}(t)\rangle &= \langle[\widehat{E}_{\mathrm{s}}^{(-)}(t_1) + \widehat{E}_{\mathrm{s}}^{(-)}(t_2)][\widehat{E}_{\mathrm{s}}^{(+)}(t_1) + \widehat{E}_{\mathrm{s}}^{(+)}(t_2)]\rangle \\ &= \langle\hat{I}_{\mathrm{s}}(t_1)\rangle + \langle\hat{I}_{\mathrm{s}}(t_2)\rangle + \langle\widehat{E}_{\mathrm{s}}^{(-)}(t_1)\widehat{E}_{\mathrm{s}}^{(+)}(t_2)\rangle + \langle\widehat{E}_{\mathrm{s}}^{(-)}(t_2)\widehat{E}_{\mathrm{s}}^{(+)}(t_1)\rangle \\ &= \langle\hat{I}_{\mathrm{s}}(t_1)\rangle + \langle\hat{I}_{\mathrm{s}}(t_2)\rangle + 2\mathrm{Re}[\langle\widehat{E}_{\mathrm{s}}^{(-)}(t_1)\widehat{E}_{\mathrm{s}}^{(+)}(t_2)\rangle]\end{aligned} \tag{10.17}$$

となる．量子化された光の規格化された1次相関関数として

$$g^{(1)}(\tau) = \frac{\langle E_{\mathrm{s}}^{(-)}(t)E_{\mathrm{s}}^{(+)}(t+\tau)\rangle}{[\langle\hat{I}_{\mathrm{s}}(t)\rangle\langle\hat{I}_{\mathrm{s}}(t+\tau)\rangle]^{1/2}} \tag{10.18}$$

を定義すると

$$\langle\hat{I}(t)\rangle = \langle\hat{I}_{\mathrm{s}}(t_1)\rangle + \langle\hat{I}_{\mathrm{s}}(t_2)\rangle + 2[\langle\hat{I}_{\mathrm{s}}(t_1)\rangle\langle\hat{I}_{\mathrm{s}}(t_2)\rangle]^{1/2}\mathrm{Re}[g^{(1)}(t_2 - t_1)] \tag{10.19}$$

と表される．量子論の場合も光強度は（10.11）と同様な式で表される．

10.2.2　量子的な光

よく知られている光の波動性と粒子性という2重性を正しく取り扱うには，光の場を量子化して扱う必要がある．光の電場を量子化して（10.14）に書いたように，光の進行方向に垂直で図の面に平行な方向を向いた光の磁場も量子化すると，$\widehat{B}(t) = \widehat{E}(t)/c$ と書ける．電磁場のハミルトニアンは

$$\hat{H} = \frac{1}{2}\int\left[\varepsilon_0\hat{E}(t)^2 + \frac{1}{\mu_0}\hat{B}(t)^2\right]dV$$
$$= \sum_{\boldsymbol{k}}\hbar\omega_{\boldsymbol{k}}\left(\hat{a}_{\boldsymbol{k}}^{\dagger}\hat{a}_{\boldsymbol{k}} + \frac{1}{2}\right) \tag{10.20}$$

と表すことができる．以下では，波数 $\boldsymbol{k}$ で与えられる単一波数の電磁場の場合を考え，添え字 $\boldsymbol{k}$ を落としてしまう．電磁場のハミルトニアン $\hat{H}$ の固有値と固有関数をそれぞれ $E_n, |n\rangle$ $(n = 0, 1, 2, \cdots)$ とすると，以下のようになる．

$$\hat{H}|n\rangle = \hbar\omega\left(\hat{a}^{\dagger}\hat{a} + \frac{1}{2}\right)|n\rangle = E_n|n\rangle \tag{10.21}$$

まず，$\hat{a}$ を左から $|n\rangle$ に作用させると $|n-1\rangle$ となる．なぜなら，$\hat{H}|n\rangle$ の左から $\hat{a}$ を作用させて交換関係 $([\hat{a}, \hat{a}^{\dagger}] = 1)$ を用いると，

$$\hat{H}\,\hat{a}|n\rangle = (E_n - \hbar\omega)\hat{a}|n\rangle \tag{10.22}$$

となるので $\hat{a}|n\rangle$ は固有値 $(E_n - \hbar\omega)$ をもつ固有関数であり，$|n-1\rangle$ である．エネルギーの最低状態を $|0\rangle$，そのエネルギーを E_0 とおくと（10.21）から

$$\left.\begin{aligned}\hat{a}|0\rangle &= 0\\ E_0 &= \frac{1}{2}\hbar\omega\end{aligned}\right\} \tag{10.23}$$

となる．逆に，$\hat{a}^{\dagger}$ を左から $|n\rangle$ に作用させると $|n+1\rangle$ となる．$\hat{a}^{\dagger}|0\rangle$ の左から $\hat{H}$ を作用させると

$$\hat{H}\,\hat{a}^{\dagger}|0\rangle = \left(1 + \frac{1}{2}\right)\hbar\omega\hat{a}^{\dagger}|0\rangle \tag{10.24}$$

となるから，$(\hat{a}^{\dagger})^n|0\rangle$ は $|n\rangle$ の固有関数であり，固有値は

$$E_n = \left(n + \frac{1}{2}\right)\hbar\omega \tag{10.25}$$

となる．したがって（10.21）から

$$\langle n|\hat{a}^{\dagger}\hat{a}|n\rangle = n \tag{10.26}$$

という結果を得る．

$|n\rangle$ は n 個の光子が振動子として存在する状態で，光子数状態，または単

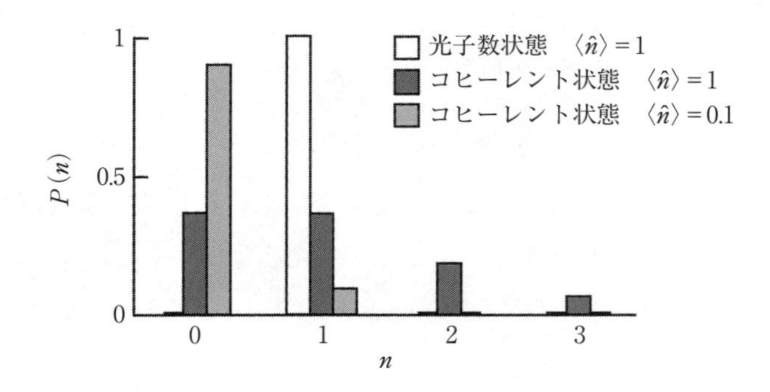

図 10.9　光子数の期待値 $\langle\hat{n}\rangle$ が 1 である光子数状態（フォック状態）と，光子数の期待値 $\langle\hat{n}\rangle$ が 1 と 0.1 であるコヒーレント状態（グラウバー状態）の光子数分布 $P(n)$.

に数状態あるいはフォック（Fock）状態という．(10.26) から，演算子 $\hat{n} \equiv \hat{a}^\dagger\hat{a}$ を光子数演算子とよび，光子数の期待値は

$$\langle n|\hat{n}|n\rangle = n \tag{10.27}$$

となり，光子数演算子の固有関数 $|n\rangle$ は

$$\langle n|m\rangle = \delta_{nm} \tag{10.28}$$

が成立する正規直交系をなす．光子数状態の分散の期待値は

$$\langle \varDelta\hat{n}^2\rangle = \langle n^2\rangle - \langle\hat{n}\rangle^2 = 0 \tag{10.29}$$

となり，光子数状態は光子数が確定した分散ゼロの状態であることを示している．さらに，$\langle\hat{E}\rangle = 0$ が

$$\langle n|\hat{a}|n\rangle = \langle n|\hat{a}^\dagger|n\rangle = 0 \tag{10.30}$$

からいえるから，電場の期待値はゼロである．ただし，電場のゆらぎ $\langle\hat{E}^2\rangle$ はゼロではない．光子数状態の電場は時間的に変動し，その期待値はゼロの非古典的電磁波である．今，光子数の期待値が 1 である光子数状態，またはフォック状態の光子数分布 $P(n)$ は図 10.9 に図示するように，$P(1) = 1$ で $n \neq 1$ の場合には $P(n) = 0$ となる．

次に，古典的光源が発する光，すなわち，振幅と位相が明確に決まった古典的電磁波に対応する状態の量子論的表現である，コヒーレント状態につい

て述べる．コヒーレント状態 $|\alpha\rangle$ は単一モードの場合の消滅演算子 $\hat{a}$ の固有状態 $|\alpha\rangle$ として与えられ，複素固有値 $\alpha = |\alpha|e^{i\theta}$ は

$$\hat{a}|\alpha\rangle = \alpha|\alpha\rangle \tag{10.31}$$

の関係を満たす．したがって，

$$\left.\begin{aligned}\langle\alpha|\hat{a}|\alpha\rangle &= \alpha \\ \langle\alpha|\hat{a}^{\dagger}|\alpha\rangle &= \alpha^*\end{aligned}\right\} \tag{10.32}$$

であるので，コヒーレント状態 $|\alpha\rangle$ における電場の期待値 $\langle\alpha|\hat{E}|\alpha\rangle$ は

$$\langle\hat{E}\rangle = 2\sqrt{\frac{\hbar\omega}{2\varepsilon_0 V}}\,|\alpha|\sin(\omega t - \boldsymbol{k}\cdot\boldsymbol{r} - \theta) \tag{10.33}$$

となり，古典的電磁波に対応した振動する電場を与える量子状態である．
$|\alpha\rangle$ を $|n\rangle$ で展開するために，以下のように $\langle n|$ を左から掛ける．

$$\langle n|\hat{a}|\alpha\rangle = \alpha\langle n|\alpha\rangle \tag{10.34}$$

左辺に $\langle n|\,\hat{a} = (n+1)^{1/2}\langle n+1|$ を代入して

$$(n+1)^{1/2}\langle n+1|\alpha\rangle = \alpha\langle n|\alpha\rangle$$

$$\therefore \langle n|\alpha\rangle = \frac{\alpha}{n^{1/2}}\langle n-1|\alpha\rangle = \frac{\alpha^2}{\{n(n-1)\}^{1/2}}\langle n-2|\alpha\rangle$$

$$= \frac{\alpha^n}{(n!)^{1/2}}\langle 0|\alpha\rangle \tag{10.35}$$

のようになる．この $\langle n|\alpha\rangle$ は $|\alpha\rangle$ を完全系 $|n\rangle$ を基底として展開したときの展開係数であるから，

$$|\alpha\rangle = \sum_{n=0}^{\infty}|n\rangle\langle n|\alpha\rangle = \langle 0|\alpha\rangle\sum_{n=0}^{\infty}\frac{\alpha^n}{\sqrt{n!}}|n\rangle \tag{10.36}$$

である．$|\alpha\rangle$ を規格化するために

$$\langle\alpha|\alpha\rangle = |\langle 0|\alpha\rangle|^2\sum_n\frac{|\alpha|^{2n}}{n!} = |\langle 0|\alpha\rangle|^2\exp(|\alpha|^2) = 1 \tag{10.37}$$

とおき，この式を満足するため

$$\langle 0|\alpha\rangle = \exp\left(-\frac{1}{2}|\alpha|^2\right) \tag{10.38}$$

となるように，その位相を選んで $\langle 0|\alpha\rangle$ を決めることとする．そのとき (10.36) は

$$|\alpha\rangle = e^{-|\alpha|^2/2}\sum_{n=0}^{\infty}\frac{\alpha^n}{\sqrt{n!}}|n\rangle \tag{10.39}$$

となる．$|\alpha\rangle$ における $|n\rangle$ 状態の分布確率

$$P(n) = \left|\langle n|\alpha\rangle\right|^2 = \exp\left(-|\alpha|^2\right)\frac{|\alpha|^{2n}}{n!} \tag{10.40}$$

は $|\alpha|^2$ を平均値とするポアッソン分布で表され，そのピークは $|\alpha|^2$ 付近に来るのでポアッソン状態（Poissonian）ともよばれる．この $\hat{a}$ の固有状態 $|\alpha\rangle$ は完全なコヒーレント状態でグラウバー（Glauber）状態ともいう．光子数分布がポアッソン分布よりも狭い場合にはサブポアッソン状態（sub - Poissonian），広い場合にはスーパーポアッソン状態（super - Poissonian）とよばれ，古典的光源からの光はスーパーポアッソン状態となる．平均値 $|\alpha|^2 = 1$ と $|\alpha|^2 = 0.1$ の場合のポアッソン状態の光子数分布 $P(n)$ は図 10.9 のようになり，1 光子である確率はそれぞれ $P(1) = 0.37$，0.09 となる．コヒーレント状態における光子数の期待値は

$$\langle\alpha|\hat{n}|\alpha\rangle = \langle\alpha|\hat{a}^{\dagger}\hat{a}|\alpha\rangle = \alpha^*\alpha = |\alpha|^2 \tag{10.41}$$

となり，分散の期待値は

$$\left.\begin{aligned}
\langle\Delta\hat{n}^2\rangle &= \langle n^2\rangle - \langle\hat{n}\rangle^2 = \langle\alpha|\hat{a}^{\dagger}\hat{a}\hat{a}^{\dagger}\hat{a}|\alpha\rangle - |\alpha|^4 \\
&= \langle\alpha|\hat{a}^{\dagger}(\hat{a}^{\dagger}\hat{a} + 1)\hat{a}|\alpha\rangle - |\alpha|^4 \\
&= |\alpha|^4 + |\alpha|^2 - |\alpha|^4 = |\alpha|^2 = \langle\hat{n}\rangle \\
\Delta n &= \sqrt{\langle\Delta\hat{n}^2\rangle} = |\alpha|
\end{aligned}\right\} \tag{10.42}$$

となる．

ヤングの干渉実験のスリット S_1，S_2 を通る電磁波の量子状態がそれぞれ $|\phi_1\rangle, |\phi_2\rangle$ で与えられるとし，これらが共に単色光のコヒーレント状態 $|\alpha\rangle$ である場合には，2 つのスリットを通った後の電磁波の量子状態 $|\phi\rangle$ は

$$|\Psi\rangle = |\phi_1, \phi_2\rangle = |\alpha, \alpha\rangle \tag{10.43}$$

と書け，(10.18)(10.19)(10.33) を用いて$\mathscr{E} = \sqrt{\hbar\omega/2\varepsilon_0 V}$とおくと

$$\left.\begin{aligned} \langle \hat{I}_{\rm s} \rangle &= \mathscr{E}^2|\alpha|^2 \\ g^{(1)} &= \frac{\mathscr{E}^2|\alpha|^2 e^{i\omega(t_1-t_2)}}{\mathscr{E}^2|\alpha|^2} = e^{i\omega(t_1-t_2)} \end{aligned}\right\} \tag{10.44}$$

となるので，100%の変調となる．

一方，スリットS_1，S_2を通る電磁波の量子状態が，共に単色光の光子数状態$|n\rangle$のときには

$$|\Psi\rangle = |n, n\rangle \tag{10.45}$$

と書け，(10.18) の分子中で

$$\langle n, n|\hat{a}_1^\dagger \hat{a}_2|n, n\rangle = 0 \tag{10.46}$$

となるので変調は現われない．

1 光子数状態はどちらかのスリットを通るしかない．1 光子がどちらかのスリットを通った場合には，

$$|\Psi\rangle = \frac{1}{\sqrt{2}}(|1, 0\rangle + |0, 1\rangle) \tag{10.47}$$

となるので

$$\left.\begin{aligned} \langle \hat{I}_{\rm s} \rangle &= \frac{1}{2} \\ g^{(1)} &= \frac{(1/2)e^{i\omega(t_1-t_2)}}{1/2} = e^{i\omega(t_1-t_2)} \end{aligned}\right\} \tag{10.48}$$

となり，100%の変調となる．すなわち，1 光子数状態は干渉する．

このようにコヒーレンスは，光の 1 次の電場相関による干渉の程度を与える．次に，光の 2 次の電場相関である強度相関による干渉を考える．

10.2.3　光の強度相関

光の強度相関を最初に計測したのは，Hanbury Brown と Twiss で，恒星の視野角を測るため，1 つの恒星からの光を一直線上にある 2 つの検出器で受け，2 つの検出器の間の距離の関数として光強度の相関を測定して恒星の

視野角を測定した[17]．彼らは続いて，光の強度の時間相関測定も提案した[18]．ここでは，単一光源からの光の強度相関の古典論と量子論について述べる．

時刻 t における光源の光強度が $I(t)$ と表されると，時刻 t から $t+dt$ の間に 1 つの検出器が光子を検出する確率は $I(t)\,dt$ に比例するので，光源の光が図 10.10（a）に示すようなハーフミラーで分けられて，時刻 t から $t+dt_1$ の間に 1 つの検出器 D_1 が光子を検出し，かつ時刻 $t+\tau$ から $t+\tau+dt_2$ の間にもう 1 つの検出器 D_2 が別の光子を検出する確率は

$$I(t)I(t+\tau)\,dt_1\,dt_2 \tag{10.49}$$

に比例する．この同時計数率を時間平均した量は多数回の強度相関計測をした平均と同じになり，$\langle I(t)I(t+\tau)\rangle$ で表す．規格化された光強度の時間相関は

$$g^{(2)}(\tau)=\frac{\langle I(t)I(t+\tau)\rangle}{\langle I(t)\rangle\langle I(t+\tau)\rangle} \tag{10.50}$$

(a)

S
D_1
ハーフミラー
スタート (t_1)
D_2
時間差
電圧変換器
波高分析器
ストップ (t_2)

(b)

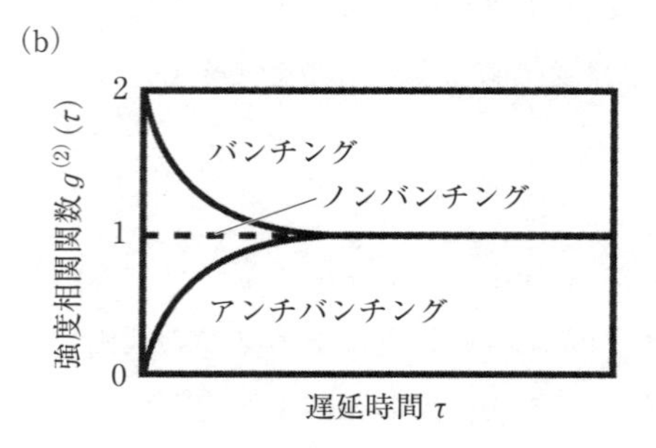

図 10.10　(a) 光の強度相関測定の測定系と (b) 光の強度相関測定に見られるバンチング，ノンバンチング，アンチバンチング．

となる．時間差 τ の2つの極限に関して $g^{(2)}(\tau)$ を評価してみよう．

まず，$\tau \to 0$ の場合には

$$I(t) = \langle I(t) \rangle + \Delta I(t) \tag{10.51}$$

と書くと，$\langle \Delta I(t) \rangle = 0$ であるから

$$\begin{aligned}\langle I(t)^2 \rangle &= \langle (\langle I(t) \rangle + \Delta I(t))^2 \rangle \\ &= \langle \langle I(t) \rangle^2 + 2\langle I(t) \rangle \Delta I(t) + \Delta I(t)^2 \rangle \\ &= \langle I(t) \rangle^2 + \langle \Delta I(t)^2 \rangle \geq \langle I(t) \rangle^2\end{aligned} \tag{10.52}$$

の関係が成り立ち，したがって

$$g^{(2)}(0) \geq 1 \tag{10.53}$$

が成り立つ．また，

$$\langle I(t) I(t+\tau) \rangle^2 \leq \langle I(t)^2 \rangle \langle I(t+\tau)^2 \rangle = \langle I(t)^2 \rangle^2 \tag{10.54}$$

が成り立つので

$$g^{(2)}(\tau) \leq g^{(2)}(0) \tag{10.55}$$

となる．時間相関は時間差 τ が大きいと消失するので，$\tau \to \infty$ のとき

$$\langle I(t) I(t+\tau) \rangle \quad \to \quad \langle I(t) \rangle \langle I(t+\tau) \rangle = \langle I(t) \rangle^2 \tag{10.56}$$

すなわち

$$g^{(2)}(\infty) \quad \to \quad 1 \tag{10.57}$$

となる．すなわち，光を古典的に取り扱うと光の強度相関関数は，図 10.10 (b) に示すように $\tau = 0$ で相関が大きくなりバンチングが起こる．

一方，量子論において光強度は

$$\hat{I}(t) = \widehat{E}^{(-)}(t) \widehat{E}^{(+)}(t) \tag{10.58}$$

と書かれるので，規格化された光の強度相関関数，すなわち光電場の2次相関関数は，

$$g^{(2)}(\tau) = \frac{\langle \widehat{E}^{(-)}(t) \widehat{E}^{(-)}(t+\tau) \widehat{E}^{(+)}(t+\tau) \widehat{E}^{(+)}(t) \rangle}{\langle \hat{I}(t) \rangle \langle \hat{I}(t+\tau) \rangle} \tag{10.59}$$

と書かれる．

単一波数の電磁場の場合には，(10.15) 中の波数ベクトル $\boldsymbol{k}$ と $\sum$ 記号を落として (10.59) に代入し，交換関係 $[\hat{a}, \hat{a}^\dagger] = 1$ と $\hat{n} = \hat{a}^\dagger\hat{a}$ を用いて

$$g^{(2)}(\tau) = g^{(2)}(0) = \frac{\langle \hat{n}^2 \rangle - \langle \hat{n} \rangle}{\langle \hat{n} \rangle^2} = 1 + \frac{\langle \Delta\hat{n}^2 \rangle - \langle \hat{n} \rangle}{\langle \hat{n} \rangle^2} \tag{10.60}$$

が得られる．

コヒーレント状態では，(10.41)，(10.42) を用いて

$$\langle \Delta\hat{n}^2 \rangle = \langle \hat{n} \rangle = |\alpha|^2 \tag{10.61}$$

であるから，これらを (10.60) に代入すると

$$g^{(2)}(\tau) = 1 \tag{10.62}$$

となり，光の強度相関関数は，図 10.10 (b) に示すようにバンチングもアンチバンチングも起きないノンバンチングとなる．

光子数状態 $|n\rangle$ については，(10.27)，(10.29) を参照して

$$\left.\begin{aligned} \langle \hat{n} \rangle &= n \\ \langle \Delta\hat{n}^2 \rangle &= 0 \end{aligned}\right\} \tag{10.63}$$

となるから，これらを (10.60) に代入して光の強度相関関数を計算してみると，

$$g^{(2)}(0) = 1 - \frac{1}{n} < 1 \tag{10.64}$$

となり，1 より小さくなる．したがって，光子数状態 $|n\rangle$ は非古典的量子状態であり，古典的な光波にはない特性 $g^{(2)}(0) < 1$ を示す．逆に強度相関関数 $g^{(2)}(0) < 1$ ならば，非古典的量子状態の光であるということができる．

図 10.10 (b) に示した遅延時間 τ がゼロに接近する場合，強度相関関数 $g^{(2)}(0)$ が 1 より小さくなる振舞というのは，時刻 t に光子が来ると，$t + \tau$ $(\tau \to 0)$ には次の光子が来る確率が小さくなることを意味する．これをアンチバンチングという．

10.2.4 単光子発生

単光子発生は，量子暗号や量子通信，量子計算の分野でキーテクノロジーである．1光子数状態などの非古典的光を量子ドットから発生できることが示されている．古典的光であるコヒーレント状態（グラウバー状態）は，$|n\rangle$ 状態の分布確率が (10.40) で表されるポアッソン分布で与えられるので，平均値が $|\alpha|^2 = 1$ のときには，$P(n \geq 2) = 0.26$ もあり，信頼性が著しく落ちて単光子光源とはならない．平均値が $|\alpha|^2 = 0.1$ のときには，$P(n \geq 2) = 0.01$ となるが，90%のパルスに光子が含まれないので効率が著しく落ちる．スーパーポアッソン状態の光だとさらに効率が悪くなるので，サブポアッソン状態や1光子数状態の非古典的光が単一光子源として必要である．図10.11 に（a）スーパーポアッソン状態のバンチングした光子列，（b）ランダムに発生するポアッソン状態の光子列，（c）サブポアッソン状態のアンチバンチングした光子列，（d）一定の時間ごとに出る光子列，の4種類の光子列の例を示す．量子情報を光子に乗せて送るには，短い時間間隔で必要なときに単光子が確実に発生できる光源が求められるので，（c）と（d）がよく，（d）が最もよい．10.2.1 項で述べたように，非古典的光である明確な評価は，光電場の2次相関関数（光の強度相関関数）が時間差ゼロにおいて1より小さくなることで与えられる．

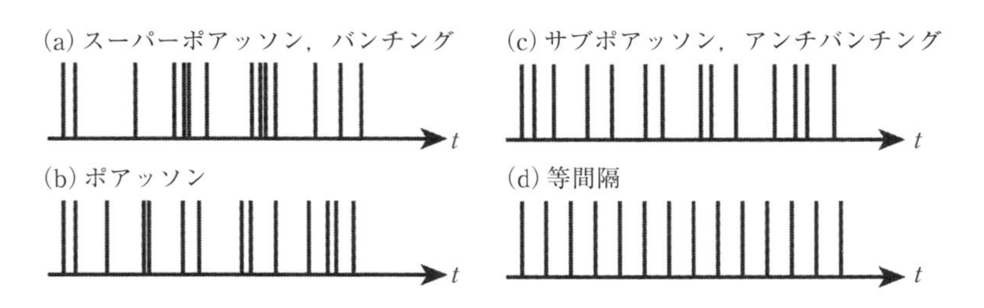

図 10.11 （a）スーパーポアッソン状態のバンチングした光子列，（b）ランダムに発生するポアッソン状態の光子列，（c）サブポアッソン状態のアンチバンチングした光子列，（d）一定の時間ごとに出る光子列，の4種類の光子列の例．

光源から発生された光電場の2次の相関関数，すなわち光強度の相関関数が時間差ゼロにおいて1より小さくなるということは，同時に光子が2つ発生する確率が小さいことを意味し，単光子発生が保障される．光強度の相関関数がアンチバンチングを示すことが示されたのは，単一原子の共鳴発光，単一イオンの共鳴発光，単一分子の発光，固体中の単一不純物中心からの発光，単一量子ドットからの発光においてである．これらの例に共通するのは，単一量子準位からの発光であることである．励起準位と基底準位からなる2準位系では，励起状態から光子放出が起こると基底準位に落ちるので，もう1つの光子放出が同時に起こることはなく，必ず再度の励起と発光に時間を要する．単一量子ドットの単一量子準位からの発光では，単一原子と同様なアンチバンチングが観測される．

図10.12は，量子ドットで最初のアンチバンチングが観測された例である化学的に成長された単一 CdSe/ZnS コアシェル量子ドットからの，発光の強度相関である[19]．平均直径が4.1 nm の量子ドットの数個からなる集団からの発光は，異なる量子ドットが発する光子間の相関はないのでアンチバ

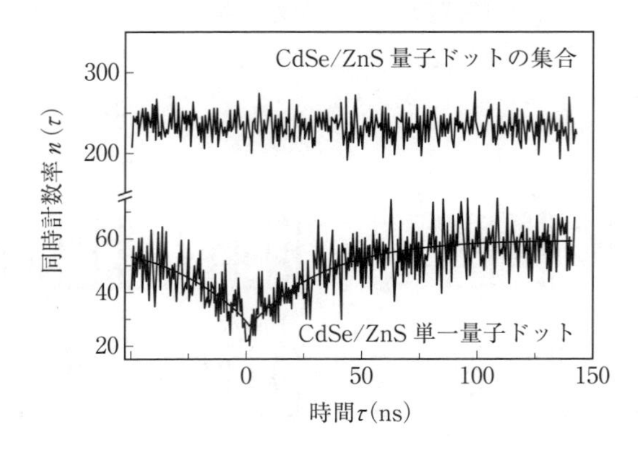

図 10.12　数個のクラスター，または単一 CdSe/ZnS コアシェル量子ドットからの発光の強度相関．（P. Michler, A. Imamoğlu, M. D. Mason, P. J. Carson, G. F. Strouse and S. K. Buratto：Nature **406** (2000) 968 より許可を得て転載）

ンチングを示さないが，室温において Ar イオンレーザーの 488 nm のレーザー光を用いた定常励起下で，共焦点顕微鏡を用いて選び出された，単一 CdSe/ZnS コアシェル量子ドットからの発光は明瞭なアンチバンチングを示し，$g^{(2)}(0)<0.5$ となる．発光の強度相関関数 $g^{(2)}(\tau)$ のアンチバンチングの振舞は

$$g^{(2)}(\tau) = 1 - e^{-(\gamma+w)\tau} \tag{10.65}$$

で与えられ，凹みは時間差 τ の正負で対称となり，凹みの減衰時間は $1/(\gamma + w)$ で与えられ，これが 32 ns である．ここで，γ は発光量子準位からの発光速度，w は基底準位から発光量子準位への励起速度である．単一量子準位からの発光は $g^{(2)}(0) = 0$ となるが，異なる量子ドットが発する光子間の相関はないので単一量子ドットという条件が破れると，$g^{(2)}(0)$ は 1 に近くなる．したがって，$g^{(2)}(0) < 0.5$ が観測されると発光源は単一量子光源という直接の証拠となる．単一 CdSe/ZnS コアシェル量子ドットは，短い時間スケールでは室温でも単一光子源になるので実用への展望がもてるが，6.1 節で述べたように，量子ドットのイオン化による明滅現象も起こり，明滅が観測される秒の時間スケールではバンチングを示し，単一光子源としての応用では障害になる．

上述のように，定常光励起で観測される発光の強度相関関数 $g^{(2)}(\tau)$ の測定は，発光が単一量子光源からかどうかを決める手段である．一方，$1/(\gamma + w)$ よりも大きく離れた間隔で繰り返されるパルス光励起で観測される発光の強度相関関数 $g^{(2)}(\tau)$ の測定は，完全に 1 光子数状態（フォック状態）の発光源ならば，図 10.13（c）に示すように，異なるパルスからの強度相関関数は 1 であるが，同一パルスからの強度相関関数がゼロとなり，完全に 1 光子数状態の発光源かどうかを示す指標を与える．繰り返しパルス列を用いて測定された強度相関関数は，コヒーレント状態（グラウバー状態）の発光源ならば図 10.13（a），サブポアッソン状態の発光源ならば図 10.13（b）のようになる．

パルス光励起で観測される発光の強度相関関数 $g^{(2)}(\tau)$ の測定は，必要なときに，単光子が確実に発生できる光源であることを証明するためにも利用される．繰り返し周波数 82 MHz のモード同期チタンサファイアレーザーから得られる，12 ns おきのフェムト秒域のパルス列を用いて，直径が 40～50 nm，高さが 3 nm 程度の自己形成 InAs 量子ドット層を上下から直径 5 μm で厚さ 100 nm である GaAs の微小円盤で挟んだ微小共振器を励起して，InAs 量子ドットの発光と結合した微小円盤（マイクロディスク）の周回方向に形成される共振器モード，ウィスパリングギャラリーモード（whispering gallery mode）の強度相関関数 $g^{(2)}(\tau)$ が 4 K の低温で測定された[20]．測定された強度相関関数 $g^{(2)}(\tau)$ は，図 10.13（c）に模式的に示されるように，異なるパルスからの強度相関関数はピークをもつが，同一パルスからの強度相関関数はピークがなくなり，このことは 1 つの励起光パルスからは 1 個以下の光子しか発光しないことを示している．この研究により，量子ドットは必要なときに 1 光子数状態を確実に発生できる光源となることが示された．量子ドットと微小共振器を結合させることにより，放出光の指向性が生まれ，4.3 節で述べたパーセル効果（Purcell effect）により発光寿命が短くなるので，単一光子源の繰り返し周波数を上げられることが期待できる．

量子ドットを単光子発生源のデバイスに応用するとき，光励起ではなく電

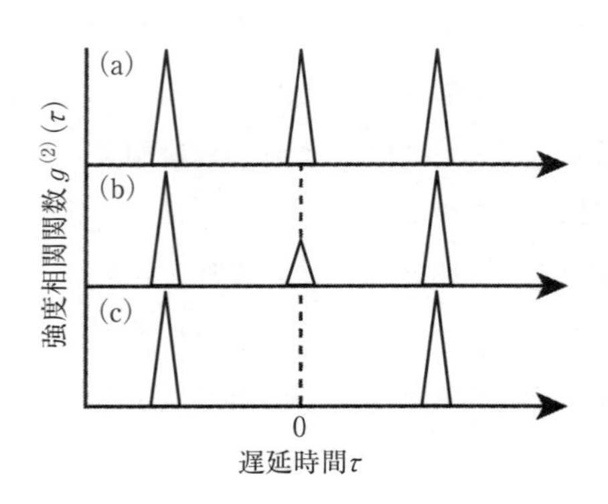

図 10.13　繰り返しパルス列を用いて，(a) コヒーレント状態（グラウバー状態），(b) サブポアッソン状態，(c) 1 光子数状態（フォック状態）について測定された強度相関関数．

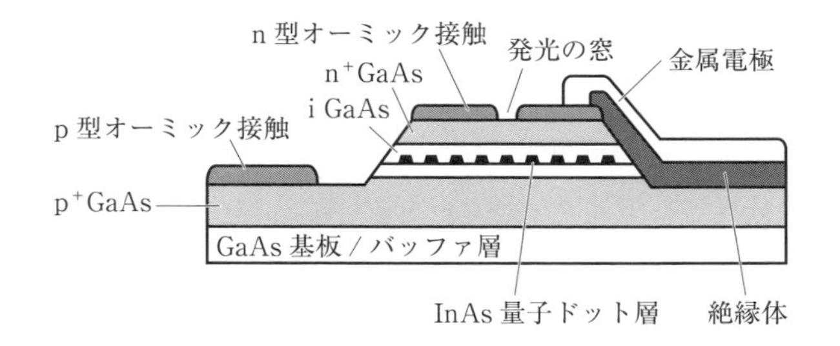

図 10.14　電流注入型 InAs 自己形成量子ドット[21]．量子ドット層は GaAs の p-i-n 層の i 層に埋め込まれ，メサ加工をされた後に電極がつけられ，金属マスクに作られた窓から単一量子ドット発光が測定される．

流注入による量子ドットから単光子発生の方が望ましい．それも，できるだけ室温に近い温度でのパルス電流駆動によって，必要なときに単光子発生できるのが望ましい．図 10.14 に断面図を示すように低い表面濃度の InAs 自己形成量子ドットを GaAs の p-i-n 層の i 層に埋め込み，メサ加工をした後に p-i-n ダイオードに仕上げ，電圧を p-i-n ダイオードに加えることで，金属マスクに作られた窓を通して単一量子ドットの発光の強度相関が測定された[21]．5 K の温度下，直流電圧あるいは 80 MHz で繰り返される 400 ps の矩形パルス電圧を直流電圧に重畳させて，p-i-n ダイオードに加え，励起子発光の強度相関関数 $g^{(2)}(\tau)$ を測定すると，直流電流注入下で $g^{(2)}(0)=0.34$ となるアンチバンチングが観測され，パルス電流注入下でゼロ遅延時の強度相関関数の面積が 0.11 になり，電流注入により必要なときに量子ドットから単光子が確実に発生できることが実証された．室温に近い，より高い温度での電流注入による量子ドットからの単光子発生には，閉じ込めポテンシャルエネルギーをもっと高くして障壁層への電荷移動による非放射損失を抑える必要がある．また，光ファイバー通信に合わせた波長の単光子源も求められる．こうした方向の研究として，CdSe/ZnSSe 自己形成量子ドットを使った 200 K に至る非古典的光の生成の報告[22]や，光ファイバー通信に最適の，1.3 μm の波長に合う InAs 量子ドットを使った 10 K における非古典的光の生成の報告[23]がある．

発光の強度相関を自己相関関数により測定する手法を一般化して，2 個の検出器の前に分光器や干渉フィルターを置いて，異なる発光エネルギーをもつ発光の強度間の相互相関関数

$$g_{12}^{(2)}(\tau) = \frac{\langle \widehat{E}_1^{(-)}(t)\widehat{E}_2^{(-)}(t+\tau)\widehat{E}_2^{(+)}(t+\tau)\widehat{E}_1^{(+)}(t)\rangle}{\langle \hat{I}_1(t)\rangle\langle \hat{I}_2(t+\tau)\rangle} \qquad (10.66)$$

を測定することで，単一量子ドットが示す発光の時間順，発光の偏光相関を調べることで，発光線の同定ができる．ここで，下つきの 1 と 2 は 2 つの異なる発光エネルギーを表す．図 10.15 に模式的に示すような強度相互相関になると，それぞれの発光線が励起子発光，励起子分子，トリオン（2 個の電子と 1 個の正孔からなる負に帯電した励起子）などと同定がされる．励起子分子発光を受ける検出器がスタートパルスを出し，励起子発光を受ける検出器がストップパルスを出す方向を $\tau > 0$ として強度相互相関を検出すると，図 10.15（a）のように $\tau > 0$ ではバンチング，$\tau < 0$ ではアンチバンチングを示す[24]．量子ドット中に生成された励起子分子は，発光すると後に励起子を残す．その後，励起子は励起子寿命で発光するので，$\tau > 0$ ではバンチングが起きる．量子ドット中の励起子が発光した後には，量子ドットは基底状態に戻るので，その後に励起子分子が発光するには再び励起されるまで待たなくてはならないので，$\tau < 0$ ではアンチバンチングが起こる．

励起子分子発光を受ける検出器がスタートパルスを出し，トリオン発光を受ける検出器がストップパルスを出す方向を $\tau > 0$ として，強度相互相関を検出すると，図 10.15（c）のように，トリオンと励起子分子が同じ量子ドットからの発光であることを反映して，$\tau < 0$ ではアンチバンチングが起こる．励起子分子は発光すると後に励起子を残しトリオンを残すことはないので，$\tau > 0$ ではバンチングは起きない．トリオン発光と励起子発光との強度相互相関を検出すると，図 10.15（b）のような，図 10.15（c）とは時間 τ

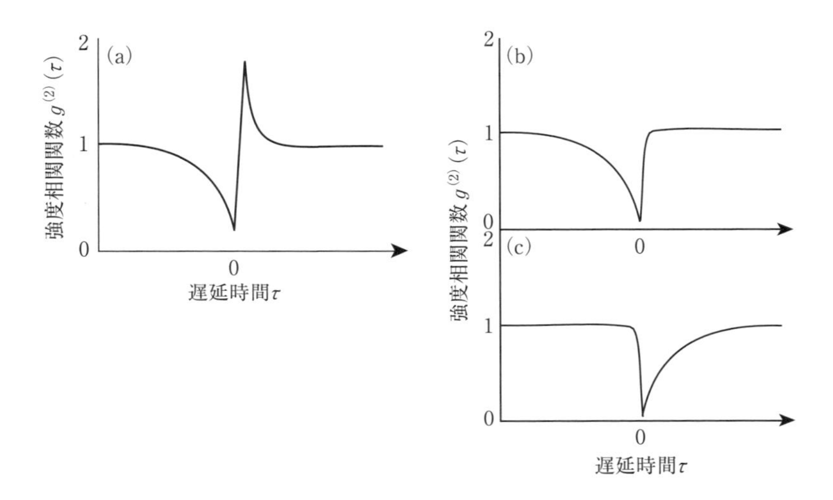

図 10.15　(a) 励起子発光，励起子分子発光間の相互相関．励起子分子発光が，励起子発光より先に検出器に入る場合に時間差 τ を正にとる．(b) トリオン発光，励起子発光間の相互強度相関．トリオン発光が，励起子発光より先に検出器に入る場合に時間差 τ を正にとる．(c) トリオン（負に帯電した励起子）発光，励起子分子発光間の相互強度相関．トリオン発光が，励起子分子発光より先に検出器に入る場合に時間差 τ を正にとる．

について反転した非対称なアンチバンチングが起こる[25]．量子ドット中のトリオンが発光した後には，量子ドットは電荷を1つ含んだ基底状態になっている．非対称なアンチバンチングは，トリオンが発光した後に電荷を1つ量子ドットに入れて中性化した後に励起子が光る方が，励起子が発光した後に3つ電荷を入れてトリオンが光るよりはるかに速いことを示している．

10.2.5　もつれ合い光子対発生

スピン角運動量1/2をもつ粒子のスピン関数を，電子のスピン関数にならって，$|s_{\mathrm{e}}, s_{\mathrm{e}z}\rangle = |1/2, \pm 1/2\rangle$ と表そう．スピン1/2をもつ2つの同一粒子のスピン関数をそれぞれ添え字の1，2を使って $|1/2, \pm 1/2\rangle_1$，$|1/2, \pm 1/2\rangle_2$ で表すと，2粒子のスピン関数は4つの1次独立な1粒子のスピン関数の直積

$$\left.\begin{array}{l}
\left|\frac{1}{2},\frac{1}{2}\right\rangle_1\left|\frac{1}{2},\frac{1}{2}\right\rangle_2 \\
\left|\frac{1}{2},\frac{1}{2}\right\rangle_1\left|\frac{1}{2},-\frac{1}{2}\right\rangle_2 \\
\left|\frac{1}{2},-\frac{1}{2}\right\rangle_1\left|\frac{1}{2},\frac{1}{2}\right\rangle_2 \\
\left|\frac{1}{2},-\frac{1}{2}\right\rangle_1\left|\frac{1}{2},-\frac{1}{2}\right\rangle_2
\end{array}\right\} \tag{10.67}$$

で与えられる．2粒子のスピン角運動量を合成し，合成スピン $\boldsymbol{S}=\boldsymbol{s}_{e1}+\boldsymbol{s}_{e2}$ の固有スピン関数を求めると，量子力学でよく知られているように，$S=1$ である3つの対称な状態（3重項）

$$\left.\begin{array}{c}
S_z=1:\left|\frac{1}{2},\frac{1}{2}\right\rangle_1\left|\frac{1}{2},\frac{1}{2}\right\rangle_2 \\
S_z=0:\left(\frac{1}{\sqrt{2}}\right)\left(\left|\frac{1}{2},\frac{1}{2}\right\rangle_1\left|\frac{1}{2},-\frac{1}{2}\right\rangle_2+\left|\frac{1}{2},-\frac{1}{2}\right\rangle_1\left|\frac{1}{2},\frac{1}{2}\right\rangle\right) \\
S_z=-1:\left|\frac{1}{2},-\frac{1}{2}\right\rangle_1\left|\frac{1}{2},-\frac{1}{2}\right\rangle_2
\end{array}\right\} \tag{10.68}$$

と，$S=0$ である1つの反対称な状態（1重項）の

$$S_z=0:\left(\frac{1}{\sqrt{2}}\right)\left(\left|\frac{1}{2},\frac{1}{2}\right\rangle_1\left|\frac{1}{2},-\frac{1}{2}\right\rangle_2-\left|\frac{1}{2},-\frac{1}{2}\right\rangle_1\left|\frac{1}{2},\frac{1}{2}\right\rangle_2\right) \tag{10.69}$$

となる．これらは，規格直交系をなす．3重項のうちの $|S=1,S_z=0\rangle$ の状態と1重項の $|S=1,S_z=0\rangle$ の状態は1粒子のスピン関数の単純な直積ではなく，直積の和や差になっており，もつれ合い状態（entangled states）とよばれる．例えば，1重項の $|S=1,S_z=0\rangle$ の状態は，粒子1，2とも上向きのスピンと下向きのスピンの両方とも含まれているにも関わらず，1重項の2粒子状態が粒子1，2に分解した後，粒子1，2が互いに離れた位置で片方の粒子のスピン状態をシュテルン－ゲルラッハ（Stern－Gerlach）の実験により検出して上向きスピンと決まると同時に，他方の粒子のスピン状態が下向きスピンに決まるという奇妙なEPR（Einstein－Podolsky－Rosen）パ

ラドックスが生じる．1重項の $|S=0, S_z=0\rangle$ の状態は，特にEPR状態とよばれる．離れた2粒子間の相関は遠距離相関あるいは非局所相関（non-local correlation）とよばれ，実験的に確かめられている．もつれ合い状態が相関の原因である．

上述のもつれ合い状態は粒子のスピンについて述べたが，粒子のスピンの代わりに光子の偏光状態に読みかえても同様な議論ができる．粒子の上向きスピン $|1/2, 1/2\rangle$ と下向きスピン $|1/2, -1/2\rangle$ の代わりに，光子対が別れて z 方向および $-z$ 方向に飛んでいくとすると，x 方向に直線偏光した光子 $|x\rangle$，y 方向に直線偏光した光子 $|y\rangle$，あるいは右回り円偏光の光子 $|\mathrm{R}\rangle$ と左回り円偏光の光子 $|\mathrm{L}\rangle$ というように読みかえる．図10.16の概念図に示すように，もつれ合い光子対

$$\frac{1}{\sqrt{2}}(|x\rangle_1|y\rangle_2-|y\rangle_1|x\rangle_2) \tag{10.70}$$

から，光子対が別れて z 方向および $-z$ 方向に飛んでいくとする．図10.16

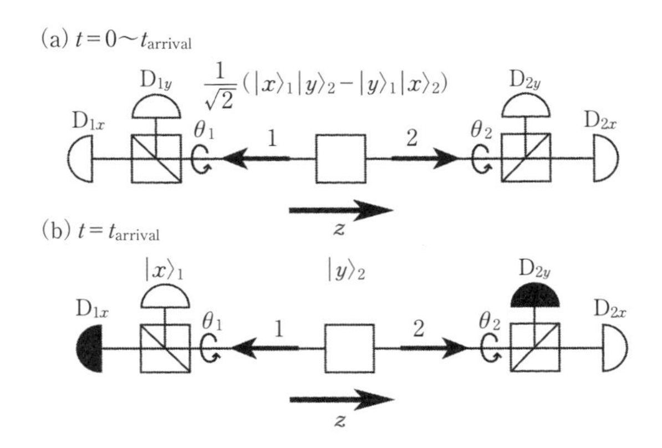

図10.16 もつれ合い光子対を用いたEPRパラドックスの検証実験と，もつれ合い光子対の偏光相関．x 方向に直線偏光した光子1の光検出器を D_{1x}，y 方向に直線偏光した光子1の光検出器を D_{1y}，x 方向に直線偏光した光子2の光検出器を D_{2x}，y 方向に直線偏光した光子2の光検出器を D_{2y} で表す．黒く塗られた光検出器は光子を検出したことを示す．（松岡正浩 著：「裳華房テキストシリーズ - 物理学 量子光学」（裳華房，2000年）より許可を得て一部改変ののち転載）

(a) に示すように，光子1が光検出器に到達する時刻 t_{arrival} まで，光子1は x 方向に直線偏光しているか y 方向に直線偏光しているかわからないが，図10.16 (b) に表すように，時刻 t_{arrival} に x 方向に直線偏光した光子 $|x\rangle_1$ が偏光ビームスプリッターと光検出器 D_{1x} で検出されると，その瞬間に光子2は y 方向に直線偏光した光子 $|y\rangle_2$ であることが確定する[15]．もつれ合い光子対の遠距離相関あるいは非局所相関（nonlocal correlation）は，暗号通信における量子暗号鍵を生み出す．また，量子状態の情報を離れた地点に転送する量子テレポーテーションが可能となる．

単一量子ドットから励起子分子発光によって生じる光子と，それに続く励起子発光によって生じる光子がもつれ合う可能性がある．励起子分子は，互いに反平行のスピンをもった $|1\rangle$ と $|-1\rangle$ の2個のブライト励起子（正孔と電子の状態ベクトルとして書くと $|j_z, s_{ez}\rangle = |3/2, -1/2\rangle$ と $|-3/2, 1/2\rangle$ の励起子）からなる．励起子分子発光と励起子発光は，10.2.4項で述べたように励起子分子発光が起こった後に励起子発光が起こるが，励起子分子発光で $|1\rangle$ か $|-1\rangle$ のどちらのブライト励起子が最初に消滅するかは，前もってわからない．したがって，励起子分子発光が $|1\rangle$ の励起子の発光消滅ならば右回り円偏光の光子 $|\mathrm{R}\rangle$ がまず発せられ，続いて，残された $|-1\rangle$ の励起子の発光消滅が起こり左回り円偏光の光子 $|\mathrm{L}\rangle$ が発せられる．逆に，励起子分子発光が $|-1\rangle$ の励起子の消滅ならば左回り円偏光の光子 $|\mathrm{L}\rangle$ がまず発せられ，続いて，残された $|1\rangle$ の励起子の発光消滅が起こり右回り円偏光の光子 $|\mathrm{R}\rangle$ が発せられる．もし，量子ドットが高い対称性をもち，励起子分子から $|1\rangle$ と $|-1\rangle$ の2個のブライト励起子が縮退した後，どちらかの励起子を経由して励起子分子発光によって生じた光子と，励起子発光によって生じた光子が互いに区別がつかない（indistinguishable）ならば，励起子分子発光によって生じる光子と，それに続く励起子発光によって生じる光子がもつれ合うことになる[26]．

自己形成量子ドットでは，よく起こる量子ドットの形状の異方性やひずみの異方性のため，9.2節と9.3節で述べたように，ゼロ磁場のとき2個のブライト励起子間には交換相互作用エネルギーδ_1のエネルギー分裂が起き，ブライト励起子固有状態は

$$\left.\begin{array}{l}\dfrac{1}{\sqrt{2}}(|1\rangle + |-1\rangle) \\[2ex] \dfrac{1}{\sqrt{2}}(|1\rangle - |-1\rangle)\end{array}\right\} \tag{10.71}$$

となるため，2個のブライト励起子は互いに直交した直線偏光の発光を示す．エネルギー分裂が起きると区別がつく（distinguishable）ので，もつれ合いは生じないが，最初に起こる励起子分子発光と続いて起こる励起子発光の間で，互いに平行となる直線偏光の相関は生ずる[27],[28]．

量子ドットにおいて縮退した励起子状態が実現すると，励起子分子発光と励起子発光からもつれ合い光子対が発生する．異方性の小さな量子ドットを選んだり，形状の異方性やひずみの異方性をもつ量子ドットに急速熱処理，ひずみ場，磁場，電場などを加えて2個のブライト励起子間のエネルギー分裂を小さくしてエネルギー縮退させると，非局所相関を示すもつれ合い光子対を発生することが示されている[29],[30]．実際に非局所相関を示すもつれ合い光子対を発生することを示すには，励起子分子発光と励起子発光から発生する光子対の偏光相関を測定して，一般化したベル（Bell）の不等式であるCHSH（Clauser - Horne - Shimony - Holt）不等式を破ればよい[15],[31]．図10.16中の経路1で励起子分子発光を検出し，経路2で励起子発光を検出するとしよう．2つの偏光ビームスプリッターを光軸の周りに角度θ_1とθ_2だけ回転させて，光検出器D_{1x}，D_{1y}，D_{2x}，D_{2y}を用いて励起子分子発光と励起子発光の偏光成分を測定し，強度をそれぞれ$\hat{I}_1^+$，$\hat{I}_1^-$，$\hat{I}_2^+$，$\hat{I}_2^-$とする．このとき偏光相関$E(\theta_1, \theta_2)$を

$$E(\theta_1, \theta_2) = \frac{\langle(\hat{I}_1^+ - \hat{I}_1^-)(\hat{I}_2^+ - \hat{I}_2^-)\rangle}{\langle(\hat{I}_1^+ + \hat{I}_1^-)(\hat{I}_2^+ + \hat{I}_2^-)\rangle} \tag{10.72}$$

により定義すると，

$$E(\theta_1, \theta_2) = \cos 2(\theta_1 - \theta_2) \tag{10.73}$$

となる．4つの角度 θ_1，θ_2，θ'_1，θ'_2 の組み合わせについて偏光相関関数の和

$$S = E(\theta_1, \theta_2) - E(\theta_1, \theta'_2) + E(\theta'_1, \theta'_2) + E(\theta'_1, \theta_2) \tag{10.74}$$

を定義すると，CHSH 不等式とは

$$|S| \leq 2 \tag{10.75}$$

が局所的実在理論では成立するが[16], [31]，単一 InAs 量子ドットを用いて，量子的な光で CHSH 不等式を破る偏光方向の組み合わせである，$\theta_1 = \pi/16$，$\theta_2 = 0$，$\theta'_1 = 3\pi/16$，$\theta'_2 = \pi/8$ ととって測定すると $S = 2.45$ となり，非局所相関を示すもつれ合い光子対であることが示された[29]．

互いに平行な直線偏光や同じ方向の円偏光の励起子分子発光 XX と，励起子発光 X の相互相関関数を $g^{(2)}_{\mathrm{XX,X}}(\tau)$ と表し，互いに直交した直線偏光や，反対方向の円偏光の励起子分子発光 XX と励起子発光 X の相互相関関数を $g^{(2)}_{\mathrm{XX,\overline{X}}}(\tau)$ と表す．10.2.2 項で示したように，励起子分子発光 XX を受ける検出器がスタートパルスを出し，励起子発光 X を受ける検出器がストップパルスを出す方向を $\tau > 0$ として強度相互相関を検出すると，$\tau > 0$ ではバンチング，$\tau < 0$ ではアンチバンチングを示す．

次に，励起子分子発光 XX と励起子発光 X の相互相関関数の偏光度を定義する．量子ドットは無偏光の光源になるので，相互相関関数の偏光度を

$$C(\tau) = \frac{g^{(2)}_{\mathrm{XX,X}}(\tau) - g^{(2)}_{\mathrm{XX,\overline{X}}}(\tau)}{g^{(2)}_{\mathrm{XX,X}}(\tau) + g^{(2)}_{\mathrm{XX,\overline{X}}}(\tau)} \tag{10.76}$$

で定義し，実験室系での直線偏光（rectilinear），偏光方向が実験室系の垂直方向に対して 22.5° だけ回った直線偏光（diagonal），円偏光（circular）の 3 種類の偏光の組み合わせについて，相互相関関数の偏光度を $C(\tau)_{\mathrm{rectilinear}}$，$C(\tau)_{\mathrm{diagonal}}$，$C(\tau)_{\mathrm{circular}}$ と定義すると，明瞭度 f^+ は

$$f^+ = \frac{1}{4}\left(1 + C(\tau)_{\mathrm{rectilinear}} + C(\tau)_{\mathrm{diagonal}} - C(\tau)_{\mathrm{circular}}\right) \tag{10.77}$$

で与えられ，これが，0.5 を超えると量子的な光源であり非局所相関を示す

もつれ合い光子対であることを示す．実際，単一InAs量子ドットを用いて明瞭度f^+が79.4 ± 1.0%になることが示され，時間ゲートを使うと90%に到達することが示された[29]．さらに，電流注入によっても，単一InAs量子ドットを用いて非局所相関を示すもつれ合い光子対が発生できることが示された[30]．

量子ドット以外に，原子，イオン，分子，固体中の不純物中心は単一にすると単光子を発する．量子通信への応用には，固体で劣化が少なく室温で単光子を発生する素子が望ましい．光励起によりダイヤモンド中のNV中心は，室温で637 nmにゼロフォノン線が半値全幅70 nm程度の広いフォノンサイドバンドを伴って発光するが，単一のNV中心は室温で単光子を発生することが報告されている[32]．また，電流注入でも室温で単一のNV中心から単光子が発生することが明らかになった[33]．

半導体を構成する原子の価数と異なる価数をもつ不純物がバルク半導体に希薄にドープされると，不純物は低温においてクーロン引力で電子または正孔を束縛し，禁制帯中の伝導帯，価電子帯のすぐ近くに浅い原子状のエネルギー準位を形成する．また，バルク半導体を構成する原子の価数と同じ価数の不純物の場合には，電気陰性度が異なると等電子トラップを形成する．半導体中の単一不純物中心，ZnSe：N[34]，GaP：N[35]，ZnSe：F[36]，GaAs：N[37]，ZnO中のZn空孔(V_{Zn})[38]などが，光子エネルギーのそろった単光子を発生することが知られている．ZnSe：NはZnSe量子井戸中にNがドープされた系である．ZnSe結晶中のSeを置換してNがドープされるとアクセプターとしてはたらき，光励起された電子・正孔対がアクセプターに捕らえられて束縛励起子発光を示す．結晶中でドープされたNが2個で対を作ると，NN対の周りに捕らえられた電子・正孔対もより低いエネルギー位置に束縛励起子発光を示し，単一のNN対は単光子を発生する．例えば，GaP：NやGaAs：Nについて考えてみると，PやAsに比べてNは電気陰性度が高く電子を引きつけるため，光励起された電子・正孔対が図

9.15（c）に示すようなNN対の周りに捕らえられ，NN対の互いの距離に依存して異なったエネルギー位置に細い線幅の発光を示す．互いの距離が同じNN対に拘束された電子・正孔対は，エネルギーのよくそろった単光子を発生する．ZnO中のZn空孔(V_{Zn})は，バンドギャップ中に深い準位を形成し，この準位は室温でも安定に発光し，室温で単光子を発生する．

量子ドット，ダイヤモンド中のNV中心，半導体中の不純物中心は，量子通信のための単光子発生と電子スピンを用いた量子計算への実用化を考える観点から見ると，現状では以下のように一長一短がある[39]．

量子ドットは，単光子発生の観点から見ると，発光寿命τが約1nsと速く，単一量子ドットは発光寿命広がりの線幅$\hbar/\tau$まで狭くなりうるが，1個1個の量子ドットの発光エネルギーはばらつき，量子ドットの集合の発光は，広い不均一広がりを示す．電子スピンを用いた量子計算の観点から見ると，スピンコヒーレンスの時間が核スピンのゆらぎで律速され単一量子ドットで10μs程度，量子ドットの集団では10ns程度である．

ダイヤモンド中のNV^-中心は，^{13}Cを減らすことで電子スピンのコヒーレンスの時間が室温で1msにも到達するが，光学遷移は細く弱いゼロフォノン線と，大部分の幅広いフォノンサイドバンドからなり，単一NV中心からの光子を効率よく取り出すための微小共振器との結合が難しく，実用化しにくい．

半導体中の不純物中心は，量子ドットと同様に光学遷移が強く，量子ドットと異なり光子エネルギーがそろっていて，集合でも低温では線幅が細い．スピンコヒーレンスの時間は量子ドットとほぼ同様である．

参　考　文　献

［1］ R. J. Warburton：Nat. Mater. **12**（2013）483.
［2］ M. Atatüre, J. Dreiser, A. Badolato, A. Högele, K. Karrai and A. Imamoglu：

Science **312** (2006) 551.

[3] X. Xu, Y. Wu, B. Sun, Q. Huang, J. Cheng, D. G. Steel, A.S. Bracker, D. Gammon, C. Emary and L. J. Sham：Phys. Rev. Lett. **99** (2007) 097401.

[4] K. Bergmann, H. Theuer and B. W. Shore：Rev. Mod. Phys. **70** (1998) 1003.

[5] X. Xu, B. Sun, P. R. Berman, D. G. Steel, A. S. Bracker, D. Gammon and L. J. Sham：Nat. Phys. **4** (2008) 692.

[6] B. D. Gerardot, D. Brunner, P. A. Dalgarno, P. Öhberg, S. Seidl, M. Kroner, K. Karrai, N. G. Stoltz, P. M. Petroff and R. J. Warburton：Nature **451** (2008) 441.

[7] D. Brunner, B. D. Gerardot, P. A. Dalgarno, G. Wüst, K. Karrai, N. G. Stoltz, P. M. Petroff and R. J. Warburton：Science **325** (2009) 70.

[8] D. Press, T. D. Ladd, B. Zhang and Y. Yamamoto：Nature **456** (2008) 218.

[9] A. V. Koudinov, I. A. Akimov, Yu. G. Kusrayev and F. Henneberger：Phys. Rev. **B70** (2004) 241305(R).

[10] D. N. Krizhanovskii, A. Ebbens, A. I. Tartakovskii, F. Pulizzi, T. Wright, M. S. Skolnick and M. Hopkinson：Phys. Rev. **B72** (2005) 161312(R).

[11] A. Greilich, S. E. Economou, S. Spatzek, D. R. Yakovlev, D. Reuter, A. D. Wieck, T. L. Reinecke and M. Bayer：Nat. Phys. **5** (2009) 262.

[12] A. J. Ramsay, S. J. Boyle, R. S. Kolodka, J. B. B. Oliveira, J. Skiba-Szymanska, H. Y. Liu, M. Hopkinson, A. M. Fox and M. S. Skolnick：Phys. Rev. Lett. **100** (2008) 197401.

[13] H. Kosaka, H. Shigyou, Y. Mitsumori, Y. Rikitake, H. Imamura, T. Kutsuwa, K. Arai and K. Edamatsu：Phys. Rev. Lett. **100** (2008) 096602.

[14] in "*Single Quantum Dots*" ed. by P. Michler (Springer - Verlag, 2003) p.315

[15] 松岡正浩 著：「量子光学」(裳華房, 2000 年) 第 10 ～ 12 章

[16] 松岡正浩 著：「量子光学」(東京大学出版会, 1996 年)

[17] R. Hanbury Brown and R. Q. Twiss：Nature **177** (1956) 27.

[18] R. Hanbury Brown and R. Q. Twiss：Proc. Roy. Soc. **A243** (1958) 291.

[19] P. Michler, A. Imamoğlu, M.D. Mason, P. J. Carson, G. F. Strouse and S. K. Buratto：Nature **406** (2000) 968.

[20] P. Michler, A. Kiraz, C. Becher, W.V. Schoenfeld, P.M. Petroff, L. Zhang, E. Hu and A. Imamoğlu：Science **290** (2000) 2282.

[21] Z. Yuan, B.E. Kardynal, R. M. Stevenson, A. J. Shields, C. J. Lobo, K. Cooper, N. S. Beattie, D. A. Ritchie and M. Pepper：Science **295** (2002) 102.

[22] K. Sebald, P. Michler, T. Passow, D. Hommel, G. Bacher and A. Forchel：Appl. Phys. Lett. **81** (2002) 2920.

[23]　K. Takemoto, Y. Sakuma, S. Hirose, T. Usuki, N. Yokoyama, T. Miyazawa, M. Takatsu and Y. Arakawa：Jpn. J. Appl. Phys. **43**（2004）L993.

[24]　E. Moreau, I. Robert, L. Manin, V. Thierry－Mieg, J. M. Gérard and I. Abram：Phys. Rev. Lett. **87**（2001）183601.

[25]　A. Kiraz, S. Fälth, C. Becher, B. Gayral, W. V. Schoenfeld, P. M. Petroff, L. Zhang, E. Hu and A. Imamoğlu：Phys. Rev. **B65**（2002）161303(R).

[26]　D. Fattal, K. Inoue, J. Vučković, C. Santori, G. S. Solomon and Y. Yamamoto：Phys. Rev. Lett. **92**（2004）037903.

[27]　C. Santori, D. Fattal, M. Pelton, G. S. Solomon and Y. Yamamoto：Phys. Rev. **B66**（2002）045308.

[28]　S. M. Ulrich, S. Strauf, P. Michler, G. Bacher and A. Forchel：Appl. Phys. Lett. **83**（2003）1848.

[29]　R. J. Young, R. M. Stevenson, A. J. Hudson, C. A. Nicoll, D. A. Ritchie and A. J. Shields：Phys. Rev. Lett. **102**（2009）030406.

[30]　C. L. Salter, R. M. Stevenson, I. Farrer, C. A. Nicoll, D. A. Ritchie and A. J. Shields：Nature **465**（2010）594.

[31]　G. ベネンティ，G. カザーティ，G. ストゥリーニ 共著，廣岡一 訳：「量子計算と量子情報の原理」（シュプリンガー・ジャパン，2009 年）

[32]　C. Kurtsiefer, S. Mayer, P. Zarda and H. Weinfurter：Phys. Rev. Lett. **85**（2000）290.

[33]　N. Mizuochi, T. Makino, H. Kato, D. Takeuchi, M. Ogura, H. Okushi, M. Nothaft, P. Neumann, A. Gali, F. Jelezko, J. Wrachtrup and S. Yamasaki：Nat. Photonics **6**（2012）299.

[34]　S. Strauf, P. Michler, M. Klude, D. Hommel, G. Bacher and A. Forchel：Phys. Rev. Lett. **89**（2002）177403.

[35]　M. Ikezawa, Y. Sakuma and Y. Masumoto：Jpn. J. Appl. Phys. **46**（2007）L871.

[36]　K. Sanaka, A. Pawlis, T.D. Ladd, K. Lischka and Y. Yamamoto：Phys. Rev. Lett. **103**（2009）053601.

[37]　M. Ikezawa, Y. Sakuma, L. Zhang, Y. Sone, T. Mori, T. Hamano, M. Watanabe, K. Sakoda and Y. Masumoto：Appl. Phys. Lett. **100**（2012）042106.

[38]　A. J. Morfa, B. C. Gibson, M. Karg, T. J. Karle, A. D. Greentree, P. Mulvaney and S. Tomljenovic－Hanic：Nano Lett. **12**（2012）949.

[39]　C. Santori, D. Fattal and Y. Yamamoto：“*Single－Photon Devices and Applications*”（Wiley, 2010）

第 11 章

量子ドットの太陽電池と発光ダイオードへの応用

化学的に液相で成長する量子ドットは，サイズを変えることで，狭いバンド幅をもって吸収波長や発光波長を広い波長範囲で連続的に変化でき，ほぼ100%に近い発光効率と高い安定性をもつ．液相で成長する量子ドットはまた，スピンコーティング，ディップコーティング，インクジェット印刷などの安価な湿式の手法で大面積素子化することができるので，太陽電池や発光ダイオードへの工業的応用が期待できる．第11章では，現在活発な研究が展開されている化学的に液相で成長する量子ドットの太陽電池と，発光ダイオードへの応用研究について述べる．

11.1　太陽電池へ

11.1.1　太陽電池の効率

太陽電池は結晶シリコン（単結晶シリコンおよび多結晶シリコン）のp-n接合を利用した製品が市場に出ており，研究室レベルで単結晶シリコンの効率が最高25%，多結晶シリコンの効率が最高20%である．この結晶シリコンを用いた太陽電池の難点はコストの高さにあり，低コストの天然ガス，石炭を燃料とする発電や原子力発電にかなわない．このコストの差額は国の政策的な普及支援によりまかなわれており，普及支援によらずクリーンな再生可能エネルギーとして重要な太陽光発電を増やすには，価格の安い高効率の太陽電池が求められている．

地表で受ける太陽光の放射エネルギースペクトル[1]は，図11.1に示すよ

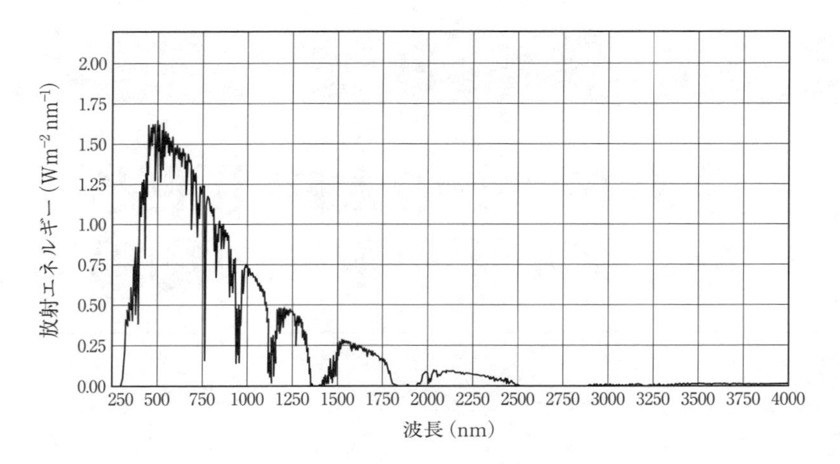

図 11.1　エアマス 1.5（Air mass of 1.5，AM1.5）条件での太陽光の放射エネルギースペクトル．（http：//rredc.nrel.gov/solar/spectra/am1.5/より許可を得て一部改変ののち転載）

うに 350 nm（3.5 eV）から 2500 nm（0.5 eV）まで分布している．実用化されている太陽電池に用いられる半導体は，バンドギャップエネルギーを下回るエネルギーの 1 光子を吸収せず，バンドギャップエネルギーを超えるエネルギーの 1 光子を吸収して，1 電子・正孔対が生成される．このとき，光子がもつバンドギャップエネルギーを超える部分のエネルギーは電子・正孔対の運動エネルギーとなるが，この運動エネルギーを格子に渡すことで，電子・正孔対のエネルギーは，高速に半導体のバンドの底のエネルギーまで下がる．すなわち，電子・正孔対の運動エネルギーは熱となって散逸する．これは，太陽光エネルギーの利用を考える際に損失である．例えば，太陽光の 3.5 eV の光子を Si が吸収すると，生成された電子・正孔対のエネルギーは 3.5 eV から急速に Si のバンドギャップ 1.1 eV に近づき，3.5 eV − 1.1 eV ＝ 2.4 eV のエネルギーを格子に渡すことで，熱に変換され光電流として取り出すことができない．太陽光の光子 1 つから電子・正孔対を 1 対だけ形成し，光子エネルギーからバンドギャップエネルギーを差し引いたエネルギーを熱エネルギーとして散逸することを仮定する限り，太陽電池に用いる半導体をどのように選んでも，太陽光のもつエネルギーを最大31%しか取り出すことができないという限界があり，この限界はショックレー－クワイサーの限界（Shockley－Queisser limit）[2]とよばれている．

ショックレー－クワイサーの限界を凌駕して太陽電池の効率を上げるには，光生成直後の高いエネルギーをもった電子・正孔対をそのまま高い光起電力として取り出すこと，あるいは図7.11に示すバンドギャップエネルギーの2倍以上の高いエネルギーをもった1電子・正孔対から，インパクトイオン化現象により，低いエネルギーの多電子・正孔対を生成して高い光電流として取り出すことが必要である．

前者の高いエネルギーをもつ電子・正孔対から高い光起電力を得るためには，電子・正孔対の分離，半導体内の伝導，半導体外への電子と正孔の取り出しのそれぞれの時間が，高いエネルギーをもつ電子・正孔対が半導体内でエネルギーを失う時間に比べて短くなる必要がある．後者の高いエネルギーをもつ1電子・正孔対から低いエネルギーの多電子・正孔対を生成して，高い光電流を得るためには，高いエネルギーをもつ1電子・正孔対の冷却の時間に比べて，インパクトイオン化に要する時間が短くなる必要がある．

バンドギャップエネルギーを超える高いエネルギーをもつ光で同じ波数の電子・正孔対を励起すると，正孔と比べてより有効質量の軽いのが電子であるので，有効質量の逆数比に比例して電子の方が正孔に比べて高いエネルギーをもつ．また，正孔のエネルギー緩和の方が電子のエネルギー緩和に比べて速いので，電子・正孔対のエネルギー緩和は電子のエネルギー緩和で律速されることとなる．量子ドットでは，電子のエネルギー緩和は4.4節で述べたフォノンボトルネック効果のために遅くなり得るので，高いエネルギーの電子のままドット外部に取り出せる可能性もある．

太陽電池として量子ドットを用いると，高いエネルギーをもつ1光子から多電子・正孔対（多励起子）を生成することにより，劇的に量子収率の向上が期待されている[3]．7.3 節で述べたように，量子ドットでは狭い空間に閉じ込められた電子間の相互作用が極めて大きくなり，かつ電子・正孔の運動量の不確定性が増加するため，オージェ過程もその逆過程であるインパクトイオン化も高効率で起きるからである．

11.1.2　量子ドット太陽電池の構造

量子ドットを用いた太陽電池の基本構造を図 11.2 に示す．図 11.2（a）は，量子ドット層の上下に透明導電層と金属電極をもつ単純なショットキー接合の構造，図 11.2（b）は，量子ドットを混合した正孔導電性ポリマー層の上下に正孔導電層を介して透明導電層と金属電極をもつ構造，図 11.2（c）は，透明導電層に焼結させた透明導電性ナノ粒子に量子ドットを化学結合させ，電解質あるいは導電性ポリマーを介して金属電極をもつ構造をしている．ガラスにつけた透明導電膜としては，透明導電性酸化物，スズドープ酸化インジウム（ITO：tin - doped indium oxide）やフッ素ドープ酸化スズ（FTO：fluorine - doped tin oxide）が使用される．いずれの量子ドット太陽電池でも，光を励起子に変換した量子ドットから電子と正孔を分離して電極まで取り出す際の効率が，発電の量子効率を決める重要な因子となる．

量子ドットから電極までの間で電子を移動させる媒体として，TiO_2，ZnO，SnO_2 微粒子や TiO_2，ZnO，SnO_2 薄膜が用いられているが，正孔を移動させる媒体としては電解質や導電性ポリマーが考えられている．電子でも正孔でも量子ドットから移動先の媒質の選択で指導原理となるのは，マーカス（Marcus）理論に従い，量子ドットの電子準位（正孔準位）に比べて媒質の電子（正孔）準位が低い（高い）エネルギー配置にすることで，電子（正孔）移動をエネルギー的に可能にし，速くすることである．量子ドットから導電性ポリマーへの正孔移動の研究の一例を挙げると，CdSe をコアとし CdS/ZnCdS/ZnS をマルチシェルとする量子ドットを，*N,N'*-ジ（3 - メ

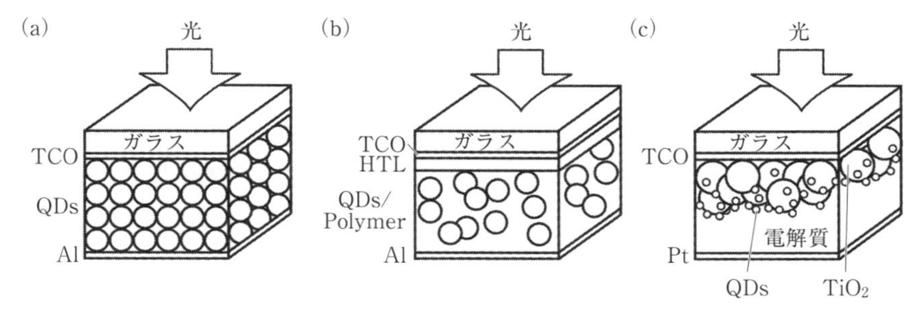

図 11.2 量子ドットを用いた太陽電池の基本構造.

チルフェニル）-*N*,*N*′-フェニル-ベンジジン（TPD：*N*,*N*′-di(3-methylphenyl)-*N*,*N*′(phenyl)benzidine）ポリマーや 4,4′,4″-トリス-カルバゾール-9-イル-トリフェニルアミン（TcTa：4,4′,4″-tris(carbazol-9-yl)-triphenylamine）ポリマーに埋め込み，ドットからポリマーへの正孔移動が観測されている[4].

図 11.2（b）に示す量子ドット太陽電池の構造として有力な方式では，互いに結合した量子ドット列を，正孔を伝導させるポリマーであるポリ-2-メトキシ-5-（2′-エチル）-ヘキシロキシ-*p*-フェニレン-ビニレン（MEH-PPV：poly［2-methoxy, 5-(2′-ethyl)-hexyloxy-*p*-phenylene-vinylene]）に含ませるデバイスである．光照射で量子ドット中に生成された正孔は MEH-PPV ポリマーに流れ込み，ポリマーについた電極に集められる．量子ドット中に残された電子は，互いに結合した量子ドットのネットワーク中を拡散して，ネットワーク中の量子ドットについた電極に集められて光起電力・光電流を発生する．球状の量子ドットの代わりに細長い量子ドット（ロッド）を用いると，電子の伝導性が上がり，効率が上がるという報告もある．CdS 量子ドットを結晶性ポリ（3-ヘキシルチオフェン）（P3HT：

poly(3-hexylthiophene)）細線につけ，これを正孔伝導性ポリマーであるポリ（3,4－エチレンジオキシチオフェン）－ポリ（スチレンサルフォネイト）（PEDOT-PSS：poly（3,4-ethylenedioxythiophene）-poly（styrenesulfonate)）と，ITO電極とFTO電極および正孔ブロックポリマーとマグネシウム/銀電極で挟んだ構造で，太陽電池の効率が4.1%となる報告がある[5].

図11.2（c）に示す量子ドット太陽電池の構造は，色素増感太陽電池の構造と同じである．シリコン太陽電池に比べて安価に作製できる色素増感太陽電池は，研究室レベルで現在12%の効率で発電が可能であるが，この高効率の鍵になっているのは，色素から圧倒的大面積の界面をもつ導電性ポーラス透明ナノ粒子への高速電子移動であり，これはグレッツェル（Grätzel）により導入された．量子ドット増感太陽電池とは，色素増感太陽電池の色素の代わりに量子ドットを用いたものである．

想定する量子ドット増感太陽電池の構造，エネルギー図と電子・正孔の移動を図11.3に示す．圧倒的大面積の界面をもつ導電性ポーラス透明ナノ粒子としては，TiO_2ナノ粒子の焼結体（粉体を熱して固めたもの）が多用されるが，焼結体は数十nmのサイズをもつナノ粒子が互いに連結して電子の通り道となる構造をしている．地上での太陽光スペクトル中の全ての紫外・可視光領域と赤外光の大部分を吸収し，紫外領域からの多励起子生成が可能なPbSe量子ドットを取り上げると，塩化鉛（PbO），オレイン酸（OA：oleic acid），1－オクタデセン（ODE：1－octadecene），セレン（Se），トリオクチルホスフィン（TOP：trioctylphosphine），ジフェニルホスフィン（DPP：diphenylphosphine）から，化学合成されたPbSe量子ドットとTiO_2透明導電酸化物との間は，リンカー単分子――両端にチオール基とカルボキシル基をもつ3－メルカプトプロピオン酸（3-mercaptopropionic acid，MPA：HS-$(CH_2)_2$-COOH)）に代表されるメルカプトアルキルカルボン酸（mercapto alkyl carboxylic acid）――を通して化学結合する．リンカ

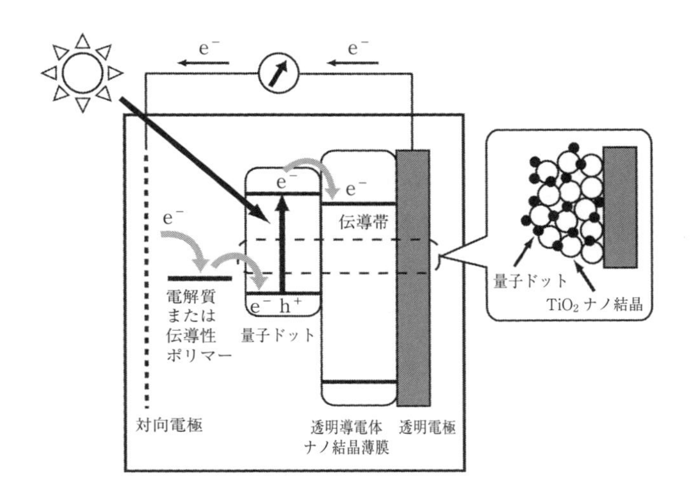

図 11.3 量子ドット増感太陽電池の構造，エネルギー図と電子・正孔の移動.

ー分子と量子ドットの間は，チオール基から H 原子がとれて PbSe や PbS 量子ドットの Pb 原子と結合し，リンカー分子と TiO_2 の間はカルボキシル基から OH 基がとれて TiO_2 の O 原子とエステル結合を形成する．リンカー分子を通した量子ドットと TiO_2 の間の化学結合接合を通して，高速に電子を移動させる.

分子エレクトロニクスにおいて重要となる単分子を介した接合・界面は，量子ドット増感太陽電池においても効率を支配するため極めて重要である．電子・正孔移動が起こるためには，サイズに依存した量子ドットの電子量子準位（LUMO：lowest unoccupied molecular orbital）より透明導電体の伝導帯の底（LUMO）が低く，量子ドットの正孔量子準位（HOMO：highest occupied molecular orbital）より電解質内の電子準位は高く，対極のフェルミ面はさらに高いことが要請される．アナターゼ型結晶性 TiO_2 の場合，LUMO レベルは真空から－4.45 eV 程度であるが，透明導電体の他の候補である ZnO や SnO_2 はそれぞれ −4.3 eV，−4.9 eV である．電子移動を起こさせないポーラス透明導電体としては，ZrO_2（−3.2 eV）が用いられる．

PbSe 量子ドットからポーラス TiO_2 への電子移動を起こさせるためには，TiO_2 の伝導帯（LUMO）エネルギーを超える量子化 LUMO 準位を量子ドットがもつ必要がある．量子化 LUMO 準位はサイズに依存する．量子ドットの量子化 LUMO 準位のポンププローブ・フェムト秒過渡吸収分光法により，図 11.4 に示すように，ポーラス TiO_2 フィルムの LUMO エネルギーを

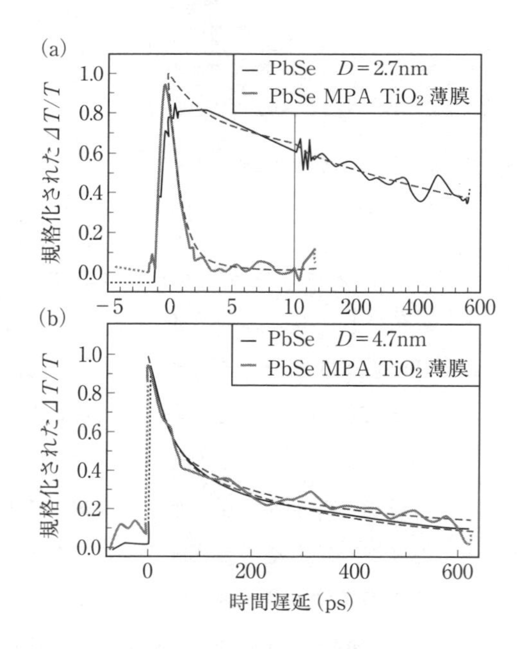

図 11.4　フェムト秒ポンププローブ法で見た，PbSe 量子ドットからポーラス TiO_2 薄膜への高速電子移動．(a) TiO_2 の LUMO エネルギーを超える量子化 LUMO 準位をもつ 2.7 nm の直径の PbSe 量子ドットでは，電子移動が 1 ps で起き，TiO_2 に吸着しない PbSe 量子ドット中の電子寿命に比べて 650 倍短い．横軸 −5 ps から 10 ps までのグラフと，10 ps から 600 ps までのグラフの合体である．(b) TiO_2 の LUMO エネルギーを超えない量子化 LUMO 準位をもつ 4.7 nm の直径の PbSe 量子ドットでは，TiO_2 に吸着してもしなくても，PbSe 量子ドットの過渡吸収は変化せず，電子移動が起きていない．破線は 2 成分の指数関数減衰によるフィッティングを表す．(Y. Masumoto, H. Takagi, H. Umino and E. Suzumura：Appl. Phys. Lett. **100** (2012) 252106 より許可を得て転載)

超える量子化LUMO準位をもつ，直径2.7 nmのPbSe量子ドットでは，電子移動が1 psの短時間で起き，TiO_2に吸着しないPbSe量子ドット中の電子寿命に比べて650倍短く，高効率が期待できることが最近明らかになった[6]．一方，ポーラスTiO_2フィルムのLUMOエネルギーを超えない量子化LUMO準位をもつ，直径4.7 nmのPbSe量子ドットでは，TiO_2に吸着してもしなくても，PbSe量子ドットの過渡吸収は変化せず，電子移動が起きていないと結論できる．

11.1.3 量子ドット太陽電池の特性

導電性ポーラス透明ナノ粒子の界面に量子ドットをつけて，光吸収により量子ドット中に生成された電子・正孔対を，電子と正孔に分離して電極まで導く太陽電池の構造としては，FTO電極上にTiO_2導電性ポーラス透明ナノ粒子を焼結（熱して固めること）させ，これに量子ドットをリンカー分子を用いて化学結合させて電子の移動を確保し，正孔の移動にはS^{2-}/S_x^{2-}電解質を通じてCu_2S電極に導くデバイスが作製されており，太陽電池の効率として6%が得られている．

PbSe量子ドットを用いた太陽電池の例として，PbSe量子ドット膜が用いられており，PbSe量子ドット膜を金電極とZnO－ITO電極で挟んだデバイスが作製されており，多励起子効果のため100%を超える量子効率が報告されている[7]．PbS量子ドットを用いた太陽電池の例として，異なる粒径のPbS量子ドット膜を2層用いて，金/銀電極とTiO_2－ITO電極で挟んだデバイスも作製されており，太陽電池の効率として4.2%が得られている[8]．PbS量子ドットでは量子ドット層を金/銀電極とTiO_2－FTO電極で挟み，太陽電池の効率として6%を得ている[9]．PbS量子ドットや，PbSe量子ドットの太陽電池についての総説的な報告が文献[10]にある．

太陽電池の動作は，図11.5（a）に示すように透明導電膜と金属電極の間

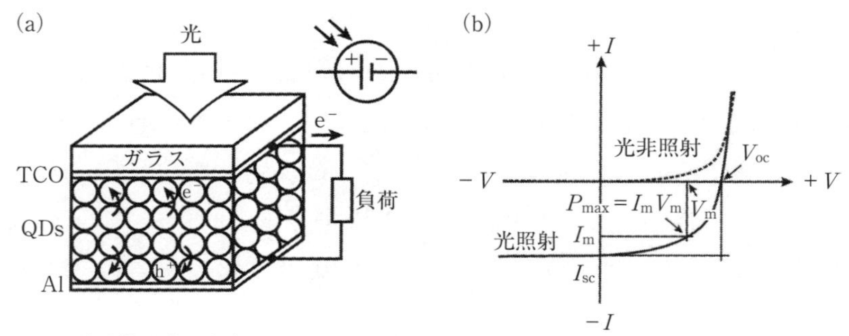

TCO：透明導電酸化物（transparent conducting oxide）

図 11.5　(a) 量子ドット太陽電池の構成，外部負荷と電子・正孔の動き．(b) 太陽電池の電流－電圧特性（I－V 特性）．V_{oc} は回路開放電圧，I_{sc} は短絡電流で，生み出される電力はその最大値 P_{max} で特徴づけられる．(D. V. Talapin, J.－S. Lee, M. V. Kovalenko and E. V. Shevchenko：Chem. Rev. **110** (2010) 389 より許可を得て一部改変ののち転載)

にロードをつないで得られる，図 11.5 (b) に示すような電流－電圧特性（I－V 特性）に要約できる[11]．太陽電池に光を当てないと，I－V 特性は著しく非対称で，p－n 接合やショットキー接合で見られるダイオード特性を示し，負の逆バイアスでは電流が流れず，正の順バイアスでは急に電流が流れ出す．太陽電池に光を照射すると，光吸収により光電流が流れるようになるので，I－V 特性は電流 I の負の向きにシフトする．太陽電池は，順バイアスとして 0 から回路開放電圧 V_{oc} の間で電力を得ることができる．I－V 特性と $I=0$ の V 軸が交わる点である無負荷電圧あるいは回路開放電圧 V_{oc} は，太陽電池が得られる最大の電圧であり回路が無負荷のときに得られる電圧であるので，外部に取り出せる電圧は，これより小さくなる．逆に，I－V 特性と $V=0$ の I 軸が交わる点である I_{sc} は回路を短絡したときの電流で，キャリヤの密度を n，移動度を μ，キャリヤにはたらく電場を E とすると，

$$I_{sc}=en\mu E \tag{11.1}$$

で与えられる．I_{sc} は太陽電池から得られる最大電流である．

太陽電池の外部量子効率は incident photon to current efficiency（IPCE）ともよばれ，

$$\mathrm{ICPE}(\lambda) = \frac{1240}{\lambda}\frac{I_{\mathrm{sc}}}{P_{\mathrm{in}}} \tag{11.2}$$

により求められる．ここで，P_{in} は波長 λ（nm）における入射光の出力である．

曲線因子（fill factor，FF）は太陽電池の I - V 特性の性能を示し，外部負荷が適当な場合，最大出力 P_{max} を生み出すときの電流，電圧を I_{m}，V_{m} とすると，

$$FF = \frac{I_{\mathrm{m}}V_{\mathrm{m}}}{I_{\mathrm{sc}}V_{\mathrm{oc}}} \tag{11.3}$$

で表される．

電力変換効率 η（power conversion efficiency）は，

$$\eta = \frac{P_{\mathrm{max}}}{P_{\mathrm{in}}} = FF\frac{I_{\mathrm{oc}}V_{\mathrm{sc}}}{P_{\mathrm{in}}} \tag{11.4}$$

で与えられ，光出力から電力への最大変換効率を意味する．

光照射下の太陽電池の性能を比較するため，地球に降りそそぐ一定条件の太陽光が定義されている．AM 1.5（air mass of 1.5）と規定される光源は，光出力密度が 1000 W/m^2 で，太陽光が地表に 48.19° の天頂角をもって降りそそぐときのスペクトル分布をもつ光源を意味している[1]．上記のパラメーターで特徴づけられる量子ドット太陽電池の報告例を表 11.1 に示す[11]．また，近赤外域に至る光を広く利用できる PbS 量子ドットと，PbSe 量子ドットを用いた太陽電池の報告例をそれぞれ表 11.2 と表 11.3 に示す[10]．

表 11.1　量子ドット太陽電池（D.V. Talapin, J. - S. Lee, M.V. Kovalenko and E.V. Shevchenko：Chem. Rev. **110** (2010) 389 より許可を得て転載）

量子ドット活性層	素子構造 活性層/電荷輸送層/電極	I_{sc} (mA/cm^2)	V_{oc} (V)	曲線因子 FF	電力変換効率 η(%)/ 照射条件	IPCE(%)/波長	年/文献
CdSe QDs/P3HT	Al/**BH**/PEDOT - PSS/ITO	5.7	0.7	0.4	1.7%/AM1.5	55%/485nm	2002/[II - 1] 2002/[II - 2] 2002/[II - 3]
CdSe QDs/PPV	Al/**BH**/PEDOT - PSS/ITO	7.3	0.65	0.35	1.8%/AM1.5	45%/485nm	2003/[II - 4]
CdSe QDs, CdTe QDs	Ca/**CdTe - CdSe**/ITO	13.2	0.45	0.49	2.9%/AM1.5		2005/[II - 5]
HgTe QDs/P3HT	Au/**BH**/ TiO_2 /ITO	2	0.4	0.5	0.4%/AM1.5	10%/500nm 2%/1100nm	2006/[II - 6]
PbS QDs	Au/P3HT/**PbS**/ITO	0.13	0.4	0.38	0.02%/AM1.5		2008/[II - 7]
CdSe hyperbranched QDs/P3HT	Al/**BH**/ITO	3.5	0.6	0.55	2.2%/AM1.5	23%/500nm	2007/[II - 8]
CdSe QDs	**QDSC**, Co(II)/Co(III) redox	3.15	0.61	0.6	1%/AM1.5	36%/500nm	2008/[II - 9]
Cu_2S QDs, CdS QDs	Al/**CdS**/**Cu_2S**/PEDOT - PSS/ITO	5.63	0.6	0.47	1.6%/AM1.5	40%/600nm	2008/[II - 10]
$CuInSe_2$ QDs	Glass/Mo/**$CuInSe_2$**/CdS/ZnO/ITO	25.8	0.28	0.39	2.82%/AM1.5		2008/[II - 11]
PbSe QDs	Mg/**PbSe**/ITO	17	0.23		1.1%/AM1.5 3.6%/975 nm	70%/600nm 25%/1250nm	2008/[II - 12]
PbSe QDs	Al/Ca/**PbSe**/ITO	24.5	0.24	0.41	2.1%/AM1.5	62%/600nm 25%/1400nm	2008/[II - 13]
PbS QDs	Al/**PbS**/ITO	12.3	0.33	0.49	1.8%/AM1.5 4.2%/975 nm	60%/600nm 37%/975nm	2008/[II - 14]
Si QDs/P3HT	Al/**BH**/PEDOT - PSS/ITO	3.3	0.75	0.46	1.15%/AM1.5	26%/500nm	2009/[II - 15]
PbS QDs/Si	Al/*a* - Si/**PbS**/ITO	9	0.2	0.39	0.7%/AM1.5	50%/500nm 7%/1100nm	2009/[II - 16]
$PbSe_xS_{1-x}$ QDs	Al/**$PbSe_xS_{1-x}$**/ITO	14.8	0.45	0.5	3.3%/AM1.5		2009/[II - 17]
Cu_2ZnSnS_4 QDs	Glass/Au/Cu_2ZnSnS_4/CdS/ZnO/ITO	1.95	0.321	0.37	0.23%/AM1.5		2009/[II - 18]

BH：量子ドットと正孔伝導ポリマーの混合によるバルクヘテロ構造（bulk heterojunction），QDSC：グレッツェル型の量子ドット増感太陽電池（quantum dot - sensitized solar cells of Grätzel type），I_{sc}：短絡電流（short - circuit current），V_{oc}：無負荷電圧あるいは回路開放電圧（open - circuit voltage），η%：電力変換効率（power conversion efficiency），FF：曲線因子（fill factor）

I_{sc}，V_{oc}，と FF は AM1.5 の照射条件で得られている．ICPE（incident photon to current efficiency）値はピーク波長で示され，赤外域での値も示されている場合もある．

〈参考文献〉

[II-1] W. U. Huynh, J. J. Dittmer and A. P. Alivisatos：Science **295** (2002) 2425.

[II-2] W. U. Huynh, J. J. Dittmer, N. Teclemariam, D. J. Milliron, A. P. Alivisatos and K. W. J. Barnham：Phys. Rev. **B67** (2003) 115326.

[II-3] W. U. Huynh, J. J. Dittmer, W. C. Libby, G. L. Whiting and A. P. Alivisatos：Adv. Funct. Mater. **13** (2003) 73.

[II-4] B. Sun, E. Marx and N. C. Greenham：Nano Lett. **3** (2003) 961.

[II-5] I. Gur, N. A. Fromer, M. L. Geier and A. P. Alivisatos：Science **310** (2005) 462.

[II-6] S. Günes, H. Neugebauer, N. S. Sariciftci, J. Roither, M. Kovalenko, G. Pillwein and W. Heiss：Adv. Funct. Mater. **16** (2006) 1095.

[II-7] K.P. Fritz, S. Guenes, J. Luther, S. Kumar, N. S. Sariciftci and G. D. Scholes：J. Photochem. Photobiol. A：Chem. **195** (2008) 39.

[II-8] I. Gur, N. A. Fromer, C.-P. Chen, A. G. Kanaras and A. P. Alivisatos：Nano Lett. **7** (2007) 409.

[II-9] H. J. Lee, J.-H. Yum, H. C. Leventis, S. M. Zakeeruddin, S. A. Haque, P. Chen, S. I. Seok, M. Grätzel and M. K. Nazeeruddin：J. Phys. Chem. **C112** (2008) 11600.

[II-10] Y. Wu, C. Wadia, W. Ma, B. Sadtler and A. P. Alivisatos：Nano Lett. **8** (2008) 2551.

[II-11] Q. Guo, S. J. Kim, M. Kar, W. N. Shafarman, R. W. Birkmire, E. A. Stach, R. Agrawal and H. W. Hillhouse：Nano Lett. **8** (2008) 2982.

[II-12] G. I. Koleilat, L. Levina, H. Shukla, S. H. Myrskog, S. Hinds, A. G. Pattantyus-Abraham and E. H. Sargent：ACS Nano **2** (2008) 833.

[II-13] J. M. Luther, M. Law, M. C. Beard, Q. Song, M. O. Reese, R. J. Ellingson and A. J. Nozik：Nano Lett. **8** (2008) 3488.

[II-14] K.W. Johnston, A.G. Pattantyus-Abraham, J.P. Clifford, S.H. Myrskog, S. Hoogland, H. Shukla, E. J. D. Klem, L. Levina and E. H. Sargent：Appl. Phys. Lett. **92** (2008) 122111.

[II-15] C.-Y. Liu, Z. C. Holman and U. R. Kortshagen：Nano Lett. **9** (2009) 449.

[II-16] B. Sun, A. T. Findikoglu, M. Sykora, D. J. Werder and V. I. Klimov：Nano Lett. **9** (2009) 1235.

[II-17] W. Ma, J. M. Luther, H. Zheng, Y. Wu and A. P. Alivisatos：Nano Lett. **9** (2009) 1699.

[II-18] C. Steinhagen, M.G. Panthani, V. Akhavan, B. Goodfellow, B. Koo and B.A. Korgel：J. Am. Chem. Soc. **131** (2009) 12554.

（表 11.2 に続く）

表 11.2　PbS 量子ドット太陽電池（H. Fu and S.-W. Tsang：Nanoscale 4 (2012) 2187 より許可を得て転載）

型式	λ_{1ex}（nm）	素子構造 活性層/電荷輸送層/電極	V_{oc} (V)	I_{sc} (mA cm^{-2})	曲線因子 FF	電力変換 効率 η(%)	年/文献
ショットキー (Schottky)	(1650nm)	ITO/*n* - butylamine - PbS/LiF/Al	0.33	12.3	0.44	1.8	2008/[III - 1]
	(930nm)	ITO/EDT - PbS/LiF/Al/Ag	0.46	8.57	0.545	2.15	2010/[III - 2]
	(930nm)	ITO/EDT - PbS/LiF/Al/Ag	0.47	7.8	0.55	2	2010/[III - 3]
	1.1	ITO/BDT - PbS/LiF/Al	0.46	14.46	0.60	4.0	2010/[III - 4]
	(923nm)	ITO/TMPMDTC - PbS/LiF/Al	0.51	14.0	0.51	3.6	2010/[III - 5]
	(1100nm)	ITO/BDT - PbS/LiF/Al	0.54	12.0	0.59	3.8	2011/[III - 6]
ヘテロ接合 (Heterojunction)	1.13	ITO/EDT - PbS/*a* - Si/Al	0.2	8.99	0.39	0.7	2009/[III - 7]
	(1220nm)	ITO/BDT - PbS/C_{60}/LiF/Al	0.40	10.5	0.52	2.2	2009/[III - 8]
	(920nm)	ITO/EDT - SnS/EDT - PbS/Al	0.35±0.02	4.15±0.45	0.27±0.02	0.5±0.01	2010/[III - 9]
	1.0	ITO/EDT - PbS/PC_{61}BM/Ma：Ag	0.47	4.2	0.62	1.3	2010/[III - 10]
	1.3	FTO/ TiO_2 /MPA - PbS/Au	0.51	16.2	0.58	5.1	2010/[III - 11]
	1.3	ITO/ZnO/EDT - PbS/Au	0.59	8.9	0.60	2.94	2010/[III - 12]
	—	FTO/ TiO_2 /MPA - PbS/LiF/Ni	0.52	11.2	0.60	3.5	2010/[III - 13]
	1.1	ITO/ TiO_2 /EDT - PbS/Au	0.456	20.7	0.33	3.2	2010/[III - 14]
	(1050nm)	ITO/BDT - PbS：PC_{61}BM/LiF/Al	0.59	10.1	0.63	3.7	2010/[III - 15]
	1.1	ITO/PDTPQx：*n* - butylamine - PbS/Al	0.38	4.2	0.34	0.55	2010/[III - 16]
	1.1	ITO/ TiO_2 /EDT - PbS/Au	0.517	18.6	0.42	4.02	2011/[III - 17]
	1.3	ITO/ZnO/BDT - PbS/MoO_3/Au	0.59±0.01	—	—	3.5±0.4	2011/[III - 18]
	1.1	ITO/ZnO/EDT - PbS/MoO_x/Ag	0.53	18.7	0.476	4.53	2011/[III - 19]
	(950nm)	ITO/Zr - doped TiO_2 /MPA - PbS/Au/Ag	0.56	17.0	0.61	5.69	2011/[III - 20]
	(950nm)	FTO/ TiO_2 /Br - PbS/Au/Ag	0.48	20.2	0.62	6.0	2011/[III - 21]
	(950nm)	ITO/ TiO_2 /MPA - PbS： TiO_2 /Au	0.48	20.6	0.56	5.5	2011/[III - 22]
	1.06 - 1.35	FTO/ TiO_2 /MPA - PbS/Au	0.51±0.1	11.2±0.8	0.47±0.2	2.7±0.2	2011/[III - 23]
	(860nm)	ITO/EDT - PbS/Bi_2S_3/Ag	0.44	8.81	0.41	1.6	2011/[III - 24]
	(1430nm)	ITO/PEDOT - PSS/P3HT：OLA - PbS/ MWCNTs/LiF/Al	—	10.81	—	3.03	2011/[III - 25]
	(795nm)	ITO/PDTPBT：EDT - PbS/ TiO_2 /LiF/Al	0.57	13.06	0.51	3.78	2011/[III - 26]
	(891nm)	ITO/MPA - PbS/PSBTBT：PC_{61}BM/Ca/Al	0.45	14.8	63.3	4.1	2011/[III - 27]
タンデム (Tandem)	1.6/1.0	ITO/PEDOT - PSS/EDT - PbS/ZnO/Au/pH7 PEDOT - PSS/EDT - PbS/ZnO/Al	0.91±0.02	3.7±0.1	0.37±0.01	1.27±0.05	2011/[III - 28]
	1.6/1.0	ITO/ TiO_2 /MPA - PbS/MoO_3/ITO/AZO/ TiO_2 /MPA - PbS/Au/Ag	1.06	8.3	0.48	4.21	2011/[III - 29]

λ_{1ex}：量子ドットの最も長い励起子吸収ピークの波長，EDT：エタンジチオール（ethanedithiol），BDT：ベンゼンジチオール（benzenedithiol），TMPMDTC：*N* - 2,4,6 - トリメチルフェニル - *N* - メチルジチオカルバミン酸塩（*N* - 2,4,6 - trimethylphenyl - *N* - methyldithiocarbamate），PC_{61}BM：[6,6] - フェニルC_{61}酪酸メチルエステル（[6,6] - phenyl C_{61} butyric acid methyl ester），MPA：3 - メルカプトプロピオン酸（3 - mercaptopropionic acid），PDTPQx：ポリ (2,3 - ジデシル - キノキサリン - 5,8 - ジイル - *alt* - *N* - オクチルジチエノ［3,2 - *b*：2′,3′ - *d*］ピロール）（poly (2,3 - didecyl - quinoxaline - 5,8 - diyl - *alt* - *N* - octyldithieno［3,2 - *b*：2′,3′ - *d*]pyrrole)），MWCNTs：多層カーボンナノチューブ（multi - walled carbon nanotubes），PDTPBT：ポリ (2,6 - (*N* - (1 - オクチルノニル) ジチエノ［3,2 - *b*：2′,3′ - *d*］ピロール) - *alt* - 4,7) - (2,1,3 - ベンゾチアジアゾール)（poly (2,6 - (*N* - (1 - octylnonyl) dithieno［3,2 - *b*：2′,3′ - *d*]pyrrole) - *alt* - 4,7) - (2,1,3 - benzothiadiazole)），PSBTBT：ポリ (4,4′ - ビス (2 - エチルヘキシル) ジチエノ［3,2 - *b*：2′,3′ - *dd*］シロール - 2,6 - ジイル - *alt* - (2,1,3 - ベンゾチアジアゾール) - 4,7 - ジイル）（poly (4,4′ - bis (2 - ethylhexyl) dithieno［3,2 - *b*：2′,3′ - *d*］silole - 2,6 - diyl - *alt* - (2,1,3 - benzothiadiazole) - 4,7 - diyl)），pH7 PEDOT - PSS：中性化されたポリ (3,4 - エチレンジオキシチオフェン) - ポリスチレンサルフォネイト（poly (3,4 - ethylenedioxythiophene) - poly (styrenesulfonate)），AZO：アルミニウムドープ酸化亜鉛（aluminium - doped zinc - oxide）

〈参考文献〉

[III - 1] K. W. Johnston, A. G. Pattantyus - Abraham, J. P. Clifford, S.H. Myrskog, D. D. MacNeil, L. Levina and E. H. Sargent：Appl. Phys. Lett. **92** (2008) 151115.

[III - 2] J. Tang, L. Brzozowski, D. A. R. Barkhouse, X. Wang, R. Debnath, R. Wolowiec, E. Palmiano, L. Levina, A. G. Pattantyus - Abraham, D. Jamakosmanovic and E. H. Sargent：ACS Nano **4** (2010) 869.

[III - 3] J. Tang, X. Wang, L. Brzozowski, D. A. R. Barkhouse, R. Debnath, L. Levina and E. H. Sargent：Adv. Mater. **22** (2010) 1398.

[III - 4] K. Szendrei, W. Gomulya, M. Yarema, W. Heiss and M. A. Loi：Appl. Phys. Lett. **97** (2010) 203501.

[III - 5] R. Debnath, J. Tang, D. A. Barkhouse, X. Wang, A.G. Pattantyus - Abraham, L. Brzozowski, L. Levina and E. H. Sargent：J. Am. Chem. Soc. **132** (2010) 5952.

[III - 6] H. Fu, S. - W. Tsang, Y. Zhang, J. Ouyang, J. Lu, K. Yu and Y. Tao：Chem. Mater. **23** (2011) 1805.

[III - 7] B. Sun, A. T. Findikoglu, M. Sykora, D. J. Werder and V. I. Klimov：Nano Lett. **9** (2009) 1235.

[III - 8] S. W. Tsang, H. Fu, R.Wang, J. Lu, K. Yu and Y. Tao：Appl. Phys. Lett. **95** (2009) 183505.

[III - 9] A. Stavrinadis, J. M. Smith, C. A. Cattley, A. G. Cook, P. S. Grant and A. A. R. Watt：Nanotechnology **21** (2010) 185202.

[III - 10] N. Zhao, T. P. Osedach, L. - Y. Chang, S. M. Geyer, D. Wanger, M. T. Binda, A. C. Arango, M. G. Bawendi and V. Bulovic：ACS Nano **4** (2010) 3743.

[III - 11] A. G. Pattantyus - Abraham, I. J. Kramer, A. R. Barkhousse, X. Wang, G. Konstantatos, R. Debnath, L. Levina, I. Raabe, M. K. Nazeeruddin, M. Grätzel and E.H. Sargent：ACS Nano **4** (2010) 3374.

[III - 12] J. M. Luther, J. G. Gao, M. T. Lloyd, O. E. Semonin, M. C. Beard and A. J. Nozik：Adv. Mater. **22** (2010) 3704.

[III - 13] R. Debnath, M. T. Greiner, I. J. Kramer, A. Fischer, J. Tang, D. A. R. Barkhouse, X. Wang, L. Levina, Z. - H. Lu and E. H. Sargent：Appl. Phys. Lett. **97** (2010) 023109.

[III - 14] T. Ju, R. L. Graham, G. Zhai, Y. W. Rodriguez, A. J. Breeze, L. Yang, G. B. Alers and S.A. Carter：Appl. Phys. Lett. **97** (2010) 043106.

[III - 15] S. - W. Tsang, H. Fu, J. Ouyang, Y. Zhang, K.Yu, J. Lu and Y. Tao：Appl. Phys. Lett. **96** (2010) 243104.

[III - 16] K. M. Noone, E. Strein, N. C. Anderson, P. - T. Wu, S. A. Jenekhe and D. S. Ginger：Nano Lett. **10** (2010) 2635.

[III - 17] G. Zhai, A. Bezryadina, A. J. Breeze, D. Zhang, G. B. Alers and S. A. Carter：Appl. Phys. Lett. **99** (2011) 063512.

[III - 18] P. R. Brown, R. R. Lunt, N. Zhao, T. P. Osedach, D. D. Wanger, L. - Y. Chang, M. G. Bawendi and V. Bulović：Nano Lett. **11** (2011) 2955.

[III－19]　J. Gao, C. L. Perkins, J. M. Luther, M. C. Hanna, H.－Y. Chen, O. E. Semonin, A. J. Nozik, R. J. Ellingson and M. C. Beard：Nano Lett. **11** (2011) 3263.
[III－20]　H. Liu, J. Tang, I. J. Kramer, R. Debnath, G. I. Koleilat, X. Wang, A. Fisher, R. Li, L. Brzozowski, L. Levina and E. H. Sargent：Adv. Mater. **23** (2011) 3832.
[III－21]　J. Tang, K.W. Kemp, S. Hoogland, K.S. Jeong, H. Liu, L. Levina, M. Furukawa, X. Wang, R. Debnath, D. Cha, K.W. Chou, A. Fischer, A. Amassian, J.B. Asbury and E.H. Sargent：Nat. Mater. **10** (2011) 765.
[III－22]　D.A.R. Barkhouse, R. Debnath, I.J. Kramer, D. Zhitomirsky, A.G. Pattantyus－Abraham, L. Levina, L. Etgar, M. Grätzel and E. H. Sargent：Adv. Mater. **23** (2011) 3134.
[III－23]　I. J. Kramer, L. Levina, R. Debnath, D. Zhitomirsky and E. H. Sargent：Nano Lett. **11** (2011) 3701.
[III－24]　A. K. Rath, M. Bernechea, L. Martinez and G. Konstantatos：Adv. Mater. **23** (2011) 3712.
[III－25]　D. Wang, J. K. Baral, H. Zhao, B. A. Gonfa, V.－V. Truong, M. A. E. Khakani, R. Izquierdo and D. Ma：Adv. Funct. Mater. **21** (2011) 4010.
[III－26]　J. Seo, M. J. Cho, D. Lee, A. N. Cartwright and P. N. Prasad：Adv. Mater. **23** (2011) 3984.
[III－27]　H. Chen, J. Hou, S. Dayal, L. Huo, N. Kopidakis, M. C. Beard and J. M. Luther：Adv. Energy Mater. **1** (2011) 528.
[III－28]　J. J. Choi, W. N. Wenger, R. S. Hoffman, Y.－F. Lim, J. Luria, J. Jasieniak, J. A. Marohn and T. Hanrath：Adv. Mater. **23** (2011) 3144.
[III－29]　X. Wang, G. I. Koleilat, J. Tang, H. Liu, I. J. Kramer, R. Debnath, L. Brzozowski, D. A. R. Barkhouse, L. Levina, S. Hoogland and E. H. Sargent：Nat. Photonics **5** (2011) 480.

（表11.3に続く）

表 11.3 PbSe 量子ドット太陽電池（H. Fu and S. - W. Tsang：Nanoscale 4 (2012) 2187 より許可を得て転載）

型式	λ_{1ex}(nm)	素子構造 活性層/電荷輸送層/電極	V_{oc}(V)	I_{sc}(mA cm^{-2})	曲線因子 FF	電力変換効率 η(%)	年/文献
ショットキー (Schottky)	(1250 nm)	ITO/BDT - PbSe/Mg/Ag	-	-	-	1.1	2008/[IV - 1]
	0.9	ITO/EDT - PbSe/Ca/Al	0.239	21.4	0.403	2.1	2008/[IV - 2]
	0.9	ITO/PEDOT - PSS/EDT - PbSe/Ca/Al	0.24	21.9	0.455	2.4	2010/[IV - 3]
	(1131)	ITO/BDT - PbSe/LiF/Al	0.43	11.37	0.58	2.82	2011/[IV - 4]
	1.3	ITO/PEDOT/BDT - PbSe/Al	0.47	17.2	0.57	4.57	2011/[IV - 5]
	(1455)	ITO/PEDOT - PSS/EDT - PbSe/Ca/Al	0.22	26.4	0.422	2.45	2011/[IV - 6]
ヘテロ接合 (Heterojunction)	(1104)	ITO/ZnO/EDT - PbSe/α - NPD/Au	0.39	15.7	0.27	1.6	2009/[IV - 7]
	-	ITO/PEDOT - PSS/EDT - PbSe/ZnO/Al	0.44	24	0.32	3.4	2009/[IV - 8]
	0.73	ITO/MOPPV - MWNT：$PC_{61}BM$/PbSe/Al	0.406	1.71	0.35	0.40	2010/[IV - 9]

λ_{1ex}：量子ドットの最も長い励起子吸収ピークの波長，BDT：ベンゼンジチオール（benzenedithiol），EDT：エタンジチオール（ethanedithiol），α - NPD：N,N' - ビス(1 - ナフタレニル) - N,N' - ビス(フェニルベンジジン)（N,N' - bis(1 - naphthalenyl) - N,N' - bis(phenylbenzidine)），MOPPV - MWNT：ポリ[(2 - メトキシ ,5 - オクトキシ) - 1,4 - フェニレンビニレン] - 多層カーボンナノチューブ（poly[(2 - methoxy,5 - octoxy) - 1,4 - phenylenevinylene] - multiwalled carbon nanotubes），$PC_{61}BM$：[6,6] - フェニル C_{61} 酪酸メチルエステル（[6,6] - phenyl C_{61} butyric acid methyl ester）

〈参考文献〉

[IV－1]　G. I. Koleilat, L. Levina, H. Shukla, S.H. Myrskog, S. Hinds, A. G. Pattantyus－Abraham and E. H. Sargent：ACS Nano **2** (2008) 833.
[IV－2]　J. M. Luther, M. Law, M. C. Beard, Q. Song, M. O. Reese, R. J. Ellingson and A. J. Nozik：Nano Lett. **8** (2008) 3488.
[IV－3]　C.－Y. Kuo, M.－S. Su, Y.－C. Hsu, H.－N. Lin and K.－H. Wei：Adv. Funct. Mater. **20** (2010) 3555.
[IV－4]　J. Ouyang, C. Schuurmans, Y. Zhang, R. Nagelkerke, X. Wu, D. Kingston, Z.Y. Wang, D. Wilkinson, C. Li, D. M. Leek, Y. Tao and K. Yu：ACS Appl. Mater. Interfaces **3** (2011) 553.
[IV－5]　W. Ma, S.L. Swisher, T. Ewers, J. Engel, V.E. Ferry, H.A. Atwater and A.P. Alivisatos：ACS Nano **5** (2011) 8140.
[IV－6]　C.－Y. Kuo, M.－S. Su, C.－S. Ku, S.－M. Wang, H.－Y. Lee and K.－H. Wei：J. Mater. Chem. **21** (2011) 11605.
[IV－7]　K. S. Leschkies, T. J. Beatty, M. S. Kang, D. J. Norris and E. S. Aydil：ACS Nano **3** (2009) 3638.
[IV－8]　J. J. Choi, Y.－F. Lim, M.B. Santiago－Berrios, M. Oh, B.－R. Hyun, L. Sun, A. C. Bartnik, A. Goedhart, G. G. Malliaras, H. D. Abruña, F.W. Wise and T. Hanrath：Nano Lett. **9** (2009) 3749.
[IV－9]　Y. Feng, D. Yun, X. Zhang and W. Feng：Appl. Phys. Lett. **96** (2010) 093301.

11.2　発光ダイオードへ

量子ドットを用いた発光ダイオード（LED：light emitting diode）の基本構造を図11.6に示す．発光する量子ドット薄膜が電子輸送層と正孔輸送層で挟まれた基本構造をもち，順バイアスがかかったときには電子輸送層から電子が，正孔輸送層から正孔が量子ドット層に注入されて，そこで電子・正孔対を形成し発光する．量子ドット層と電子輸送層の間に薄い正孔障壁層を挿入して，量子ドット層から電子輸送層へ流出しうる正孔や電子・正孔対を阻む役割を担わせることもある．

量子ドットを用いた発光ダイオードを特徴づける内部量子効率（η_{int}），光取り出し効率（$\eta_{\mathrm{extraction}}$），外部量子効率（$\eta_{\mathrm{ext}}$），全輝度 F，輝度 L_{V} は次のように定義される[11]．

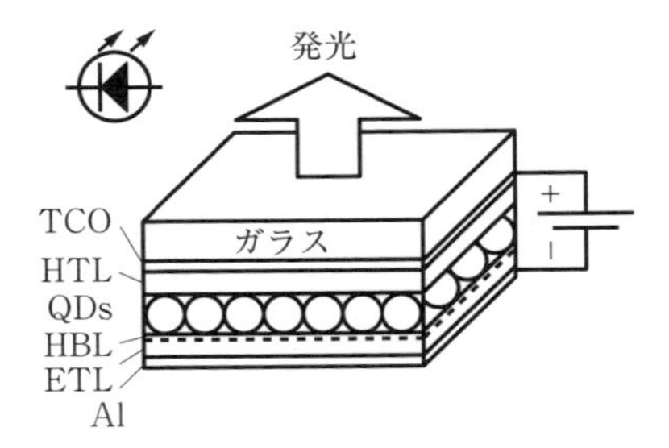

TCO：透明導電酸化物（transparent conducting oxide）
HTL：正孔輸送層（hole transport layer）
HBL：正孔障壁層（hole blocking layer）
ETL：電子輸送層（electron transport layer）

図 11.6　典型的な半導体量子ドットを利用した薄膜 LED の構成．（D. V. Talapin, J.-S. Lee, M. V. Kovalenko and E. V. Shevchenko：Chem. Rev. **110**（2010）389 より許可を得て一部改変ののち転載）

内部量子効率（η_{int}）は，LED に注入された電子・正孔対が発光するか非放射再結合で消滅するかで決まるので，

$$\eta_{\mathrm{int}} = \frac{1\text{秒間当り LED で生まれる光子数}}{1\text{秒間当り LED に注入される電子数}} = \frac{P_{\mathrm{int}}/h\nu}{I/e} \tag{11.5}$$

で定義される．ここで，P_{int}は 1 秒間当り活性領域から発せられる光エネルギーで，I は注入電流である．

光取り出し効率（$\eta_{\mathrm{extraction}}$）は，LED の活性領域で発せられる光子の一部が再吸収や内部反射で損失するので，

$$\eta_{\mathrm{extraction}} = \frac{1\text{秒間当り LED の外部に放出される光子数}}{1\text{秒間当り LED で生まれる光子数}} = \frac{P/h\nu}{P_{\mathrm{int}}/h\nu} \tag{11.6}$$

で定義される．ここで P は 1 秒間当り LED 外部に放出された光エネルギー

である．

外部量子効率（η_{ext}）は，

$$\eta_{\mathrm{ext}} = \frac{1\text{秒間当り LED の外部に放出される光子数}}{1\text{秒間当り LED に注入される電子数}} = \frac{P/h\nu}{I/e} = \eta_{\mathrm{int}} \cdot \eta_{\mathrm{extraction}} \tag{11.7}$$

で定義される．

また，出力効率（η_{power}）は，

$$\eta_{\mathrm{power}} = \frac{P}{IV} = \frac{1\text{秒間当り LED の外部に放出される光子数} \times h\nu}{IV} \tag{11.8}$$

で定義される．

ここで，I は LED を流れる電流，V は LED にかかる電圧である．

上記の LED の効率の計算には，LED がどの波長で発光するかということは重要ではない．しかし，LED をディスプレイのような実用に供する際の優劣を比較するときには，人の視感度の波長依存性も考慮する必要がある．人の視感度の波長依存性 $V(\lambda)$（ヒトの視感度曲線はピークが 555 nm にあり半値全幅 100 nm をもっている）をピークとなる $\lambda = 555$ nm で規格化しておくと（$\lambda = 555$ nm において，1/683 W の光出力が 1 lm（ルーメン）となる換算係数 $L_0 = 683$ lm/W を用いる），LED の全輝度 F は

$$F = L_0 \int V(\lambda) P_{\mathrm{op}}(\lambda)\, d\lambda \tag{11.9}$$

と書ける．ここで，$P_{\mathrm{op}}(\lambda)\, d\lambda$ は波長が $\lambda \sim \lambda + d\lambda$ の範囲の光出力（W）である．単位立体角当りの輝度 L_{V} [lm/m^{2}sr] を L_{V} [cd/m^2]（カンデラ/m^2）で表すと，LED の輝度 L_{V} は

$$L_{\mathrm{V}} = \frac{d^2F}{dA\, d\Omega \cos\theta} \tag{11.10}$$

で表現される．ここで，θ は LED の素子表面に垂直な方向からの極角，

A [m^2] は LED 素子表面の面積，Ω [sr] は立体角である．

表 11.4 は開発されてきた量子ドット LED の，量子ドットの種類，構造，輝度 L_V [cd/m^2]，色，外部量子効率 η_{ext}[%]，年/文献を示す[11]．

量子ドット LED の効率を下げる要素は，多層の量子ドット層の電子伝導度が低くて量子ドット内で電子のみが溜まり，電子・正孔対の形成が起こりにくいことにある．量子ドット LED の効率を上げる上で重要な事項は，発光効率を上げるためのコアシェル量子ドットの利用，単層量子ドット薄膜の利用，量子ドットの周辺の分子からフェルスター（Förster）共鳴エネルギー移動による量子ドット中での電子・正孔対の生成，正孔障壁層の導入，複数の正孔輸送層の採用，無機電子輸送層の利用などである．応用で重要なディスプレイの輝度は動作時 100 cd/m^2，最大で 250～750 cd/m^2，量子ドット LED と競合する III－V 族半導体 LED は 10^6～10^7cd/m^2，有機 LED は 100～10,000 cd/m^2 である．白色を出す量子ドット LED は，液晶ディスプレイの背面光源を念頭に作製された．量子ドット LED は，有機 LED に匹敵する性能をもち商業化が始まりつつある[12],[13]．外部量子効率（η_{ext}）が 18% にもなり，50000 cd/m^2 以上の輝度を示す量子ドット LED が，CdSe/CdS コアシェル量子ドットを活性層とする ITO/ZnO/QDs/NPB/HIL/Al 構造により実現されている[14]．ここで ZnO はナノ結晶からなる薄膜で，NPB は spiro－2NPB：2,2′,7,7′－テトラキス［N－ナフタレニル（フェニル）－アミノ］－9,9－スピロビフルオレン（2,2′,7,7′－tetrakis[N-naphthalenyl(phenyl)-amino]-9,9-spirobifluorene），HIL は正孔注入層（HIL：hole injection layer）を表す．この系の作成には，真空蒸着が使われ，安価な液相だけによる湿式プロセスではないが，量子ドット LED で十分に有機 LED に匹敵する性能が実現された．

表 11.4　量子ドット発光ダイオード(D.V. Talapin, J.-S. Lee, M.V. Kovalenko and E.V. Shevchenko：Chem. Rev. **110** (2010) 389 より許可を得て転載)

量子ドット	素子構造 活性層/電荷輸送層/電極	L_v(cd/m^2)	色	外部量子効率 η_{ext} (%)	年/文献
CdSe	ITO/QDs/PPV/Mg		green to red	0.001～0.01	1994 /[V-1]
CdSe/CdS	ITO/PPV/QDs/Mg/Ag	600	green to red	~0.22	1997 /[V-2]
CdSe/ZnS	ITO/TPD/QDs/Alq_3/Mg：Ag/Ag	2000		~0.52	2002 /[V-3]
CdSe/ZnS	ITO/TPD/QD(monolayer)/Alq_3/Mg：Ag/Ag	7000	red	> 2	2005 /[V-4]
$Cd_xZn_{1-x}Se/Cd_yZn_{1-y}S$	ITO/CBP/QD(monolayer)/TAZ/Alq_3/Mg：Ag/Ag		green	< 0.5	2006 /[V-5]
CdSe/CdS	ITO/PS-TPD-PFCB/QD(monolayer)/TPBI/Ac/Ag	100 1000(max) 9064	red red	~0.8	2006 /[V-6]
CdSe/CdS	ITO/PEDOT/poly-TPD/QD/Alq_3/Ca/Al	3200	orange		2007 /[V-7]
CdSe/CdS/ZnS		4470 3700	yellow green		
ZnCdSe	ITO/NiO/QDs/ZnO：SnO_2/Ag	1950	red	~0.1	2008 /[V-8]
CdSe/ZnS	ITO/NiO/QDs/Alq_3/Ag/Mg/Ag	3000	red	~0.18	2006 /[V-9]
CdSe/ZnS	ITO/PEDOT/PFH-MEH/QDs/Alq_3/Ca/Al		white	~0.24	2005 /[V-10]
CdSe/ZnS	ITO/PEDOT-PSS/TPD/QD(monolayer)/TAZ/Alq_3/Mg/Ag	100	white	~0.36	2007 /[V-11]
CdSe/ZnS	Sapphire/p-GaN/QDs/n-GaN/In		red	0.001～0.01	2005 /[V-12]
ZnCdS	ITO/PEDOT-PSS/spiroTPD/TPBi/Mg：Ag/Ag	15	blue	0.4	2009 /[V-13]
ZnSe/CdSe/ZnS		28	green	2.6	
ZnCdSe		7	red	1.0	
CdSe/ZnS		13	orange	2.7	
CdSe/CdS/ZnS	ITO/PEDOT-PSS/TFB/QD/TiO_2/Al	12380	red		2009 /[V-14]

PPV：ポリ(*p*-フェニレンビニレン)(poly(*p*-phenylenevinylene))，TPD：*N,N'*-ビス(4-ブチルフェニル)-*N,N'*-ビス(フェニル)ベンジジン(*N,N'*-bis(4-butylphenyl)-*N,N'*-bis(phenyl)benzidine)，TAZ：3-(4-ビフェニリル)-4-フェニル-5-*t*-ブチルフェニル-1,2,4-トリアゾール(3-(4-biphenylyl)-4-phenyl-5-*t*-butylphenyl-1,2,4-triazole)，Alq_3：トリス(8-ヒドロキシキノリン)アルミニウム(tris(8-hydroxyquinoline)aluminum)，TPBI：1,3,5-トリ(*N*-フェニルベンゾイミダゾール-2-イル)ベンゼン(1,3,5-tri(*N*-phenylbenzimidazol-2-yl)benzene)，HTL：正孔輸送層(hole transport layer)，ETL：電子輸送層(electron transport layer)，HBL：正孔障壁層(hole blocking layer)，TPBi：2,2',2''-(1,3,5-ベンゼントリイル)-トリス(L-フェニル-1*H*-ベンゾイミダゾール)(2,2',2''-(1,3,5-benzenetriyl)-tris(L-phenyl-1*H*-benzimidazole))，spiroTPD：スピロ-*N,N'*-ジフェニル-*N,N'*-ビス(3-メチルフェニル)-(1,1'-ビフェニル)-4,4'-ジアミン(spiro-*N,N'*-diphenyl-*N,N'*-bis(3-methylphenyl)-(1,1'-biphenyl)-4,4'-diamine)，TFB：ポリ[(9,9-ジオクチルフルオレニル-2,7-ジイル)-*co*-(4,4'-(*N*-(4-*s*-ブチルフェニル))ジフェニルアミン)](poly[(9,9-dioctylfluorenyl-2,7-diyl)-*co*-(4,4'-(*N*-(4-*s*-butylphenyl))diphenylamine)])，CBP：4,4'-*N,N'*-ジカルバゾリル-ビフェニル(4,4'-*N,N'*-dicarbazolyl-biphenyl)

〈参考文献〉

[V－1]　V. L. Colvin, M. C. Schlamp and A. P. Alivisatos：Nature **370**（1994）354.
[V－2]　M. C. Schlamp, X. Peng and A. P. Alivisatos：J. Appl. Phys. **82**（1997）5837.
[V－3]　S. Coe, W.－K. Woo, M. Bawendi and V. Bulović：Nature **420**（2002）800.
[V－4]　S. Coe－Sullivan, J. S. Steckel, W.－K. Woo, M. G. Bawendi and V. Bulović：Adv. Funct. Mater. **15**（2005）1117.
[V－5]　J. S. Steckel, P. Snee, S. Coe－Sullivan, J. P. Zimmer, J. E. Halpert, P. Anikeeva, L.－A. Kim, V. Bulovic and M. G. Bawendi：Angew. Chem. Int. Ed. **45**（2006）5796.
[V－6]　J. Zhao, J. A. Bardecker, A. M. Munro, M. S. Liu, Y. Niu, I.－K. Ding, J. Luo, B. Chen, A. K.－Y. Jen and D. S. Ginger：Nano Lett. **6**（2006）463.
[V－7]　Q. Sun, Y. A. Wang, L.S. Li, D. Wang, T. Zhu, J. Xu, C. Yang and Y. Li：Nat. Photonics **1**（2007）717.
[V－8]　J. M. Caruge, J. E. Halpert, V. Wood, V. Bulović and M. G. Bawendi：Nat. Photonics **2**（2008）247.
[V－9]　J.－M. Caruge, J. E. Halpert, V. Bulović and M. G. Bawendi：Nano Lett. **6**（2006）2991.
[V－10]　Y. Li, A. Rizzo, M. Mazzeo, L. Carbone, L. Manna, R. Cingolani and G. Gigli：J. Appl. Phys. **97**（2005）113501.
[V－11]　P. O. Anikeeva, J. E. Halpert, A. G. Bawendi and V. Bulović：Nano Lett. **7**（2007）2196.
[V－12]　A. H. Mueller, M. A. Petruska, M. Achermann, D. J. Werder, E. A. Akhadov, D. D. Koleske, M.A. Hoffbauer and V. I. Klimov：Nano Lett. **5**（2005）1039.
[V－13]　P. O. Anikeeva, J. E. Halpert, M. G. Bawendi and V. Bulović：Nano Lett. **9**（2009）2532.
[V－14]　K.－S. Cho, E. K. Lee, W.－J. Joo, E. Jang, T.－H. Kim, S.－J. Lee, S. J. Kwon, J. Y. Han, B. K. Kim, B. L. Choi and J. M. Kim：Nat. Photonics **3**（2009）341.

参 考 文 献

[1]　http://rredc.nrel.gov/solar/spectra/am1.5

地表上に降りそそぐ太陽光の光スペクトルは，AMx（Air mass of x）と略記されることが多い．地球の表面付近には地球の半径r_Eと比べて極めて薄い（厚さδ_A; $\delta_A \ll r_E$）空気層があるので，太陽光の光スペクトルは空気層でO_2，H_2O，CO_2，O_3分子などにより吸収を受けて，大気圏外での太陽光の光スペクトル（AM0）から変化する．地球は太陽の周りで公転，自転をするので，時々刻々太陽光が地表まで届く際の空気層の厚みは変化するが，一年で平均をとると，赤道上で太陽光が地表まで届く際の空気層の厚みが最も短くなる．地表上で太陽が地表の鉛直方向からなす角 θ_z（天頂角）になったとき，太陽光が地表まで届く際の空気層の厚みを $\delta_A(\theta_z)$ で表すと，$\delta_A(\theta_z) = \delta_A/\cos\theta_z$ となる．このとき，地表で受ける太陽光の光スペクトルは AMx（$x = 1/\cos\theta_z$）と表記される．したがって AM1.5 とは，太陽が天頂角 $\theta_z = 48.19°$（仰角 41.81°）のとき，地表で受ける太陽光の光スペクトルである．http://rredc.nrel.gov/solar/spectra/am1.5 には，米国再生エネルギー研究所（NREL：National Renewable Energy Laboratory；http://www.nrel.gov）が示している太陽光の光スペクトルが掲載されている．

[2] W. Shockley and H. J. Queisser：J. Appl. Phys. **32** (1961) 510.

[3] A. J. Nozik, M. C. Beard. J.M. Luther, M. Law, R. J. Ellingson and J. C. Johnson：Chem. Rev. **110** (2010) 6873.

[4] P. Jing, Xi Yuan, W. Ji, M. Ikezawa, X. Liu, L. Zhang, J. Zhao and Y. Masumoto：Appl. Phys. Lett. **99** (2011) 093106.

[5] S. Ren, L.-Y. Chang, S.-K. Lim, J. Zhao, M. Smith, N. Zhao, V. Bulović, M. Bawendi and S. Gradečak：Nano Lett. **11** (2011) 3998.

[6] Y. Masumoto, H.Takagi, H. Umino and E. Suzumura：Appl. Phys. Lett. **100** (2012) 252106.

[7] O. E. Semonin, J. M. Luther, S. Choi, H.-Y. Chen, J. Gao, A. J. Nozik and M. C. Beard：Science **334** (2011) 1530.

[8] X. Wang, G. I. Koleilat, J. Tang, H. Liu, I. J. Kramer, R. Debnath, L. Brzozowski, D. A. R. Barkhouse, L. Levina, S. Hoogland and E. H. Sargent：Nat. Photonics **5** (2011) 480.

[9] J. Tang, K. W. Kemp, S. Hoogland, K. S. Jeong, H. Liu, L. Levina, M. Furukawa, X. Wang, R. Debnath, D. Cha, K. W. Chou, A. Fischer, A. Amassian, J. B. Asbury and E. H. Sargent：Nat. Mater. **10** (2011) 765.

[10] H. Fu and S.-W. Tsang：Nanoscale **4** (2012) 2187.

[11] D. V. Talapin, J.-S. Lee, M. V. Kovalenko and E. V. Shevchenko：Chem. Rev. **110** (2010) 389.

[12] S. Kim, S. H. Im and S.-W. Kim：Nanoscale **5** (2013) 5205.

[13] Y. Shirasaki, G. J. Supran, M. G. Bawendi and V. Bulović：Nat. Photonics **7** (2013) 13.

[14] B. S. Mashford, M. Stevenson, Z. Popovic, C. Hamilton, Z. Zhou, C. Breen, J. Steckel, V. Bulovic, M. Bawendi, S. Coe-Sullivan and P. T. Kazlas：Nat. Photonics **7** (2013) 407.

事 項 索 引

C

CdS/ZnSe コアシェル量子ドット　74
CdSe/CdS コアシェル量子ドット　299
CdSe/ZnSSe 量子ドット　267
CdSe/ZnCdS コアシェル量子ドット　79
CdSe/ZnS コアシェル量子ドット　17,74,97,264
CdSe 量子ドット　15,40,44,73,79,106,149,159,165,207
CdS 量子ドット　40,106,148,283
CdTe 量子ドット　106
CHSH（Clauser-Horne-Shimony-Holt）不等式　273
CuBr 量子ドット　41,106,163
CuCl 量子ドット　40,48,71,106,110,113,139,163
CuI 量子ドット　106

E

EPR（Einstein-Podolsky-Rosen）パラドックス　270

G

GaAs:N　275
GaAs 擬似量子ドット　86,120
GaAs 量子ドット　21,22,24,86,109,132,172,180,183,187,204,210
GaP:N　275
g 因子　204

I

InAlAs 量子ドット　211
InAs 量子ドット　9,22,66,85,87,120,158,169,207,220,242,266,267,274
InGaAs 量子ドット　9,50,64,67,160,167,180,185,203,243
InGaN 量子ドット　69
InP 量子細線　109
InP 量子ドット　22,45,68,90,121,140,160,170,196,201,206,209,222,224

L

Luttinger ハミルトニアン　42
Luttinger パラメーター　43

P

PbSe 量子ドット　16,28,135,150,284
PbS 量子ドット　16,287

T

TE 波　62
TM 波　62

W

WKB 近似　171

X

X 線小角散乱　25

Z

ZnO 中の Zn 空孔　275
ZnSe : F　275
ZnSe : N　275
ZnSe/CdSe コアシェル

量子ドット　78

ア

アインシュタインのA係数　56,81
アインシュタインのB係数　56
アンチストークス発光　127
アンチバンチング　262,267,268

イ

1光子数状態　263,265
1次元誘電体多層膜反射鏡　85
1次相関関数　254
1重項　200
イオン化　124
　光——　107
位相緩和　157
　——時間　159,161,170
位相整合条件　161
位相変調法　163
インパクトイオン化　3,147,281

ウ

ウィスパリングギャラリーモード　86,266

エ

永続的ホールバーニング　3,49,104,142,160
　——の量子効率　110
液体窒素冷却型電荷結合素子(CCD)　119
エネルギー微細構造　201,204
エリオット-ヤッフェ(Elliot-Yafet)機構　215
遠距離相関　271
円偏光度　201

オ

オージェ過程　72,147,282
オージェ減衰　78,153
　——時定数　148
オージェ再結合　3,72,147
オージェ定数　148
オージェ非放射過程　124
オストワルド熟成　14
オートラー-タウンズ効果　183
重い正孔　244
音響型フォノン　89

カ

開口数　116
回転(rotation)ゲート　177,248
外場効果量子ドット　20
回路開放電圧　288
化学成長量子ドット　11
化学的に形成した量子ドット　73
化学的に合成された量子ドット　160
核形成　12,18
核磁気共鳴　210
　全光——　216
核磁子　216
核磁場　209
　——分布の凍結効果　214
　——分布の分散　220,222,223,229
　有効——　223
核スピン　209
　——偏極　209
　——の双安定性　213
カップリングレーザー　238
荷電励起子　107,194
軽い正孔　244
間欠的発光現象　3,142
換算状態密度　61

キ

擬似量子ドット　21,120,180,183,187,210
　GaAs——　86,120
輝尽発光　111
輝度　296
　全——　296
球状の量子ドット　36,45
キュビット(量子ビット)　176
強結合　82
共焦点顕微鏡　96,265

共焦点光学顕微分光
　117
共振器のQ値　83
強度相関関数　266
　光の ——　262,263
強度相互相関関数　268
共鳴スピン増幅　214,227
共鳴スピン偏極　215
共鳴励起　210
　準 ——　201
局在電子　216
局在電子スピン　226
曲線因子　289
均一幅　116,156,160
　不 ——　116,156
均一広がり　160
　不 ——　104,156,201,
　204,231
近接場光学顕微鏡　118

ク

区別がつかない　272
区別がつく　273
グラウバー（Glauber）
　状態　258,263,265
クラマースの定理　208

ケ

蛍光イメージプローブ
　3,96
蛍光免疫標識　100
結合振動子　82
結合2励起子状態　144
　反 ——　144
原子間力顕微鏡　25

コ

コアシェル量子ドット
　17,75,97,264
　CdS/ZnSe ——　74
　CdSe/CdS ——　299
　CdSe/ZnCdS ——　79
　CdSe/ZnS ——　17,
　74,97,264
　ZnSe/CdSe ——　78
コアマルチシェル量子ド
　ット　282
交換相互作用　124,195,
　221
　—— エネルギー　138,
　195,200,209,273
　電子 - 正孔 ——　169
交差　202
　反 ——　201,202
光子数状態　255
　1 ——　263,265
古典的光　256,263
　非 ——　252,263
コヒーレンス　156,213,
　226
　—— 時間　3,159,178
　スピン ——　276
コヒーレント状態　256,
　258,263,265
コヒーレント制御　157,
　178
コヒーレント分光　157
コヒーレント分布捕捉(コ
　ヒーレントポピュレー
　ショントラッピング)
　238,243
衣を着た原子のモデル
　82,181
コンスタント相互作用モ
　デル　51

サ

3重項　200
3励起子　137,141,145
サイト(サイズ)選択分光
　113,157
サイト選択励起　105
サブポアッソン状態
　258,263

シ

時間分解カー回転　213,
　214,226
時間分解ファラデー回転
　216
磁気能率　216
自己形成量子ドット　6,
　120,132,160,167,169,
　180,185,186,196,209,
　211,243,266,267
自己誘導透過　180
自然存在比　220,224,226
自然放出　56
　—— 確率　79,80
　—— の増幅　72
実効外部磁場　223
実効磁場　217,229
弱結合　83
ジャコノフ - ペレル
　(D'yakonov - Perel')

機構　214,215
準共鳴励起　201
少数電子・正孔系　137
状態密度飽和　132
初期化　248
スピン ――　214,246
電子スピンの ――　235
ショックレー - クワイサーの限界　281
親水性　97

ス

数状態　256
1 光子 ――　263,265
光子 ――　255
ストークスレーザー　238
ストランスキ - クラスタノフ(Stranski - Krastanow)成長　7
スーパーポアッソン状態　258,263
スピンエコー　215,231
スピン回転　247
スピン - 軌道相互作用　214
スピンコヒーレンス　276
スピン歳差運動　205
スピン初期化　214,246
スピン - スピン相互作用　217
スピンハミルトニアン　195,203
スピンフリップラマン散乱　235
スピンモード同期　215,230
スピン横緩和時間　214
スペクトル拡散　124,127,142
スペクトルジャンプ　124

セ

制御回転（controlled rotation）ゲート　189
制御ノット（controlled not）ゲート　177,189
制御ビット　189
正に帯電した励起子　107,142,194
正のトリオン　107,142,194
生物学的標識　97
ゼーマンエネルギー　195
遷移双極子　188
全輝度　296
全光核磁気共鳴　216

ソ

双極子 - 双極子相互作用　211
双極子能率　181
相互相関関数　274
強度 ――　268
走査トンネル顕微鏡　25
疎水性　97

タ

対象(標的)ビット　189
タイプⅠ型の量子ドット　75
タイプⅡ型の量子ドット　74
ダイヤモンド中の NV 中心　231,275
ダイヤモンド中の NV^- 中心　276
太陽光スペクトル　284
太陽電池　4,148,279
―― の外部量子効率　289
―― の量子効率　282
量子ドット増感 ――　284
ダーク励起子　194,196,203
多光子顕微鏡　101
縦型共振器表面発光レーザー　67
縦磁場　203,208,209,222,229,237
縦波光学型フォノン　89
多電子・正孔対　147,281
多励起子　3,72,141,147,281
単一光子源　263,265,266
単一量子ドット分光　116,124,157
単光子発生　4,264,267,275
単電子帯電エネルギー　51
単電子帯電効果　51
断熱通過　238
誘導ラマン ――　238

端面放出型レーザー　64

チ

蓄積フォトンエコー　160
——法　115
チャージチューナブル量子ドット　170
中間的閉じ込め　41
超高速光スイッチ　134
超微細相互作用　209, 215, 237
——エネルギー　216
——定数　224
フェルミコンタクト——　216, 243

ツ

追加エネルギー　52
強い閉じ込め　40, 106, 134, 165

テ

電子スピン　209
——の初期化　235
——偏極　209, 221, 223
局在——　226
電子－正孔交換相互作用　169
電子・正孔個別閉じ込め　40
電磁場のモード密度　57
電子－フォノン相互作用　157
電子冷却型電荷結合素子（CCD）　118
電場で形成する量子ドット　23
電力変換効率 η　289

ト

透過型電子顕微鏡　25
動的核スピン分極　223
動的核偏極　209
等電子トラップ　275
導電性ポーラス透明ナノ粒子　287
透明導電性酸化物　282
透明導電膜　282
特性温度　65
閉じ込め音響フォノン　166
トリオン　137, 171, 207, 213, 221, 223, 227, 236, 243, 268
正の——　107, 142, 194
負の——　107, 142, 194
トンネル過程　170
トンネル分光　49

ニ

2光束干渉計　178
2次元フォトニック結晶　85
2準位系と光電場との相互作用　181

ノ

ノンバンチング　262

ハ

パウリの原理　194
パウリの排他原理（律）　170
パウリブロッキング　170
パーセル（Purcell）因子　84
パーセル（Purcell）効果　83, 266
発光ダイオード　4, 68, 84, 296
——の外部量子効率　296
——の内部量子効率　296
発振しきい値電流　65
反結合2励起子状態　144
反交差　201, 202
バンチング　262, 268
アンチ——　262, 267, 268
ノン——　262
反転コアシェル量子ドット　78
半導体レーザー　3, 55
ハンレ効果　215, 224

ヒ

光イオン化　107
光オリエンテーション　213, 215
光強度の時間相関　260

光シュタルク効果　183
光多重メモリー　110
光電場の2次相関関数　261,263
光取り出し効率　296
光の1次の電場相関　259
光のエネルギー密度スペクトル　80
光の強度相関関数　262,263
光の衣を着た電子状態　240
光の閉じ込め　79
光非線形スイッチ　4
光非線形性　3,132,140,143
光ポンピング　235,243,245,248
非局所相関　271,273
非古典的光　252,263
微細構造エネルギー分裂　120,187
微細構造分裂　209
微小円盤（マイクロディスク）　266
微小共振器　85
ひずみ誘起量子ドット　22,132,172,204
非マルコフ　171
標的(対象)ビット　189
表面シラン処理　98
表面放出型レーザー　65

フ

ファラディー配置　201,203,209,224,237
フェーズロック　178
フェルスター（Förster）共鳴エネルギー移動　299
フェルミコンタクト超微細相互作用　216,243
フェルミの黄金律　57
フォークト配置　203,224,238,242,248
フォック（Fock）状態　256,265
フォトンエコー　157,169
　蓄積――　160
　ヘテロダイン検出――　166,168,170,173
フォノンソフトニング　114
フォノンボトルネック効果　90,281
不均一幅　116,156
不均一広がり　104,156,201,204,231
負に帯電した励起子　107,142,171,194,268
　――分子　208
負のトリオン　107,142,194
ブライト励起子　194,196,203,210,272
フリップフロップ過程　210,217
フルオレッセンスラインナローイング　157
フレーリッヒ型の電子-格子相互作用　114
ブロッホ球　248
分子線エピタキシー　121
フント(Hund)第一則　53
分布帰還型共振器　79

ヘ

ヘテロダイン検出　167
　――フォトンエコー　166,168,170,173
ベル(Bell)の不等式　273
偏光光学遷移選択則　192
偏光相関　273

ホ

ボーア磁子　216
ポアッソン状態　258
　サブ――　258,263
　スーパー――　258,263
包絡パルス面積　183,184,186,188,249
ポーラスSi　109
ホールバーニング　157
　永続的――　3,49,104,142,160
　ルミネッセンス――　107,142
ボルン-オッペンハイマー近似　114

マ

マイクロディスク（微小円盤）　266

マーカス (Marcus) 理論 282

ム

無しきい値レーザー 85
無負荷電圧 288

メ

明滅現象 126
明瞭度 189,237,246,274
メルカプト(mercapto (-SH))交換 99

モ

もつれ合い光子対 269,271,275
もつれ合い状態 270
モード数 80

ヤ

ヤングの干渉実験 252

ユ

有機金属気相エピタキシー 121
有効核磁場 223
誘導放出 56
誘導ラマン散乱 238,246
誘導ラマン断熱通過 238

ヨ

4光波混合 169
横緩和時間 160,215,226,230
　スピン―― 214
横磁場 208,238,242
弱い閉じ込め 40,106,139,163

ラ

ラビ周波数 82,181,183,239
ラビ振動 82,183,186,188
ラビ2重項 87
ラビ分裂 82
ラーモア (Larmor) 歳差運動 216,224,230,248
ラーモア周波数 216,228
ランダムテレグラムノイズ 3,124

リ

立方体の量子ドット 38,48
利得係数 60
リフシッツ-スレゾフ (Lifshitz-Slezov) モデル 18
量子暗号鍵 272
量子井戸レーザー 62
量子計算 157,213,231,235,276
量子コンピューター 4,176
量子サイズ効果 2,35
量子情報処理 213
量子通信 250
量子テレポーテーション 272
量子閉じ込めシュタルク効果 128
量子ドット増感太陽電池 284
量子ドットレーザー 67
量子ビート 172,204,209,214
量子ビット(キュビット) 176,235
量子メモリー 4,231
量子ロッド 79,283
リンカー分子 100,284

ル

ルミネッセンスホールバーニング 107,142

レ

零位法 119,237
励起子 137,187,268,274
　――生成の量子効率 152
　――閉じ込め 40
　――の微細構造 138
　――-フォノン相互作用 157
　――分子 71,137,138,187,268,272,274
　　――の基底状態 144
　　――の束縛エネル

ギー　172
——の励起状態　144
荷電——　107,194
結合2——状態　144
3——　137,141,145
正に帯電した——
107,142,194
ダーク——　194,196,
203
多——　3,72,141,147,
281
反結合2——状態　144
負に帯電した——
107,142,171,194,268
ブライト——　194,
196,203,210,272
レーザーダイオード　65,
68,84

欧文索引

A

acoustic phonon 89
adiabatic passage 238
air mass of 1.5 289
amplified spontaneous emission 72
atomic force microscope 25
Autler－Townes effect 182

B

Born－Oppenheimer approximation 114

C

charge coupled device 118
coherent population trapping 238
constant－interaction model 51

D

distinguishable 273
dressed－atom model 82, 181

E

entangled states 270

F

Faraday configuration 224
fill factor 289
fluorescence line narrowing 157
Fröhlich electron－phonon interaction 114

H

Hanle effect 224
highest occupied molecular orbital 285
hole burning 157

I

incident photon to current efficiency 289
indistinguishable 272

L

laser diode 65, 68, 84
light emitting diode 68, 84, 296
longitudinal optical phonon 89
lowest unoccupied molecular orbital 285

M

metalorganic vapor phase epitaxy 121
molecular beam epitaxy 121

N

nonlocal correlation 271
numerical aperture 116

O

optical orientation 213
optical Stark effect 182
Ostwald ripening regime 14

P

Poissonian 258
power conversion efficiency 289
Purcell effect 266

Q

quantum bit (qubit) 176

R

Rabi frequency　82, 181
Rabi oscillation　82, 183
Rabi splitting　82

S

scanning tunneling microscope　25
Shockley - Queisser limit　281
small angle X - ray scattering　25
stimulated Raman adiabatic passage　238
stimulated Raman scattering　238
sub - Poissonian　258
super - Poissonian　258

T

transmission electron microscope　25
transverse electric wave　62
transverse magnetic wave　62

V

vertical - cavity surface - emitting laser　67
Voigt configuration　224

W

Wentzel - Kramers - Brillouin approximation　171
whispering gallery mode　266

略 語 索 引

AFM　25
AM1.5　289
ASE　72

C

CCD　118
CNOT　177
CROT　189

F

FF　289
FLN　157

H

HOMO　285

I

IPCE　289

L

LD　68, 84
LED　68, 84, 296
LO phonon　89
LUMO　285

M

MBE　121
MOVPE　121

N

NA　116

S

SK　8
STM　25

T

TEM　25

著者略歴

舛本泰章（ますもと やすあき）

1948年　広島県生まれ
1977年　東京大学大学院理学系研究科物理学専攻博士課程修了
　　　　理学博士取得
1977年～1986年　東京大学物性研究所
1986年～2013年　筑波大学物理学系助教授，同教授を経て数理物質系
　　　　　　　　物理学域教授
2013年～　筑波大学名誉教授
専攻　半導体の光物性実験
研究テーマ　半導体量子構造のレーザー分光

代表書籍
"*Semiconductor Quantum Dots - Physics, Spectroscopy and Applications*"
eds. Y. Masumoto and T. Takagahara
(Springer - Verlag, 2002).
舛本泰章：人工原子，量子ドットとは何か（pp. 129 - 204）
（大槻義彦 編：「現代物理最前線6」（共立出版，2002年））

量子ドットの基礎と応用

2015年11月15日　第1版1刷発行

検印省略

定価はカバーに表示してあります．

著作者　舛本泰章
発行者　吉野和浩
発行所　東京都千代田区四番町8－1
電話　03-3262-9166（代）
郵便番号　102-0081
株式会社　裳華房
印刷所　株式会社　真興社
製本所　株式会社　松岳社

社団法人
自然科学書協会会員

ISBN 978-4-7853-2921-1